循序渐进

Vue.js

3.x

前端开发实践

张益珲 著

U0252687

清华大学出版社

北京

内 容 简 介

本书由一位拥有丰富前端开发经验的架构师撰写，旨在通过详尽的理论知识讲解和丰富的实践练习，帮助初学者深入掌握 Vue.js 框架，并能够独立开发商业级别的 Web 应用程序。本书分为 14 章，内容涵盖 Vue.js 的基本概念、模板语法、组件使用、用户交互处理、动画效果实现、脚手架工具 Vite 的使用，以及如何利用 UI 框架 Element Plus、网络请求框架 Axios、路由管理框架 Vue Router 和状态管理框架 Pinia 等工具来构建商业级应用。最终章节通过一个完整的电商后台管理系统，对所学的知识进行综合运用，加深读者对 Vue.js 开发流程和技巧的理解，提高项目开发能力。

本书采用官方推荐的组合式 API 代码组织方式，所有涉及的工具都使用新版本，每章均配备了动手练习和上机演练指导。此外，为了适应不同层次的读者，本书提供了完整的代码导读手册和视频教学资源，使学习更加便捷高效。

本书适合 Vue.js 前端开发新手和有一定经验的开发者使用，也很适合作为大中专院校相关课程的教学用书。

图书在版编目（CIP）数据

循序渐进 Vue.js 3.x 前端开发实践 / 张益珲著.

北京：清华大学出版社，2024.8. -- ISBN 978-7-302
-67130-5

Ⅰ. TP393. 092. 2

中国国家版本馆 CIP 数据核字第 2024MZ7364 号

责任编辑：王金柱
封面设计：王　翔
责任校对：闫秀华
责任印制：曹婉颖

出版发行：清华大学出版社
　　　　网　　　址：https://www.tup.com.cn，https://www.wqxuetang.com
　　　　地　　　址：北京清华大学学研大厦 A 座　　　　　邮　　编：100084
　　　　社 总 机：010-83470000　　　　　　　　　　邮　　购：010-62786544
　　　　投稿与读者服务：010-62776969，c-service@tup.tsinghua.edu.cn
　　　　质 量 反 馈：010-62772015，zhiliang@tup.tsinghua.edu.cn

印 装 者：三河市君旺印务有限公司
经　　销：全国新华书店
开　　本：190mm×260mm　　　印　　张：21　　　字　　数：566 千字
版　　次：2024 年 9 月第 1 版　　　　　　　　　印　　次：2024 年 9 月第 1 次印刷
定　　价：89.00 元

产品编号：106910-01

前　言

在当今的 Web 开发领域，Vue.js 已经成为不可或缺的一部分，它以轻量级、高性能和易上手著称。对于前端开发者而言，掌握 Vue.js 不仅是提升技能的需要，更是职业发展的要求。本书正是为了满足这样的需求而编写的。

本书以一个拥有近十年前端开发经验的一线"老司机"的视角，以帮助读者掌握企业级开发技能为主旨，既详细介绍了 Vue.js 的基本概念和应用，又深入探讨了其背后的原理和最佳实践，力求能使读者边学边练，快速且扎实地掌握 Vue.js 框架的方方面面，并且真正可以使用它开发出商业级别的应用程序。

本书内容

在章节安排上，本书共分为 14 章。各章内容安排如下：

第 1 章是针对 Vue 初学者的入门章节，简单介绍了前端开发必备的基础知识，对 Vue 框架做了概括性的介绍。同时，针对 Vue.js 3 的新特性进行了总结，有 Vue 开发经验的读者可以对比学习。

第 2 章介绍 Vue 模板的基本用法，包括模板插值、条件与循环渲染的相关语法。这是 Vue.js 框架提供的基础功能，使用这些功能能使我们在开发网页应用时事半功倍。

第 3 章介绍了 Vue 组件中属性和方法的相关概念，如何使用面向对象的思路来进行前端程序开发，并通过一个功能简单的登录注册页面来对读者的掌握情况进行检验。

第 4 章介绍前端应用中用户交互的处理方法，包括基础的网页用户交互的处理以及如何在 Vue.js 框架中更加高效地处理用户交互事件。

第 5 章和第 6 章两章由浅入深地介绍 Vue.js 中相关组件的应用。组件是 Vue.js 框架的核心，有了组件，我们才有了开发大型互联网应用的基础，组件使得项目的结构更加便于管理，工程的可维护与可扩展性大大提高，并且组件本身的复用性也使开发者可以大量使用第三方模块或将自己开发的模块作为组件供各种项目使用，极大地提高了开发效率。

第 7 章介绍 Vue.js 框架的响应性原理，本章是对读者开发能力的一种拔高，引导读者从实现功能到精致逻辑设计方向上进步。

第 8 章介绍通过 Vue.js 框架开发前端动画效果。动画技术在前端开发中也非常重要，前端是直接和用户面对面的,功能本身只是前端应用的一部分,更重要的是带来了良好的用户体验。

第 9 章介绍开发大型项目必备的脚手架 Vite 的基本用法,管理项目和编译打包项目都需要使用到此脚手架工具。

第 10 章介绍样式美观且扩展性极强的基于 Vue.js 的 UI 框架 Element Plus。

第 11 章介绍网络请求框架 Axios。

第 12 章介绍一款非常好用的 Vue 应用路由管理框架 Vue Router。

第 13 章介绍强大的状态管理框架 Pinia,使用该框架可以更好地管理大型 Vue 项目各个模块间的交互。

第 14 章通过一个相对完整的电商后台管理系统来全面地对本书涉及的 Vue.js 技术进行综合应用,帮助读者学以致用,从而更加深入地理解所学习的内容。

本书特色

- 本书所有工具均使用当前新版本编写,确保读者能够学到 Vue.js 框架在前端开发中的最新应用。

- 从零基础开始讲起,原理与实践并重,很适合初学者上手,其中提供的商业级项目,有一定前端经验的读者也能从中受益。

- 整合多种 Vue.js 3 工具框架和周边来进行商业项目开发,力图使读者真正掌握一线开发技能,从而快速进入职场,完成实际开发任务。

- 强调动手实践,既提供章节动手练习,还为各章设计了自主上机练习,所有上机练习题均提供步骤指南,跟着步骤操作即可轻松掌握。

- 本书涉及的代码都提供了完整的注释和编号,方便读者调用和对照学习。

- 本书提供了丰富的配书资源,包括教学视频、源代码、代码导读手册和 PPT 教学课件。

- 历经 3 次版本更新,内容与时俱进,例如,新版本采用官方推荐的组合式 API 代码组织方式,采用了新的状态管理框架 Pinia,重点使用了新的脚手架工具 Vite 等,并且吸取了众多读者和高校老师的经验,无论是自学还是教学都能获得极佳的体验。

读者对象

本书适合所有想使用 Vue.js 开发商业级应用的新手,以及有一定开发经验的前端开发者。

本书循序渐进的体系结构和边讲边练的教学方式,也很适合作为大中专学院校相关专业的教学用书。

配书资源

为了让读者能够更好地理解和实践所学的知识，本书提供了丰富的配书资源，包括教学视频、源代码、代码导读手册和 PPT 教学课件。这些资源可帮助读者更直观地理解 Vue.js 的概念和应用，同时通过动手实践加深记忆。

扫码下述二维码可免费下载（教学视频请扫描书中的二维码观看）：

重要说明

本书是《循序渐进 Vue.js 3 前端开发实战》的升级版本，本书在上一版本书的基础上，更新了所使用的 Vue 版本和状态管理框架 Pinia，并且全书的讲解均采用官方更加推荐的组合式 API 的代码组织方式，重构了一些难以理解的内容的讲解方式，并对源代码做了完整的注释与整理，补充了大量的实践与练习，特别是为每一章新增了上机演练，希望能够帮助读者更高效地学习与快速应用。

致　　谢

对于本书的出版，感谢支持笔者的家人和朋友，他们在生活与工作中对笔者无微不至的照顾，让笔者有更多的时间进行写作。

感谢清华大学出版社各位编辑的勤劳付出，他们认真负责的工作，使本书更臻完美。

感谢读者选购本书，由衷地希望本书可以带给你预期的收获。

最后，尽管笔者尽心竭力，由于水平所限，难免存在疏漏，恳请各位读者不吝指教。

张益珲

2024 年 07 月 17 日　上海

目　　录

第 1 章

走进 Vue 3 的新世界

1

随着 HTML5 和 CSS3 标准的广泛应用，现代化前端网页在美观性和交互性方面都有显著提升。当前，前端开发技术涵盖多种框架和解决方案。除基本的前端技术，如 HTML5、CSS3 和 JavaScript 外，响应式框架如 Vue 和 React 也逐渐受到开发者的青睐，这些框架能够提高开发前端应用程序的效率。

本章将概述前端技术的发展轨迹，简要介绍响应式开发框架的基本概念，并帮助读者对 Vue 框架有一个初步的认识，无论你是否具有前端项目开发经验，或者是否接触过早期版本的 Vue。本章也将探讨 Vue 新版本的新功能特性，使读者更深入地理解并能熟练运用新版的 Vue 框架。

最后，我们将通过一个简单的静态页面示例，演示如何使用 Vue 框架将网页内容渲染到浏览器界面中。

在本章中，你将学习到以下内容：

- 了解前端技术的发展概况。
- 认识响应式开发框架 Vue。
- 初步体验 Vue 开发框架的使用。
- 了解 Vue 框架的发展脉络，了解 Vue 3.x 版本的新特性。
- 创建第一个 Vue 项目，使用 Vue 实现一个简单的用户登录页面。

1.1　前端技术演进

说起前端技术的发展历程，我们还是要从 HTML 说起。1990 年 12 月，计算机学家 Tim Berners-Lee 在 NeXT 计算机上开发了第一个 Web 浏览器，并创建了第一个 Web 服务器，我们通常认为这是 Web 技术开发的开端。

1993 年，Mosaic 浏览器发布，它对 Web 浏览器的发展产生了重要影响。1994 年年底，W3C（World Wide Web Consortium，万维网联盟）的成立标志着互联网进入了标准化发展的阶段。

1995 年，网景公司推出了 JavaScript 语言，赋予了浏览器更强大的页面渲染与交互能力，推动了从静态网页向动态化网页的转变。随后，MVC（Model-View-Controller）开发架构应运而生，前端主要负责架构中的视图层（V）开发。

2004 年，Ajax 技术在 Web 开发中得到应用，开启了 Web 2.0 时代。类似 jQuery 等流行的前端 DOM 处理框架相继诞生，其中 jQuery 框架几乎成为网站开发的标配。

2008 年，HTML5 草案发布。2014 年 10 月，W3C 正式发布 HTML5 推荐标准，前端网页的交互能力大幅度提高。从 2010 年开始，Angular.js、React.js、Vue 等开发框架相继出现，开启了互联网网站开发的 SPA（Single Page Application，单页面应用程序）时代，这也是当今互联网 Web 应用开发的主流方向。

总体来说，前端技术的发展经历了静态页面阶段、Ajax 阶段、MVC 阶段，最终发展到 SPA 阶段。在静态页面阶段，前端代码通常由后端生成并嵌入页面中，页面响应速度慢，只能处理简单的用户交互，样式也不够美观。Ajax 阶段实现了前端与后端的部分分离，前端的工作不再仅仅是展示页面，还需要进行数据管理和用户交互。随着前端功能的复杂化，代码量增加，许多框架采用 MVC 或 MVVM 模式，为前端工程提供了结构管理支持。前端技术发展到 SPA 阶段后，网站成为一个完整的应用程序，用户可以在加载一次网页后，使用多页面交互的复杂应用程序，提高了响应速度和用户体验。

1.2   Vue 框架的前世今生

Vue 是一个渐进式的 JavaScript 框架，这意味着它可以从核心功能开始，逐步扩展使用。我们可以仅使用 Vue 框架的一部分功能，或者将其与其他第三方库整合使用。Vue 本身也提供了完整的工具链，利用这个工具链，项目构建过程非常简单。

在使用 Vue 之前，建议先掌握 HTML、CSS 和 JavaScript 的基础知识。本书不深入介绍这些基础知识。如果还没有学习过，建议先学习一些前端基础教程。掌握了这些基础知识后，理解 Vue 的使用和相关示例将变得更加容易。Vue 的渐进式特性提供了极大的灵活性，读者可以根据需要选择使用其完整框架或仅部分功能。

本节将进行一些准备工作，包括安装适合前端开发的代码编辑器，并简要了解 Vue 的历史。

1.2.1   准备开发工具

无论是 HTML、CSS、JavaScript 还是 Vue.js 框架，它们的代码本质上都是文本文件。理论上，我们可以使用任何文本编辑器来编写代码，只需将文件扩展名设置为.html、.css、.js 或.vue。然而，使用一个功能强大的代码编辑器可以显著提高编码效率。例如，许多代码编辑器都提供代码提示、关键词高亮、自动补全等功能，这些都有助于提高开发效率并减少因笔误造成的错误。

Visual Studio Code（VS Code）是一款功能强大的编辑器，它不仅提供语法检查、代码格式化、高亮显示等基础编程功能，还支持代码调试、运行和版本管理。通过安装扩展，VS Code 几乎可以支持所有流行的编程语言。本书的示例代码也将使用 VS Code 编辑器进行编写。

可以从以下网站下载最新的 VS Code 编辑器：

```
https://code.visualstudio.com
```

目前，VS Code 支持 macOS、Windows 和 Linux 操作系统，读者可以在该网站下载适合自己操作系统的 VS Code 版本进行安装，如图 1-1 所示。

图 1-1　下载 VS Code 编辑器软件

下载并安装 VS Code 后，我们可以尝试使用它来创建一个最简单的 HTML 文档。首先，新建一个名为 1.test.html 的文件，并在其中编写如下测试代码。

【源码见附件代码/第 1 章/1.test.html】

```html
<!DOCTYPE html>
<html lang="en">
<head>
    <meta charset="UTF-8">
    <meta name="viewport" content="width=device-width, initial-scale=1.0">
    <title>Document</title>
</head>
<body>
    <h1>HelloWorld</h1>
</body>
</html>
```

示例代码展示了一个简单的 HTML 文档，其中包含的<h1>标签用来定义页面的标题。上面的代码将在网页上显示标题文本"HelloWorld"。在输入代码的过程中，相信读者可能已经体验到了 VS Code 带来的流畅编程体验，编辑器中的关键词高亮和自动缩进功能也使得代码结构更加直观，如图 1-2 所示。

图 1-2　VS Code 的代码高亮与自动缩进功能

在 VS Code 中完成代码编写后，我们可以直接运行 HTML 文件。VS Code 会自动用浏览器打开它，以便我们查看效果。要执行这个操作，可以通过 VS Code 工具栏选择 Run→Run Without Debugging 选项，如图 1-3 所示。

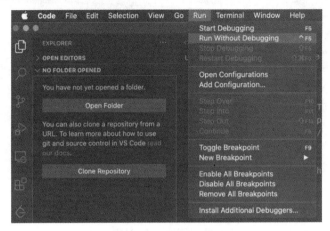

图 1-3　运行 HTML 文件

之后会弹出环境选择菜单，我们可以选择一款浏览器进行预览，如图 1-4 所示。

图 1-4　使用浏览器进行预览

预览效果如图 1-5 所示。

图 1-5　使用 HTML 实现的 HelloWorld 程序

VS Code 还有很多高级功能，如代码搜索、代码仓库管理、工作流定制等。我们可以根据自己的编程习惯来对其进行个性化的配置。这些高级功能这里不再过多介绍，后面使用到时再进行具体讲解。

1.2.2　Vue 的发展历史

Vue 是构建在标准的 HTML、CSS 和 JavaScript 上的前端开发框架。除有渐进式、响应式以及出色的性能表现外，它还有一个显著的特点是易学易用。Vue 的 API 设计非常符合直觉，对初学者来说很友好。

2013 年 12 月，Vue 的第一个可用版本 0.6.0 在 GitHub 开源社区上发布，之后 Vue 的作者以惊人的速度进行完善和更新，经过几十个小版本的功能完善和问题修复，2015 年 10 月，Vue1.0.0 版本正式发布，Vue 作者将此版本命名为 1.0.0 Evangelion，意为新世纪福音战士，这是一部动漫作品的名字，并在备注中写道：

```
"The fate of destruction is also the joy of rebirth." —— SEELE
"毁灭的命运，也是重生的喜悦。"  —— 希勒
```

不难看出，其作者对 Vue 框架所抱有的希冀，期待 Vue 能够解决前端开发的痛点，开启前端开发的新时代。

2016 年 6 月，Vue 2.0 的第一个实验版本发布，相较于 1.x 版本，2.x 版本对性能进行了优化，弃用了一些 Vue 1.x 中设计不合理的 API，并对一些 API 进行了设计上的重构。Vue 2.0.0 版本被命名为 v2.0.0 Ghost in the Shell，意为攻壳机动队，也是一部动漫的名字，此版本的备注信息为：

```
"Your effort to remain what you are is what limits you." —— Puppet Master
"你努力保持自己的样子才是限制你的因素。"——木偶大师
```

其寓意也很明显，2.x 版本的更新将更强劲地推动 Vue 的发展。

2016 年 11 月，Vue v2.1.0 Hunter X Hunter 发布。

2017 年 2 月，Vue v.2.2.0 Initial D 发布；4 月 27 日，Vue v2.3.0 JoJo's Bizarre Adventure 发布；7 月，Vue v2.4.0 Kill la Kill 发布；10 月，Vue v2.5.0 Level E 发布。

2019 年 4 月，Vue v2.6.0 Macross 发布。

2022 年 7 月，Vue v2.7.0 Naruto 发布。

之后直至今日，Vue 2.x 版本只做 Bug 修复类的更新，不再进行功能方向上的修改。截至 2023 年 12 月，Vue 2.x 系列版本发布了 v2.7.16 Swan Song，标志着 2.x 版本的维护周期结束。Vue 开发团队将更多精力投入 Vue 3.x 版本的更新和完善中。

Vue 3.x 和 Vue 2.x 是两个并行开发的项目，在 Vue 3.x 中，对包体、渲染性能、内置组件以及开发工具链都进行了大量的重构和优化，并且收集了更多先进的编程理念和技术，并将其融合进 Vue 3.x 项目中。相比 Vue 2.x，Vue 3.x 将会带给开发者带来焕然一新的优质开发体验。

从 2019 年 12 月开始，Vue 3.0.0 版本开始被进行实验式使用，在进行了近一年的优化与问题修复后，2020 年 9 月，Vue 3.0.0 正式版本发布。与 Vue 2.x 版本相比，Vue 3.x 版本的一个显著特点是引入了组合式 API，组合式 API 相比选项式 API 会使逻辑更加聚合，结合 setup 语法糖，编程方式变得更加现代化。

2021 年 6 月，Vue 3.1.0 发布，对 Vue 编译器和开发工具进行了优化。同年 8 月，Vue 3.2.0 发布。

2023 年 5 月，Vue 3.3.0 发布，12 月，Vue 3.4.0 发布，目前 Vue 的新版本为 3.4.21。

1.2.3 Vue 3.x 的新特性

Vue 3.x 的发布无疑是 Vue 框架的一次重大改进。一款优秀的前端开发框架的设计都是遵循一定的设计原理的。Vue 3.x 的设计目标包括：

- 更小的体积。
- 更快的速度。
- 现代化的语法特性。

- 加强 TypeScript 的支持。
- API 设计的统一和一致性。
- 提高了前端工程的可维护性。
- 支持更多强大的功能来提高开发者效率。

在 Vue 2.x 时代，最小化的 Vue 核心代码压缩后约为 20KB；Vue 3.x 的压缩版大小减少至大约 10KB，减少了一半。在前端开发中，更小的依赖模块意味着更少的流量和更快的加载速度，在这方面，Vue 3.x 表现出色。

Vue 3.x 对虚拟 DOM 的设计进行了优化，提升了局部页面元素修改的处理速度，从而提高了运行效率。同时，Vue 3.x 在编译时也进行了优化，例如将插槽编译为函数。

在代码语法层面，Vue 3.x 相比 Vue 2.x 有显著变化，推广了函数式风格的 API，以更好地支持 TypeScript，这有利于组件逻辑的复用。新引入的 setup 方法（组合式 API）使组件逻辑更加聚合。

Vue 3.x 还引入了新的内置组件，如 Teleport，这有助于开发者封装逻辑相关的组件，提供了更强大的功能以便于逻辑复用。

在性能方面，Vue 3.x 显著优于 Vue 2.x，同时打包后的体积更小。Vue 3.x 基本向下兼容，使得从 Vue 2.x 过渡的开发者能够轻松上手。Vue 3.x 对功能的扩展对开发者更加友好。

组合式 API 允许使用函数定义组件，而不是声明选项，这有利于逻辑的聚合和复用。Vue 3.x 弥补了 Vue 2.x 在类型推断方面的不足，同时仍然支持选项式 API，允许混合使用两种风格的 API。

在单文件组件中，Vue 3.x 增加了<script setup>语法糖，这是一个编译时特性，使组件代码更简洁，提高了运行时性能，并改善了编辑器的语法检查与类型推断。

Teleport 是 Vue 3.x 中新增的内置组件，允许跨层级渲染组件，适用于全屏模式等业务逻辑。Vue 3.x 还引入了 Fragments 功能，打破了 Vue 2.x 中不允许有多个根组件的限制，使上层组件的代码更加简洁。

除上述改进外，Vue 3.x 在全局 API、模板指令、组件、渲染函数等方面都进行了优化和更新。在后续的学习中，我们将逐步探索并体验这些新特性的优势。

1.3   Vue 框架初体验

Vue 的核心代码体积很小，因此我们可以直接通过 CDN 引入，之后就可以在网页的<script>标签中使用 Vue 来组织页面逻辑。Vue 还提供了配套的脚手架工具。通过组合使用这些工具，可以构建包含插件管理、编译、测试和发布的完整工具链，以创建大型工程。

在学习和测试 Vue 的功能时，我们将直接通过 CDN 引入 Vue 框架，这有助于我们更专注于 Vue 框架本身的学习。本书中，我们将全部采用最新的 Vue 3.x 版本来编写示例。

> 提示   CDN（Content Delivery Network，内容分发网络）是一种通过在多个地理位置部署服务器来提供快速、可靠和高效的数据传输服务的网络。在前端开发中，CDN 通常用于加速静态资源的加载速度，例如 JavaScript 库、CSS 样式表、图片等。通过将静态资源托管在 CDN 上，用户可以从离他们最近的服务器获取资源，从而减少延迟并提高加载速度。

对于 Vue 这样的轻量级框架来说，其核心代码体积小，适合通过 CDN 方式引入。使用 CDN 不仅可以节省服务器带宽和资源，还可以提高用户的访问速度和体验。

以下是一个示例代码，演示如何通过 CDN 方式引入 Vue：

```html
<!DOCTYPE html>
<html>
<head>
  <title>Vue CDN Example</title>
  <!-- 引入 Vue 的 CDN 链接 -->
  <script src="https://cdn.jsdelivr.net/npm/vue"></script>
</head>
<body>
  <div id="app">
    {{ message }}
  </div>

  <script>
    // 创建 Vue 实例
    new Vue({
      el: '#app',
      data: {
        message: 'Hello, Vue!'
      }
    });
  </script>
</body>
</html>
```

在上述示例中，通过<script>标签成功引入了 Vue 的 CDN 链接：https://cdn.jsdelivr.net/npm/vue。引入之后，我们可以在页面中利用 Vue 的功能，例如创建 Vue 实例、实现数据绑定等。

本节将通过引入 Vue 框架来编写一些简单的前端功能页面。通过这些示例，我们将体验 Vue 框架的基本编程思路，并了解其如何简化前端开发流程。

1.3.1　第一个 Vue 工程

本小节将向读者展示如何在 VS Code 编辑器中启动第一个 Vue 项目。VS Code 是一款功能强大的编辑器，其丰富的扩展功能主要通过插件实现。为了支持 Vue 语言，我们首先需要在 VS Code 中安装 Vetur 插件。Vetur 插件为 VS Code 增加了对 Vue 的支持，包括代码高亮、关键词提示和代码块补全等功能，从而增强了 Vue 的开发体验。

要在 VS Code 中安装 Vetur 插件，只需打开 VS Code 的插件管理模块，搜索 Vetur，然后进行安装，如图 1-6 所示。

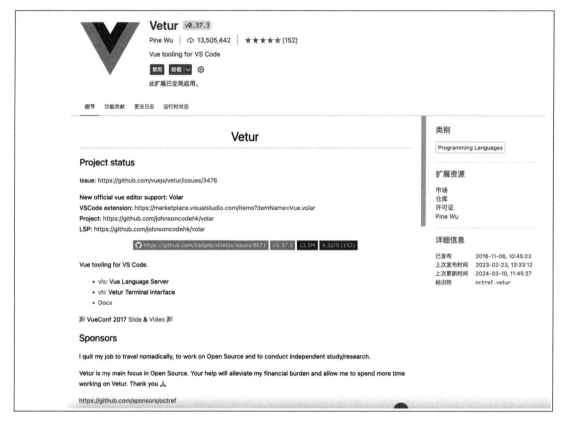

图 1-6 为 VS Code 安装 Vetur 组件

使用 VS Code 开发工具创建一个名为 2.Vue1.html 的文件，在其中编写如下模板代码：

【源码见附件代码/第 1 章/2.Vue1.html】

```
<!DOCTYPE html>
<html lang="en">
<head>
    <meta charset="UTF-8">
    <meta name="viewport" content="width=device-width, initial-scale=1.0">
    <title>Vue3 Demo</title>
    <script src="https://unpkg.com/vue@3/dist/vue.global.js"></script>
</head>
<body>
</body>
</html>
```

其中，我们在 head 标签中加入了一个 script 标签，采用 CDN 的方式引入了 Vue 3 框架，上面的 CDN 地址会自动加载 Vue 3 的新版本。下面我们来实现一个简单的计数器应用，首先在 body 标签中添加一个标题和按钮。

【代码片段 1-1 源码见附件代码/第 1 章/2.Vue1.html】

```
<div style="text-align: center;" id="Application">
    <h1>{{ count }}</h1>
```

```
        <button v-on:click="clickButton">点击</button>
    </div>
```

在本示例中，我们通过<div>元素创建了一个 Vue 应用实例，并使用了一些特殊的 Vue 模板语法。例如，在<h1>标签内，我们使用了双花括号{{ count }}来插入 Vue 实例中的变量值。此外，v-on:click 属性用于绑定点击事件到 clickButton 方法上，该方法定义在 Vue 组件内部。

定义 Vue 组件非常简单。我们可以在<body>标签下方添加一个<script>标签，并在其中编写如下代码。

【代码片段 1-2　源码见附件代码/第 1 章/2.Vue1.html】

```
<script>
    // 使用Vue中的createApp和ref方法
    const { createApp, ref } = Vue
    // 定义组件
    let config = {
        setup() {
            // 定义计数属性，具有响应性
            const count = ref(0)
            // 定义按钮点击方法
            const clickButton = function() {
                count.value ++
            }
            // 将属性与方法导出
            return {
                count,
                clickButton
            }
        }
    }
    // 创建应用实例
    let app = createApp(config)
    // 将应用实例绑定到id为Application的标签中
    app.mount('#Application')
</script>
```

如以上代码所示，我们定义 Vue 组件时实际上创建了一个 JavaScript 对象。createApp 和 ref 是 Vue 框架提供的方法。createApp 用于创建 Vue 应用实例，而 ref 方法用于创建响应式的数据对象。响应性意味着当数据变化时，与之相关的页面元素也会自动更新。

setup 方法是 Vue 3 中组合式 API 的核心，用于定义组件的属性和方法。在上面的代码中，我们定义了一个 count 属性来跟踪按钮点击次数，以及一个 clickButton 方法来递增 count 的值。通过 return 语句，我们将这些属性和方法暴露给模板。

在浏览器中运行上述代码后，点击页面中的按钮，计数器将自动递增。通过 Vue 实现的计数器应用比直接使用 JavaScript 操作 HTML 元素更为便捷。使用 Vue 的数据绑定，我们只需关注数据逻辑，数据变化时，与之绑定的元素会自动更新。

1.3.2　动手练习：实现一个简单的用户登录页面

本小节尝试使用 Vue 来构建一个简单的登录页面。在练习之前，我们先来分析一下需要完成的工作有哪些：

（1）登录页面需要有标题，用来提示用户当前的登录状态。

（2）在未登录时，需要有两个输入框以及"登录"按钮，供用户输入账号密码并执行登录操作。

（3）登录完成后，应隐藏输入框，并提供按钮供用户登出。

仅仅完成上述列出的三个功能点，如果仅使用原生 JavaScript 和 DOM 操作，过程可能会有些复杂。然而，借助 Vue 的数据绑定和条件渲染功能，实现这些需求将变得相对容易。

首先，创建一个名为 3.loginDemo.html 的文件，并为其添加 HTML 通用的模板代码。然后，通过 CDN 的方式引入 Vue。接下来，在 body 标签中添加相应的 Vue 代码来构建登录页面的逻辑和布局。

【代码片段 1-3　源码见附件代码/第 1 章/3.loginDemo.html】

```
<div id="Application" style="text-align: center;">
<!-- 标题 -->
    <h1>{{title}}</h1>
<!-- 创建账号和密码输入组件 -->
    <div v-if="noLogin">账号: <input v-model="userName" type="text" /></div>
    <div v-if="noLogin">密码: <input v-model="password" type="password" /></div>
<!-- "登录"按钮-->
    <div v-on:click="click" style="border-radius: 30px;width: 100px; margin: 20px auto;
color: white; background-color: blue;">{{buttonTitle}}</div>
    </div>
```

在上述代码中，v-if 是一个条件渲染指令。当 v-if 绑定的变量值为 true 时，与之相关的元素将被渲染到 DOM 中；如果变量值为 false，则不渲染该元素。这是一种根据条件动态展示或隐藏元素的便捷方式。

v-model 用于实现数据的双向绑定。当输入框中的内容发生变化时，v-model 会将这些变化同步到绑定的变量上。反之，如果我们直接对变量的值进行修改，输入框中显示的文本也会相应地更新。

实现 JavaScript 代码如下：

【代码片段 1-4　源码见附件代码/第 1 章/3.loginDemo.html】

```
<script>
    const {createApp, ref} = Vue
    const config = {
        setup() {
            // 定义页面时所需要的数据
            const title = ref("欢迎您: 未登录")
            const noLogin = ref(true)
            const userName = ref("")
            const password = ref("")
            const buttonTitle = ref("登录")
            // 定义"登录"按钮的点击方法
            const click = function() {
```

```
        if (noLogin.value) {
            login()
        } else {
            logout()
        }
    }
    // 执行登录动作的函数
    const login = () => {
        // 判断账号和密码是否为空
        if (userName.value.length > 0 && password.value.length > 0) {
            // 登录提示后刷新页面
            alert('userNmae:${userName.value} password:${password.value}')
            noLogin.value = false
            title.value = '欢迎您:${userName.value}'
            buttonTitle.value = "注销"
            userName.value = ""
            password.value = ""
        } else {
            alert("请输入账号密码")
        }
    }
    // 执行登出动作的函数
    const logout = () => {
        // 清空登录数据
        noLogin.value = true
        title.value = '欢迎您:未登录'
        buttonTitle.value = "登录"
    }
    return {title, noLogin, userName, password, buttonTitle, click}
    }
}
    // 创建应用实例
    const app = createApp(config)
    // 挂载应用到指定标签元素
    app.mount("#Application")
</script>
```

在上述代码中，未登录时的效果如图 1-7 所示。当输入账号和密码登录完成后，效果如图 1-8 所示。

图 1-7　简易登录页面（1）　　　　　　　　　图 1-8　简易登录页面（2）

1.3.3 为什么使用 Vue 框架

在深入学习 Vue 之前，一个关键问题是理解我们为什么要选择学习它。

首先，在前端开发领域，使用框架已成为一种常见做法，就像工厂拥有完整的生产线一样。在学习阶段，我们或许能够直接使用 HTML、CSS 和 JavaScript 来开发简单的静态页面。但面对大型商业应用，所需的代码量和功能复杂度将大大增加，而且如果没有使用框架，后期的维护和扩展将变得非常困难。

那么，为什么选择 Vue？早期互联网时代，jQuery 因其简化 DOM 操作和提供事件处理、动画和网络通信等功能而广受欢迎。但随着 Web 应用的复杂性增加，像 Angular.js 这样的现代框架应运而生，推动了前端开发的重大变革。

尽管 Angular.js 功能强大，但它也有一些明显的缺点，例如：

（1）学习曲线陡峭，入门难度高。

（2）灵活性差。这意味着要使用 Angular.js，就必须按照其规定的一套构造方式来开发应用，要完整地使用其一整套的功能。

（3）由于框架本身的庞大，使得速度和性能会略差。

（4）在代码层面上，某些 API 的设计复杂，使用麻烦。

这些问题催生了新的前端框架，如 Vue 和 React。

Vue 和 React 都是现代前端开发中的佼佼者，它们在设计上有许多相似之处。与功能全面的 Angular.js 相比，它们更像是"核心"框架，提供基础功能，并通过插件支持路由、状态管理等高级功能。Vue 和 React 都基于虚拟 DOM，这大大提高了性能，并倡导组件化编程，便于维护和扩展。

当然，Vue 和 React 在某些方面也存在差异。Vue 使用类似 HTML 的模板语法，易于上手，而 React 使用 JSX，它虽然功能强大，但可能会使代码复杂度增加。在状态管理方面，Vue 提供了简单直观的响应式系统，而 React 则需要使用特定的方法来更新状态。

综上所述，Vue 以其简洁、高效和易学性，是掌握前端开发核心技能并快速上手大型商业项目的绝佳选择。

1.4 小结与上机演练

本章是进入 Vue 学习的基础准备章节。在深入学习 Vue 框架之前，我们首先需要熟练掌握前端开发的三个基本技术：HTML、CSS 和 JavaScript。同时，通过对 Vue 的初步体验，相信读者已经感受到了它在开发过程中带来的便利和效率。现在，尝试通过解答下列问题来检验读者在本章的学习成果吧！如果对每个问题都有了清晰的答案，那么恭喜你，可以进入下一章进行学习了。

练习 1：在网页开发中，HTML、CSS 和 JavaScript 分别扮演了什么角色？

 可以从页面布局、样式设计和逻辑处理等方面进行思考。HTML 定义了文档的结构，为页面提供了基础骨架。CSS 负责配置页面元素的布局和外观，增强了页面的视觉吸引力。JavaScript 处理页面的动态更新和用户交互，是实现网页动态功能的核心。

练习 2：Vue 3 版本相较于之前的版本有哪些显著的改进？

提示 可以从源码大小、性能提升、编程范式的变化以及 API 的更新等方面进行分析。

练习 3：在 Vue 中，数据绑定是如何工作的？什么是单向绑定和双向绑定？

提示 结合本章的用户登录页面示例进行分析。通常，仅用于展示的元素可以使用单向绑定；而既需要展示又需要响应用户输入的组件，则通常采用双向绑定。

练习 4：根据你对 Vue 示例工程的体验，你认为使用 Vue 开发前端页面有哪些优势？

提示 可以从数据绑定的便捷性、条件和循环的声明式渲染，以及 Vue 框架的渐进式特性等方面进行思考。

上机演练：使用 JavaScript 和 Vue 3 构建一个简单的登录页面。

任务要求：

（1）创建包含账号和密码输入框以及"登录"按钮的登录页面。

（2）当用户单击"登录"按钮时，检查是否已输入账号和密码。

（3）如果已输入，显示登录成功的提示；如果未输入，提示用户进行填写。

参考练习步骤：

（1）创建 HTML 结构，包括表单和输入框。

（2）引入 Vue 库。

（3）创建 Vue 实例，并定义 username 和 password 数据属性。

（4）定义 login 方法，实现登录逻辑。

（5）将 Vue 实例挂载到 DOM 元素上。

（6）添加 CSS 样式以美化页面（可选）。

参考示例代码：

```
<!DOCTYPE html>
<html lang="en">
<head>
    <meta charset="UTF-8">
    <meta name="viewport" content="width=device-width, initial-scale=1.0">
    <title>Login Page</title>
    <!-- 引入Vue库 -->
    <script src="https://unpkg.com/vue@3/dist/vue.global.js"></script>
</head>
<body>
    <div id="app">
        <h1>Login</h1>
        <!-- 创建表单，绑定submit事件 -->
        <form @submit.prevent="login">
            <!--账号输入框 -->
            <label for="username">Username:</label>
            <input type="text" id="username" v-model="username" required>
            <br>
            <!-- 密码输入框 -->
```

```
            <label for="password">Password:</label>
            <input type="password" id="password" v-model="password" required>
            <br>
            <!-- "登录"按钮-->
            <button type="submit">Login</button>
        </form>
    </div>

<script>
const {createApp, ref} = Vue
const App = {
    setup() {
        // 使用ref定义reactive变量
        const username = ref('');
        const password = ref('');

        // 定义login方法
        const login = () => {
            if (username.value && password.value) {
                alert('Logged in successfully!');
            } else {
                alert('Please enter both username and password.');
            }
        };

        // 返回数据和方法供模板使用
        return {
            username,
            password,
            login
        };
    }
};
// 创建并挂载Vue实例到DOM元素上
createApp(App).mount('#app');
</script>
</body>
</html>
```

本示例涉及的 Vue 相关知识会在后续的章节中逐步介绍，此例练习中，读者可查阅相关章节的内容进行了解。

第 2 章

Vue 模板与应用

2

模板是 Vue 框架的核心组成部分，Vue 采用的基于 HTML 的模板语法大大降低了前端开发者的学习曲线，使得大多数开发者能够快速上手。在 Vue 的分层设计理念中，模板属于视图层，它允许开发者专注于页面布局的组织，而不必深陷数据逻辑的处理。同时，当开发者在 Vue 组件内部编写数据逻辑时，也无须担心视图的渲染问题，因为 Vue 的模板系统会自动处理数据到视图的映射。

本章将深入探讨 Vue 框架的模板功能，引导你掌握 Vue 模板的使用技巧，开启精通 Vue 模板的旅程。

在本章中，你将学习到以下内容：

● Vue 中模板的基础用法。
● 模板中参数的使用。
● 模板中的指令相关用法。
● 常用的指令缩写。
● 灵活使用条件指令与循环指令。

2.1 模板基础

模板有什么用呢？

模板最直接的用途是帮助我们通过数据来驱动视图的渲染。

在第 1 章中，我们已经体验了 Vue 模板的使用。在普通 HTML 文档中，若要更新页面以响应数据变化，通常需要通过 JavaScript 进行 DOM 操作，这包括获取指定元素并修改其属性或文本，这种方法不仅烦琐，而且容易出错。而 Vue 的模板语法极大地简化了这一过程。我们只需将变化的值定义为组件的属性，并在 HTML 文档的相应位置插入这些属性变量。当数据变化时，所有使用该变量的组件都会自动同步更新。这一特性正是 Vue 模板中的插值表达式所实现的。

学习 Vue 模板的第一步，就是掌握插值表达式的使用。通过这种方式，Vue 使得数据和视图之间的同步变得更加直观和高效。

2.1.1　模板插值

首先，创建一个名为 1.tempText.html 的文件，并在其中编写标准的 HTML 文档结构。接下来，在<body>标签中添加一个元素，用于测试。

【源码见附件代码/第 2 章/1.tempText.html】

```
<div style="text-align: center;">
    <h1>这里是模板的内容:1 次点击</h1>
    <button>按钮</button>
</div>
```

在运行上述 HTML 代码后，浏览器中将显示一个居中的标题和一个按钮。目前，点击按钮不会有任何效果，因为我们还没有添加任何逻辑代码。现在，让我们通过引入 Vue 框架，为这个网页添加动态功能：当点击按钮时，标题中的数值将发生变化。

为了实现这个计数器功能，我们将使用 Vue 组件。以下是完整的示例代码。

【代码片段 2-1　源码见附件代码/第 2 章/1.tempText.html】

```
<!DOCTYPE html>
<html lang="en">
<head>
  <meta charset="UTF-8">
  <meta name="viewport" content="width=device-width, initial-scale=1.0">
  <title>模板插值</title>
  <script src="https://unpkg.com/vue@3/dist/vue.global.js"></script>
</head>
<body>
  <div id="Application" style="text-align: center;">
    <h1>这里是模板的内容:{{count}}次点击</h1>
    <button v-on:click="clickButton">按钮</button>
  </div>
  <script>
    const {createApp, ref} = Vue
    // 定义一个 Vue 组件
    let config = {
      setup() {
        // 定义组件中的数据
        const count = ref(0)
        // 实现按钮点击的方法
        const clickButton = () => {
          count.value += 1
        }
```

```
            return {count, clickButton}
        }
    }
    // 将 Vue 组件绑定到页面上 id 为 Application 的元素上
    createApp(config).mount("#Application")
  </script>
</body>
</html>
```

在浏览器中运行上述代码并点击页面中的按钮，你将看到页面上的标题文本随着点击而更新。在 HTML 标签中使用双花括号{{ }}可以进行变量插值，这是 Vue 中最基础的模板语法之一。这种语法可以将当前组件中定义的属性的值插入指定位置。如果组件中的属性具有响应性，这种插值将默认实现数据绑定的效果，即当我们修改变量的值时，页面上的渲染将同步更新。

在某些情况下，我们可能希望组件的渲染由变量控制，但一旦渲染完成就不再受变量影响。这时，可以使用 v-once 指令。带有 v-once 指令的元素在进行变量插值时只会执行一次，之后即使数据变化，元素的内容也不会更新。例如：

【源码见附件代码/第 2 章/1.tempText.html 】

```
<h1 v-once>这里是模板的内容：{{count}}次点击</h1>
```

在浏览器中再次实验，可以发现网页中指定的插值位置被替换成文本"0"后，无论我们再怎么点击按钮，标题也不会发生改变。

还有一点需要注意，如果要插值的文本为一段 HTML 代码，则不能直接使用双花括号进行插值，因为双花括号会将其内的变量解析为纯文本。例如，在 Vue 组件 App 中定义的数据如下：

【源码见附件代码/第 2 章/1.tempText.html 】

```
const countHTML = ref("<span style='color:red;'>0</span>")
```

如果使用双花括号插值的方式插入 HTML 代码，最终的效果会将其以文本的方式渲染出来，代码如下：

```
<h1 v-once>这里是模板的内容：{{countHTML}}次点击</h1>
```

运行效果如图 2-1 所示。

这里是模板的内容：\0\次点击

图 2-1　用双花括号进行 HTML 插值

这种效果明显不符合我们的预期，对于 HTML 代码插值，需要使用 v-html 指令来实现，示例代码如下：

【源码见附件代码/第 2 章/1.tempText.html 】

```
<h1 v-once>这里是模板的内容：<span v-html="countHTML"></span>次点击</h1>
```

V-html 指令可以指定一个 Vue 变量数据，其会通过 HTML 解析的方式将原始 HTML 替换到其指定的标签位置。以上代码运行后的效果如图 2-2 所示。

这里是模板的内容:0次点击

图 2-2   使用 v-html 进行 HTML 插值

上面我们介绍了如何在标签内部进行内容的插值。我们知道，标签除其内部的内容外，本身的属性设置也是非常重要的。例如，我们可能需要动态改变标签的 style 属性，从而实现元素渲染样式的修改。在 Vue 中，可以使用属性插值的方式做到标签属性与变量的绑定。

对于标签属性的插值，Vue 中不再使用双花括号的方式，而是使用 v-bind 指令，示例代码如下：

【源码见附件代码/第 2 章/1.tempText.html】

```
<h1 v-bind:id="id1">这里是模板的内容:{{count}}次点击</h1>
```

定义一个简单的 CSS 样式如下：

```
#h1 {
    color: red;
}
```

再添加一个名为 id1 的 Vue 组件属性，代码如下：

```
const id1 = ref("h1")
```

运行代码后，可以看到 id 属性值已动态绑定到指定的<h1>标签上。当 Vue 组件中的 id1 属性值发生变化时，这些变化也会实时反映在<h1>标签上。通过动态绑定，我们可以灵活地更改元素的属性，如样式表。v-bind 指令同样适用于其他 HTML 属性，只需使用冒号加属性名的方式指定即可。

无论是使用双花括号进行标签内容插值，还是使用 v-bind 进行属性插值，我们都可以直接将变量进行插值，也可以使用基本的 JavaScript 表达式。例如：

```
<h1 v-bind:id="id1">这里是模板的内容:{{count + 10}}次点击</h1>
```

运行上述代码后，页面上渲染的数值将会是 count 属性值增加 10 后的结果。在使用插值表达式时，需要注意的是，虽然 Vue 允许在插值中使用简单的 JavaScript 表达式，但应避免使用过于复杂或嵌套的表达式，这可能会导致语法错误或意外的行为。

2.1.2   模板指令

本质上，Vue 中的模板指令也是 HTML 标签属性，其通常由前缀 "v-" 开头，例如前面使用过的 v-bind、v-once 等都是指令。

大部分指令都可以直接设置为 JavaScript 变量或单个 JavaScript 表达式。我们首先创建一个名为 2.directives.html 的测试文件，在其中编写 HTML 的通用代码后引入 Vue 框架，之后在 body 标签中添加如下代码：

【代码片段 2-2   源码见附件代码/第 2 章/2.directives.html】

```
<div id="Application">
    <h1 v-if="show">标题</h1>
</div>
<script>
    const {createApp, ref} = Vue
```

```
    // 定义一个 Vue 组件
    const config = {
        setup(){
            const show = ref(true)
            return {show}
        }
    }
    createApp(config).mount("#Application")
</script>
```

在上述代码中，v-if 就是一个简单的选择渲染指令，其设置为布尔值 true 时，当前标签元素才会被渲染。

一些特殊的 Vue 指令也可以指定参数，例如 v-bind 和 v-on 指令，对于可以添加参数的指令，参数和指令使用冒号进行分隔，例如：

```
v-bind:style
v-on:click
```

指令的参数本身也可以是动态的。例如，我们可以区分 id 选择器和类选择器来定义不同的组件样式，之后动态地切换组件的属性，示例如下：

【源码见附件代码/第 2 章/2.directives.html】

CSS 样式：

```
#h1 {
    color:red;
}
.h1 {
    color:blue
}
```

HTML 标签的定义如下：

```
<h1 v-bind:[prop]="name" v-if="show">标题</h1>
```

在 Vue 组件中定义属性数据如下：

```
setup(){
    const show = ref(true)
    const prop = ref("class")
    const name = ref("h1")
    return {show, prop, name}
}
```

在浏览器中运行上述代码，可以看到<h1>标签被正确地绑定了 class 属性。

在参数后面，还可以为 Vue 中的指令增加修饰符，修饰符会为 Vue 指令增加额外的功能。以一个常见的应用场景为例，在网页中，如果有可以输入信息的输入框，通常我们不希望用户在首尾输入空格符，通过 Vue 的指令修饰符，很容易实现自动去除首尾空格符的功能，示例代码如下：

```
<input v-model.trim="content">
```

如上述代码所示，我们使用 v-model 指令将输入框的文本与 content 属性进行绑定，如果用户在输入框中输入的文本首尾有空格符，当输入框失去焦点时，Vue 会自动帮我们去掉这些首尾空格符。

至此，你应该已经体会到了 Vue 指令的灵活与强大之处。最后，我们将介绍 Vue 中常用的指令缩写。在 Vue 应用开发中，v-bind 和 v-on 两个指令的使用非常频繁，对于这两个指令，Vue 为开发者提供了更加高效的缩写方式。对于 v-bind 指令，我们可以将其 v-bind 前缀省略，直接使用冒号加属性名的方式进行绑定，例如 v-bind:id ="id"可以缩写为如下模样：

```
:id="id"
```

另外，在最新的 Vue 3.4.0 及以上版本中，如果属性绑定的变量名与属性名完全一致，则可以将其写法进一步简化，省略变量名部分。下面两种写法都可以：

```
<h1 :id="id" v-if="show">标题</h1>
<h1 :id v-if="show">标题</h1>
```

对于 v-on 类的事件绑定指令，可以将前缀 v-on:使用@符替代，例如 v-on:click="myFunc"指令可以缩写成如下模样：

```
@click="myFunc"
```

在后面的学习中你会体验到，有了这两个缩写功能，将大大提高 Vue 应用的编写效率。

2.2　条件渲染

条件渲染是 Vue 控制 HTML 页面渲染的方式之一。很多时候，我们都需要通过条件渲染的方式来控制 HTML 元素的显示和隐藏。在 Vue 中，要实现条件渲染，可以使用 v-if 指令，也可以使用 v-show 指令。本节将细致地探讨这两种指令的使用。

2.2.1　使用 v-if 指令进行条件渲染

在之前的测试代码中简单使用过 v-if 指令，简单来讲，它可以有条件地选择是否渲染一个 HTML 元素。v-if 指令可以设置为一个 JavaScript 变量或表达式，当变量或表达式为真值时，其指定的元素才会被渲染。为了方便代码测试，我们可以新建一个名为 3.condition.html 的测试文件，在其中编写代码。

最简单的条件渲染示例如下：

【源码见附件代码/第 2 章/3.condition.html】

```
<h1 v-if="show">标题</h1>
```

在上述代码中，只有当 show 变量的值为真时，当前标题元素才会被渲染，Vue 模板中的条件渲染 v-if 指令类似于 JavaScript 编程语言中的 if 语句。我们知道，在 JavaScript 中，if 关键字可以和 else 关键字结合使用组成 if-else 块，在 Vue 模板中，也可以使用类似的条件渲染逻辑，v-if 指令可以和 v-else 指令结合使用，示例如下：

```
<h1 v-if="show">标题</h1>
<p v-else>如果不显示标题就显示段落</p>
```

运行代码，可以看到，标题元素与段落元素是互斥出现的，如果根据条件渲染出了标题元素，则不会再渲染出段落元素，如果条件控制不渲染标题元素，则会渲染出段落元素。需要注意，在将 v-if 与 v-else 结合使用时，设置了 v-else 指令的元素必须紧跟在 v-if 或 v-else-if 指令指定的元素后面，否则其不会被识别到。例如下面的代码，运行后的效果如图 2-3 所示。

```
<h1 v-if="show">标题</h1>
<h1>Hello</h1>
<p v-else>如果不显示标题就显示段落</p>
```

图 2-3　条件渲染示例

其实，如果你在 VS Code 中编写了上述代码并运行，VS Code 开发工具的控制台也会打印出相关异常信息，提示 v-else 指令使用错误，如图 2-4 所示。

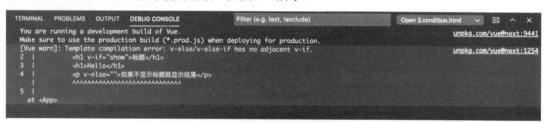

图 2-4　VS Code 控制台打印出的异常提示

在 v-if 与 v-else 指令之间，我们还可以插入任意 v-else-if 指令来实现多分支渲染逻辑。在实际应用中，多分支渲染逻辑也很常用，例如根据学生的分数来将成绩进行分档，就可以使用多分支逻辑。示例代码如下：

```
<h1 v-if="mark == 100">满分</h1>
<h1 v-else-if="mark > 60">及格</h1>
<h1 v-else>不及格</h1>
```

v-if 指令的使用必须添加到一个 HTML 标签元素上，如果我们需要使用条件同时控制多个标签元素的渲染，有两种方式可以实现。

（1）使用 div 标签对要进行控制的元素进行包装，示例如下：

```
<div v-if="show">
    <p>内容</p>
    <p>内容</p>
    <p>内容</p>
</div>
```

（2）使用 template 标签对元素进行分组，示例如下：

```
<template v-if="show">
    <p>内容</p>
    <p>内容</p>
    <p>内容</p>
</template>
```

通常，我们更推荐使用 template 分组的方式来控制一组元素的条件渲染逻辑，因为在 HTML 渲染元素时，使用 div 包装组件后，div 元素本身会被渲染出来，而使用 template 进行分组的组件渲染后，并不会渲染 template 标签本身。我们可以通过 Chrome 浏览器来验证这种特性。在 Chrome 浏览器中，按 F12 键打开开发者工具界面，也可以通过单击菜单栏中的"更多工具"→"开发者工具"选项来打开此界面，如图 2-5 所示。

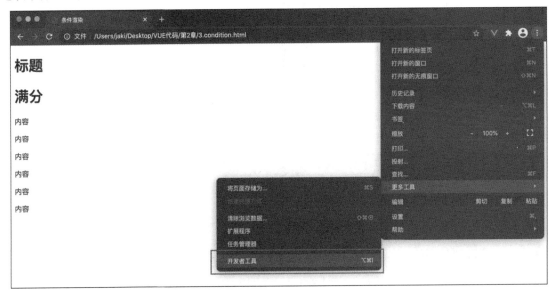

图 2-5　打开 Chrome 的开发者工具

从开发者工具界面的 Elements 栏目中，可以看到使用 div 和使用 template 标签对元素组合包装进行条件渲染的异同，如图 2-6 所示。

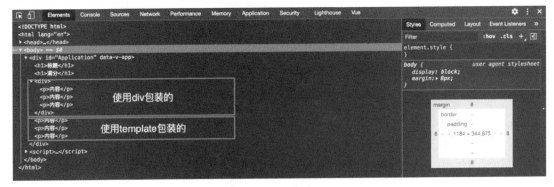

图 2-6　使用 Chrome 开发者工具分析渲染情况

2.2.2　使用 v-show 指令进行条件渲染

v-show 指令的基本用法与 v-if 类似，它也是通过设置条件值的真假来决定元素的渲染情况的。示例代码如下：

【源码见附件代码/第 2 章/3.condition.html】

```
<h1 v-show="show">v-show 标题在这里</h1>
```

与 v-if 不同的是，v-show 并不支持 template 模板，同时也不可以和 v-else 结合使用。

虽然 v-if 与 v-show 的用法非常相似，其实它们的渲染逻辑是完全不同的。

从元素本身的存在性来说，v-if 才是真正意义上的条件渲染，其在条件变换的过程中，组件内部的事件监听器都会正常执行，子组件也会正常被销毁或重建。同时，v-if 采取懒加载的方式进行渲染，如果初始条件为假，则关于这个组件的任何渲染工作都不会进行，直到其绑定的条件为真时，才会真正开始渲染此元素。

v-show 指令的渲染逻辑只是一种视觉上的条件渲染，实际上无论 v-show 指令设置的条件是真是假，当前元素都会被渲染，v-show 指令只是简单地通过切换元素 CSS 样式表中的 display 属性来实现展示效果。

我们可以通过 Chrome 浏览器的开发者工具来观察 v-if 与 v-show 指令的渲染逻辑，示例代码如下：

```
<h1 v-if="show">v-if 标题在这里</h1>
<h1 v-show="show">v-show 标题在这里</h1>
```

当条件为假时，可以看到，v-if 指定的元素不会出现在 HTML 文档的 DOM 结构中，而 v-show 指定的元素依然会存在，如图 2-7 所示。

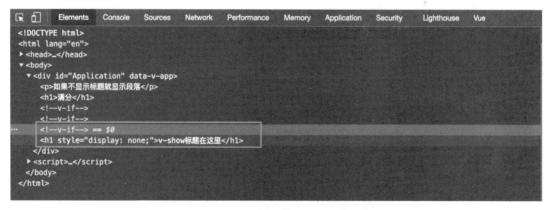

图 2-7　v-if 与 v-show 的区别

由于 v-if 与 v-show 这两种指令的渲染原理不同，通常 v-if 指令有更高的切换性能消耗，而 v-show 指令有更高的初始渲染性能消耗。在实际开发中，如果组件的渲染条件会比较频繁的切换，则建议使用 v-show 指令来控制，如果组件的渲染条件在初始指定后很少变化，则建议使用 v-if 指令控制。另外，如果组件的每次可见都需要执行完整的生命周期方法，也需要使用 v-if 指令控制。

2.3 循环渲染

在网页中，列表是一种非常常见的组件。在列表中，每一行元素都有相似的 UI，只是其填充的数据有所不同，使用 Vue 中的循环渲染指令，我们可以轻松地构建出列表视图。

2.3.1 v-for 指令的使用方法

在 Vue 中，v-for 指令可以将一个数组中的数据渲染为列表视图。v-for 指令需要设置为一种特殊的语法，其格式如下：

```
item in list
```

在上面的格式中，in 为语法关键字，也可以替换为 of。

在 v-for 指令中，item 是一个临时变量，它是列表中被迭代出的元素，list 是列表变量本身。我们可以新建一个名为 4.for.html 的测试文件，在其 body 标签中编写如下核心代码：

【代码片段 2-3 源码见附件代码/第 2 章/4.for.html】

```html
<body>
    <div id="Application">
        <div v-for="item in list">
            {{item}}
        </div>
    </div>
    <script>
        const {createApp, ref} = Vue
        const config = {
            setup() {
                const list = ref([1,2,3,4,5])
                // 定义一个 list 列表数据
                return { list }
            }
        }
        createApp(config).mount("#Application")
    </script>
</body>
```

运行代码，可以看到网页中正常渲染出了 5 个 div 组件，如图 2-8 所示。

图 2-8 循环渲染效果图

更多时候，我们需要渲染的数据都是对象数据，使用对象来对列表元素进行填充，例如定义联系人对象列表如下：

【源码见附件代码/第 2 章/4.for.html】

```
const list = ref([
    {name: "珲少", num: "151xxxxxxx"},
    {name: "Jaki", num: "151xxxxxxx"},
    {name: "Lucy", num: "151xxxxxxx"},
    {name: "Monki", num: "151xxxxxxx"},
    {name: "Bei", num: "151xxxxxxx"}
])
```

修改要渲染的 HTML 标签结构如下：

```
<div id="Application">
    <ul>
        <li v-for="item in list">
            <div>{{item.name}}</div>
            <div>{{item.num}}</div>
        </li>
    </ul>
</div>
```

运行代码，效果如图 2-9 所示。

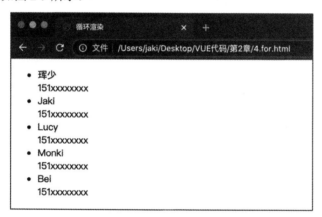

图 2-9　使用对象数据进行循环渲染

在 v-for 指令中，我们也可以获取到当前遍历项的索引，示例如下：

【源码见附件代码/第 2 章/4.for.html】

```
<ul>
    <li v-for="(item,index) in list">
        <div>{{index + "." + item.name}}</div>
        <div>{{item.num}}</div>
    </li>
</ul>
```

需要注意，index 索引的取值是从 0 开始的。

在上述代码中，v-for 指令遍历的是列表，实际上我们也可以对一个 JavaScript 对象进行 v-for 遍历。在 JavaScript 中，列表本身也是一种特殊的对象，我们使用 v-for 遍历对象时，指令中的第 1 个参数为遍历的对象中的属性的值，第 2 个参数为遍历的对象中的属性的名字，第 3 个参数为遍历的索引。首先，定义对象如下：

```
const preson = ref({
    name: "珲少",
    age: "00",
    num: "151xxxxxxxx",
    emali: "xxxx@xx.com"
    })
```

我们使用有序列表来承载 preson 对象的数据，代码如下：

```
<ol>
    <li v-for="(value,key,index) in preson">
        {{key}}:{{value}}
    </li>
</ol>
```

运行代码，效果如图 2-10 所示。

图 2-10　将对象数据渲染到页面上

需要注意，在使用 v-for 指令进行循环渲染时，为了更好地对列表项进行重用，我们可以将其 key 属性绑定为一个唯一值，代码如下：

```
<ol>
    <li v-for="(value,key,index) in preson" :key="index">
        {{key}}:{{value}}
    </li>
</ol>
```

当列表数据发生修改时，Vue 默认采用"就地更新"的策略来更新页面上的元素。为列表中的每个元素指定一个唯一的 key 值可以帮助 Vue 更高效地追踪和重用节点，从而提高更新性能。

2.3.2　v-for 指令的高级用法

当我们使用 v-for 对列表进行循环渲染后，实际上就实现了对这个数据对象的绑定。当我们调用下面这些函数对列表数据对象进行更新时，视图也会对应地更新：

```
push()      // 向列表尾部追加一个元素
pop()       // 删除列表尾部的一个元素
shift()     // 删除列表头部的一个元素
```

```
unshift()      // 向列表头部插入一个元素
splice()       // 对列表进行分割操作
sort()         // 对列表进行排序操作
reverse()      // 对列表进行逆序操作
```

首先在页面上添加一个按钮来演示列表逆序操作。

【源码见附件代码/第 2 章/4.for.html】

```
<button @click="click">
    逆序
</button>
```

定义 Vue 组件方法如下：

```
const click = () => {
    list.value.reverse()
}
```

运行代码，可以看到当单击页面上的按钮时，列表元素的渲染顺序会进行正逆切换。当我们需要对整个列表都进行替换时，直接将列表变量重新赋值即可。

在实际开发中，原始的列表数据往往并不适合直接渲染到页面上，v-for 指令支持在渲染前对数据进行额外的处理，修改标签如下：

【源码见附件代码/第 2 章/4.for.html】

```
<ul>
    <li v-for="(item,index) in handle(list)">
        <div>{{index + "." + item.name}}</div>
        <div>{{item.num}}</div>
    </li>
</ul>
```

在上述代码中，handle 为定义的处理函数，在进行渲染前，会通过这个函数对列表数据进行处理。例如，我们可以使用过滤器对列表数据进行过滤渲染，实现 handle 函数如下：

```
const handle = (l)=> {
    return l.filter(obj => obj.name != "珲少")
}
```

当需要同时循环渲染多个元素时，与 v-if 指令类似，最常用的方式是使用 template 标签进行包装，例如：

```
<template v-for="(item,index) in handle(list)">
    <div>{{index + "." + item.name}}</div>
    <div>{{item.num}}</div>
</template>
```

如果只是需要让某个元素重复渲染，不依赖具体数据，v-for 指令遍历的对象也支持设置为数值，代码如下：

```
<div v-for="n in 5">
    重复次数：{{n}}
```

```
</div>
```

另外，当在同一个标签上使用 v-for 与 v-if 指令时，v-if 指令的优先级更高。也就是说，v-if 指令中不可以使用 v-for 遍历出的数据，例如下面的代码是错误的：

```
<div v-for="n in 5" v-if="n!=3">
    重复次数：{{n}}
</div>
```

2.4　动手练习：实现待办任务列表应用

通过本章的学习，本节尝试使用 Vue 实现一个简单的待办任务列表应用，这个应用可以展示当前未完成的任务项，也支持添加新的任务以及删除已经完成的任务。

2.4.1　步骤一：使用 HTML 搭建应用框架结构

使用 VS Code 开发工具新建一个名为 5.todoList.html 的文件，在其中编写如下 HTML 代码：

【代码片段 2-4　源码见附件代码/第 2 章/5.todoList.html】

```
<!DOCTYPE html>
<html lang="en">
<head>
    <meta charset="UTF-8">
    <meta http-equiv="X-UA-Compatible" content="IE=edge">
    <meta name="viewport" content="width=device-width, initial-scale=1.0">
    <title>待办任务列表</title>
    <script src="https://unpkg.com/vue@3/dist/vue.global.js"></script>
</head>
<body>
    <div id="Application">
        <!-- 输入框元素，用来新建待办任务 -->
        <form @submit.prevent="addTask">
            <span>新建任务</span>
            <input
            v-model="taskText"
            placeholder="请输入任务..."
            />
            <button>添加</button>
        </form>
        <!-- 有序列表，使用 v-for 来构建 -->
        <ol>
            <li v-for="(item, index) in todos">
                {{item}}
                <button @click="remove(index)">
                    删除任务
                </button>
                <hr/>
            </li>
        </ol>
```

```
        </div>
    </body>
</html>
```

上面的 HTML 代码主要在页面上定义了两块内容，表单输入框用来新建任务，有序列表用来显示当前待办的任务。运行代码，浏览器中展示的页面效果如图 2-11 所示。

图 2-11　待办任务应用页面布局

目前，页面中只展示了一个表单输入框，要将待办的任务添加进来，还需要实现 JavaScript 代码逻辑。

2.4.2　步骤二：实现待办任务列表的逻辑开发

在 2.4.1 节编写的代码的基础上，我们来实现 JavaScript 的相关逻辑。示例代码如下：

【代码片段 2-5　源码见附件代码/第 2 章/5.todoList.html】

```
<script>
    const {createApp, ref} = Vue
    const config = {
        setup() {
            // 定义待办数据
            const todos = ref([])
            const taskText = ref("")
            // 新增待办任务
            const addTask = () => {
                if (taskText.value.length == 0) {
                    alert("请输入任务")
                    return
                }
                todos.value.push(taskText.value)
                taskText.value = ""
            }
            // 移除一个待办任务
            const remove = (index) => {
                todos.value.splice(index, 1)
            }
            return {todos, taskText, addTask, remove}
        }
    }
```

```
    createApp(config).mount("#Application")
</script>
```

再次运行代码，尝试在输入框中输入一些待办任务进行添加，之后可以看到，列表中已经能够将添加的任务按照添加顺序展示出来。当我们单击每一条待办任务旁边的删除任务按钮时，可以将当前栏目删除，如图 2-12 所示。

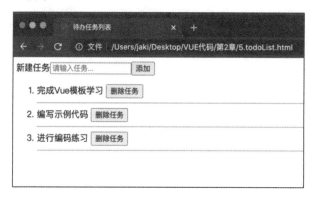

图 2-12　待办任务应用效果

通过 Vue，我们仅使用 20 多行核心代码便完成了待办任务列表的基本逻辑开发，这充分展示了 Vue 在提升开发效率方面的显著优势。目前，我们的应用界面还相对简陋，并且存在一个问题：每次刷新页面后，已添加的待办任务会丢失。

如果读者对此感兴趣，可以尝试添加 CSS 样式来增强应用的视觉效果。此外，为了解决数据持久化的问题，我们可以通过前端持久化技术，例如使用浏览器的 LocalStorage 或 IndexedDB，来实现待办任务数据的本地存储。这些技术将在后续内容中逐步介绍。

2.5　小结与上机演练

本章基于 Vue 的模板语法深入探讨了 Vue 框架中的模板插值、模板指令等关键技术，并详细介绍了如何利用 Vue 实现组件的条件渲染和循环渲染。这些内容构成了 Vue 框架的核心部分，仅仅掌握这些技术，便能在前端网页开发中显著提升效率。现在，尝试通过解答下列问题来检验读者在本章的学习成果吧！

练习 1：Vue 是如何实现组件与数据间的绑定的？

提示　从模板语法角度分析 v-bind 和 v-model 的用法及其区别。v-bind 用于将 data 对象中的数据单向绑定到 HTML 元素属性上，数据变化时页面自动更新。而 v-model 实现双向绑定，同步更新数据和表单输入的值。

练习 2：在 Vue 中，v-if 和 v-show 是两种条件渲染指令，它们各自如何使用，又有哪些异同？

提示　v-if 和 v-show 在渲染方式上有本质区别。v-if 控制元素真正渲染与否，而 v-show 仅控制元素的显示与隐藏。

练习 3：Vue 中的模板插值如何使用，它是否支持直接插入 HTML 文本？

提示　掌握 v-html 指令的使用，了解何时使用它来插入 HTML 内容。

上机演练：创建一个简单的 Vue 模板。

任务要求：

（1）创建一个 Vue 应用，展示一个包含账号和密码输入框的登录表单。

（2）使用 Vue 模板语法渲染表单。

（3）添加表单验证功能，确保账号和密码字段不为空。

（4）用户单击"登录"按钮时，显示提示信息，反馈登录成功或失败。

参考练习步骤：

（1）创建一个新的 HTML 文件，并引入 Vue 库。

（2）在 HTML 中创建一个<div>元素，设置其 id 为 app，作为 Vue 应用的挂载点。

（3）在<script>标签内，创建 Vue 实例，定义 username 和 password 数据属性。

（4）定义 login 方法，处理登录逻辑。

（5）使用 Vue 模板语法创建输入框和"登录"按钮。

（6）对输入框使用 v-model 指令，实现数据双向绑定。

（7）为"登录"按钮添加事件监听器，单击时调用 login 方法。

（8）运行 Vue 应用，检查结果。

参考示例代码：

```
<!DOCTYPE html>
<html lang="en">
<head>
    <meta charset="UTF-8">
    <meta name="viewport" content="width=device-width, initial-scale=1.0">
    <title>Vue Template Exercise</title>
    <!-- 引入 Vue 库 -->
    <script src="https://unpkg.com/vue@3/dist/vue.global.js"></script>
</head>
<body>
    <!-- 创建 Vue 应用的挂载点 -->
    <div id="app">
        <h1>Login Form</h1>
        <!-- 使用 Vue 模板语法创建输入框和"登录"按钮-->
        <label for="username">Username:</label>
        <input type="text" id="username" v-model="username" required>
        <br>
        <label for="password">Password:</label>
        <input type="password" id="password" v-model="password" required>
        <br>
        <!-- 为"登录"按钮添加事件监听器 -->
        <button @click="login">Login</button>
        <p>{{ message }}</p>
    </div>
```

```
<script>
const {createApp, ref} = Vue

const App = {
    setup() {
        // 使用 ref 定义响应式变量
        const username = ref('');
        const password = ref('');
        const message = ref('');

        // 定义 login 方法
        const login = () => {
            if (username.value && password.value) {
                message.value = 'Logged in successfully!';
            } else {
                message.value = 'Please enter both username and password.';
            }
        };

        // 返回数据和方法供模板使用
        return {
            username,
            password,
            message,
            login
        };
    }
};

    // 创建并挂载 Vue 实例到 DOM 元素上
    createApp(App).mount('#app');
</script>
</body>
</html>
```

通过本例，你将学习到如何在 Vue 中利用模板语法创建简洁的用户界面，并实现基础的用户交互处理。此外，你可以通过扩展这个练习，尝试增加表单验证、错误提示等功能，这将有助于你更深入地理解 Vue 模板的运用。

第 3 章

Vue 组件的属性和方法

3

在定义 Vue 组件时，属性和方法是最关键的两个组成部分。在组件的 setup 方法中，我们可以返回响应性属性，即使这些属性在组件的生命周期内不需要变化。setup 方法返回的对象中定义的数据和函数将被存储在组件实例中，并可以直接在组件的模板中使用。

方法在 Vue 组件中是 JavaScript 函数的形式，它们与属性一样，可以在组件的任何地方被访问。本章将介绍 Vue 组件中属性与方法的基础知识，包括计算属性和侦听器的概念及其应用。

在本章中，你将学习到以下内容：

● 属性的基础知识。
● 方法的基础知识。
● 计算属性的应用。
● 侦听器的应用。
● 函数的限流。
● 表单的数据绑定技术。
● 使用 Vue 进行样式绑定。

3.1 属性与方法基础

在前面的章节中，我们通过使用 setup 方法来定义 Vue 组件中模板所需的属性和方法。setup 方法是 Vue 3.x 版本引入的组合式 API 的一部分，它允许我们在组件创建时编写常规的 JavaScript 代码来构建响应性的数据系统。这个方法为我们提供了一种声明性的方式来组织组件的逻辑。

为了继续学习，首先创建一个名为 1.dataMethod.html 的文件，我们将在这个文件中编写本节的示例代码。

3.1.1   属性基础

在 Vue 组件中定义的属性数据，可以在组件的模板中进行调用，这是因为 Vue 在组织数据时，定义的任何属性都会暴露在组件中。示例代码如下：

【代码片段 3-1   源码见附件代码/第 3 章/1.dataMethod.html】

```
const {createApp, ref} = Vue
// 定义组件
const config = {
    setup() {
        const count = ref(0)
        return {count}
    }
}
// 创建组件并获取组件实例
let instance = createApp(config).mount("#Application")
// 可以获取到组件中的 data 数据
console.log(instance.count)
```

运行上述代码，通过控制台的打印可以看出，使用组件实例可以直接获取属性进行使用，当对数据进行了修改，模板中绑定的数据的值也会改变，示例代码如下：

```
// 修改属性
instance.count = 5
// 下面获取到的 count 的值为 5
console.log(instance.count)
```

需要注意，在实际开发中，我们也可以动态地向组件实例中添加属性，但是使用这种方式添加的属性不建议在模板中使用，我们要在 setup 阶段将所有需要使用的数据定义好。

3.1.2   方法基础

组件的方法本质上是 JavaScript 函数。在 Vue 的 setup 方法中定义这些方法时，我们可以直接使用在 setup 中声明的属性。然而，我们不能在 setup 中使用 this 关键字，因为在 setup 函数执行期间，Vue 组件的初始化尚未完成，此时 this 被绑定为 undefined。通常情况下，我们也不需要在 setup 函数中引用当前组件的实例。

例如，我们可以在 setup 中添加一个 add 方法，代码如下：

【源码见附件代码/第 3 章/1.dataMethod.html】

```
setup() {
    const count = ref(0)
    const add = () => {
        count.value ++
    }
    return {count, add}
}
```

我们可以将其绑定到 HTML 元素上，也可以直接使用组件实例来调用此方法，示例代码如下：

```
// 默认值为 0
console.log(instance.count)
// 调用组件中定义的 add 方法
instance.add()
// 方法执行后，count 的值变为 1
console.log(instance.count)
```

3.2 计算属性和侦听器

大多数情况下，我们都可以将 Vue 组件中定义的属性数据直接渲染到 HTML 元素上，但是有些场景下，属性中的数据并不适合直接渲染，需要我们处理后再进行渲染。在 Vue 中，通常使用计算属性或侦听器来实现这种逻辑。

3.2.1 计算属性

在前面的章节中，我们定义的属性是存储属性，它们直接存储了我们定义的值。存储属性的作用就是保持这些值。在 Vue 中，与存储属性相对的是计算属性。计算属性不用于存储数据，而是根据定义的计算逻辑来实时更新其值。

以 3.1 节的代码为基础，假设我们需要在组件中定义一个 type 属性，该属性的值依赖于 count 属性的值。如果 count 不大于 10，type 属性的值应为"小"；否则，type 的值应为"大"。实现这一功能的一种方法是在模板中使用 JavaScript 表达式，但这种方法更适合处理简单逻辑。对于更复杂的逻辑，使用计算属性会更加合适。示例代码如下：

【代码片段 3-2 源码见附件代码/第 3 章/1.dataMethod.html】

```
const {createApp, ref, computed} = Vue
// 定义组件
const config = {
    setup() {
        const count = ref(0)
        const add = () => {
            count.value ++
        }
        // 定义只读的计算属性
        const type = computed(()=>{
            return count.value > 10 ? "大" : "小"
```

```
        })
        return {count, add, type}
    }
}
// 创建组件并获取组件实例
let instance = createApp(config).mount("#Application")
// 像使用正常属性一样使用计算属性
console.log(instance.type)
```

在上述代码中，我们使用 Vue 的 computed 函数来定义计算属性。此函数接收一个 get 方法，该方法具体指定了计算属性的值是如何根据逻辑计算得出的。我们可以像访问普通属性一样访问计算属性。计算属性的关键在于，它们是基于存储属性的值通过逻辑运算得出的。当任何影响计算属性值的存储属性发生变化时，计算属性会自动更新。如果有任何元素绑定到计算属性上，这些元素也会自动同步更新以反映新的值。

计算属性的强大之处在于它们的响应性。Vue 的依赖跟踪系统确保了当相关的存储属性变化时，所有依赖于这些属性的计算属性都会重新计算，并且相关的视图更新也会自动发生。例如，编写 HTML 代码如下：

【源码见附件代码/第 3 章/1.dataMethod.html】

```
<div id="Application">
    <div>{{type}}</div>
    <button @click="add">Add</button>
</div>
```

运行代码，单击页面上的按钮，当组件 count 的值超过 10 时，页面上对应的文案会更新成"大"。

3.2.2 使用计算属性还是函数

对于 3.2.1 节示例的场景，我们也可以通过定义一个函数来实现相应的功能。示例代码如下：

【源码见附件代码/第 3 章/1.dataMethod.html】

HTML 元素：

```
<div id="Application">
    <div>{{typeFunc()}}</div>
    <button @click="add">Add</button>
</div>
```

Vue 组件定义：

```
const {createApp, ref, computed} = Vue
// 定义组件
const config = {
    setup() {
        const count = ref(0)
        const add = () => {
            count.value ++
        }
        const type = computed(()=>{
```

```
        return count.value > 10 ? "大" : "小"
    })
    // 此函数根据 count 的值决定返回值
    const typeFunc = () => {
        return count.value > 10 ? "大" : "小"
    }
    return {count, add, type, typeFunc}
  }
}
```

从输出结果来看，使用函数和计算属性在某些情况下可能产生相同的效果。但实际上，计算属性依赖于其依赖的存储属性的值。当依赖的值发生变化时，计算属性会重新计算，并将结果缓存起来。这意味着，如果依赖的属性没有变化，下次访问计算属性时，将直接使用缓存的结果，而不会重新执行计算逻辑。

相比之下，函数每次被调用时都会执行其内部的逻辑代码，并返回新的计算结果。因此，函数的结果不会像计算属性那样被缓存。

在实际应用中，我们可以根据是否需要缓存结果这一标准来选择使用计算属性或函数。如果某个值的计算成本较高，且不经常变化，使用计算属性可以提高性能。相反，如果每次访问都需要最新的结果，或者计算非常简单，使用函数可能更合适。

3.2.3　计算属性的赋值

存储属性在 Vue 中主要用于数据的存取，我们可以使用赋值运算来进行属性值的修改。通常，计算属性只用来取值，不会用来存值，因此计算属性默认提供的是取值的方法，我们称之为 get 方法。但是这并不代表计算属性不支持赋值，计算属性也可以通过赋值进行存值操作，存值的方法我们需要手动实现，通常称之为 set 方法。

例如，修改 3.2.2 节编写的代码中的 type 计算属性如下：

【源码见附件代码/第 3 章/1.dataMethod.html】

```
const type = computed({
    // 用来取值的 get 方法
    get() {
        return count.value > 10 ? "大" : "小"
    },
    // 用来赋值的 set 方法
    set(newValue) {
        if (newValue == "大") {
            count.value = 11
        } else {
            count.value = 0
        }
    }
})
```

可以直接使用组件实例进行计算属性 type 的赋值，赋值时会调用我们定义的 set 方法，从而实现对存储属性 count 的修改，示例代码如下：

【源码见附件代码/第 3 章/1.dataMethod.html】

```
let instance = Vue.createApp(App).mount("#Application")
// 初始值为 0
console.log(instance.count)
// 初始状态为 "小"
console.log(instance.type)
// 对计算属性进行修改
instance.type = "大"
// 打印结果为 11
console.log(instance.count)
```

如以上代码所示，在实际使用中，计算属性对于使用它们的人来说是透明的。所谓"透明"，是指使用者不需要了解其背后的工作机制。我们按照普通属性的方式使用计算属性即可，无须关心它们是否由计算属性提供。

但是，需要额外注意的是，如果一个计算属性仅实现了 get 方法而没有实现 set 方法，则它只能用于取值，不能用于赋值。在 Vue 中，这类仅实现 get 方法的计算属性也被称为只读属性。如果我们尝试对一个只读属性进行赋值操作，Vue 会捕获这个操作并发出警告。

例如，如果我们尝试对只读的计算属性 type 赋值，控制台将输出以下异常信息：

```
[Vue warn]: Write operation failed: computed property "type" is readonly.
```

3.2.4　属性侦听器

属性侦听是 Vue 框架中一项强大的功能。通过使用侦听器，我们可以方便地监听属性的变化，并据此执行复杂的业务逻辑。

举例来说，许多人在使用互联网时都会使用搜索引擎。以百度搜索引擎为例，当我们在搜索框中输入关键字时，网页会自动显示一些推荐词汇供用户选择，如图 3-1 所示。要实现这一功能，就需要对用户的输入行为进行监听，这正是侦听器发挥作用的理想场景。

在 Vue 中，我们可以定义一个侦听器来观察特定数据的变化。当数据变化时，侦听器会自动触发，允许我们执行定义好的逻辑，比如根据用户的输入动态显示搜索建议。

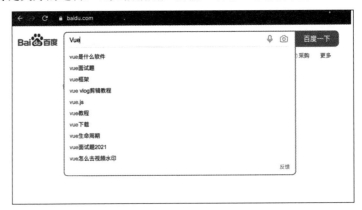

图 3-1　搜索引擎的推荐词功能

在定义 Vue 组件时，可以通过 watch 函数来定义属性侦听器，首先，创建一个名为 2.watch.html

的文件，在其中编写如下测试代码：

【代码片段 3-3　源码见附件代码/第 3 章/2.watch.html】

```html
<!DOCTYPE html>
<html lang="en">
<head>
    <meta charset="UTF-8">
    <meta http-equiv="X-UA-Compatible" content="IE=edge">
    <meta name="viewport" content="width=device-width, initial-scale=1.0">
    <title>属性侦听器</title>
    <script src="https://unpkg.com/vue@3/dist/vue.global.js"></script>
</head>
<body>
    <div id="Application">
        <!-- 定义一个输入框，监听用户输入的内容 -->
        <input v-model="searchText"/>
    </div>
    <script>
        const {createApp, ref, watch} = Vue
        const config = {
            setup() {
                const searchText = ref("")
               // watch 方法用来定义属性监听器
                watch(searchText, (newValue, oldValue)=>{
                    console.log(newValue, oldValue)
                    if (newValue.length > 10) {
                        alert("文本太长了")
                    }
                })
                return {searchText}
            }
        }
        createApp(config).mount("#Application")
    </script>
</body>
</html>
```

watch 是 Vue 内置的定义属性监听器的函数，在使用时，watch 函数中需要传入两个参数，其中第 1 个参数为要监听的属性，可以直接对 ref 属性进行监听，第 2 个参数需要设置为一个回调函数，此回调函数会在属性的值发生变化时调用，会将属性变化前后的值作为参数传入。运行上面的代码，尝试在页面的输入框中输入一些字符，可以看到当输入框中的字符超过 10 个时，就会有警告框弹出，提示输入文本过长，如图 3-2 所示。

图 3-2　属性侦听器应用示例

从一些特性来看，属性侦听器和计算属性有类似的应用场景，使用计算属性的 set 方法也可以实现与上面示例代码类似的功能。

3.3　进行函数限流

在工程开发中，限流是一个非常重要的概念。我们在实际开发中，经常会遇到需要进行限流的场景，例如网页上的某个按钮，当用户单击后，会从后端服务器进行数据的请求，在数据请求回来之前，用户额外的单击是无效且消耗性能的。或者，网页中某个按钮会导致页面的更新，我们需要限制用户对其频繁地进行操作。这时就可以使用限流函数，常见的限流方案是根据时间间隔进行限流，即在指定的时间间隔内不允许重复执行同一函数。

本节将讨论如何在前端开发中使用限流函数。

3.3.1　手动实现一个简易的限流函数

本小节将尝试手动实现一个基于时间间隔的限流函数，用于控制页面中按钮的单击事件。具体要求是：单击按钮后，通过打印方法在控制台输出当前时间，但按钮的两次单击事件触发的间隔不能小于 2 秒。

为此，我们新建一个名为 3.throttle.html 的测试文件。实现这一功能的一个直接思路是使用一个变量来控制按钮事件的可触发状态。在触发按钮事件时，我们将修改这个变量的值，并使用 setTimeout 函数在 2 秒后将其值重置。采用这种思路，实现限流函数将变得相对简单。示例代码如下：

【代码片段 3-4　源码见附件代码/第 3 章/3.throttle.html】

```
<!DOCTYPE html>
<html lang="en">
<head>
    <meta charset="UTF-8">
    <meta http-equiv="X-UA-Compatible" content="IE=edge">
    <meta name="viewport" content="width=device-width, initial-scale=1.0">
    <title>限流函数</title>
    <script src="https://unpkg.com/vue@3/dist/vue.global.js"></script>
</head>
```

```
<body>
    <div id="Application">
        <button @click="click">按钮</button>
    </div>
    <script>
        const {createApp, ref} = Vue
        var throttle = false
        // 定义一个限流函数，指定时间间隔内只能触发一次回调
        function throttleTool(callback, timeout) {
            if (!throttle) {
                callback()
            } else {
                return
            }
            throttle = true
            setTimeout(() => {
                throttle = false
            }, timeout)
        }
        const config = {
            setup() {
                const click = () => {
                    throttleTool(()=>{
                        console.log(Date())
                    }, 2000)
                }
                return {click}
            }
        }
        createApp(config).mount("#Application")
    </script>
</body>
</html>
```

　　运行上述代码，快速单击页面上的按钮，从 VS Code 的控制台可以看到，无论按钮被单击了多少次，打印方法都按照每 2 秒最多执行 1 次的频率进行限流。其实，限流本身是一种通用的逻辑，打印时间才是特定的业务逻辑。throttleTool 函数可以使用在任何需要限流的业务场景中。限流的核心函数实现如下：

【源码见附件代码/第 3 章/3.throttle.html】

```
var throttle = false // 限流控制变量
// 限流函数的实现
function throttleTool(callback, timeout) {
    // 根据控制变量判断是否可以执行业务逻辑
    if (!throttle) {
        callback()
    } else {
        return
    }
```

```
    // 修改控制变量
    throttle = true
    // 延时恢复控制变量，实际上是从时间间隔上控制限流的程度
    setTimeout(() => {
        throttle = false
    }, timeout)
}
```

因此，在逻辑上我们可以将这个方法抽离到一个单独的 JavaScript 模块中，在需要使用时进行导入，这样可以为任意函数增加限流功能，并且可以任意设置限流的时间间隔。

3.3.2　使用 Lodash 库进行函数限流防抖

目前我们已经了解了限流函数的实现逻辑。在 3.3.1 节中，我们手动实现了一个简单的限流工具，尽管其能够满足当前的需求，细细分析，还有许多需要优化的地方。在实际开发中，每个业务函数所需要的限流间隔都不同，而且需要各自独立地进行限流。这时，自己编写的限流工具就无法满足需求了。然而，得益于 JavaScript 生态的繁荣，还有许多第三方工具库提供了函数限流功能，它们强大且易用，Lodash 库就是其中之一。

防抖是与限流类似的一个技术概念，限流的作用是在指定的时间间隔内保证回调函数只执行一次，而防抖的作用是在一次函数调用后，延迟多久再真正执行，在延迟期间如果又出现函数的调用，则会继续延迟。

Lodash 是一款高性能的 JavaScript 实用工具库，它提供了大量数组、对象、字符串等操作方法，使开发者可以更加简单地使用 JavaScript 来编程。

Lodash 库提供了 throttle 函数用于方法调用的限流，以及 debounce 函数用于方法调用的防抖。要使用这些函数，首先需要引入 Lodash 库，代码如下：

```
<script src="https://unpkg.com/lodash@4.17.20/lodash.min.js"></script>
```

以 3.3.1 节编写的代码为例，向组件中新增两个方法，代码如下：

【源码见附件代码/第 3 章/3.throttle.html】

```
// 单击限流
const throttleClick = _.throttle(function(){
    console.log(Date())
}, 2000)
// 单击防抖
const debounceClick = _.debounce(function(){
    console.log(Date())
}, 2000)
```

运行代码，体验一下 Lodash 模块提供的限流和防抖函数功能的差异。

3.4　表单数据的双向绑定

双向绑定是 Vue 中处理用户交互的一种方式，例如文本输入框、多行文本输入区域、单选框与多选框等都可以进行数据的双向绑定。新建一个名为 4.input.html 的文件用来编写本节的测试代码。

3.4.1 文本输入框

文本输入框的数据绑定我们之前也使用过,使用 Vue 的 v-model 指令直接设置即可,非常简单,示例如下:

【源码见附件代码/第 3 章/4.input.html】

```
<!DOCTYPE html>
<html lang="en">
<head>
    <meta charset="UTF-8">
    <meta http-equiv="X-UA-Compatible" content="IE=edge">
    <meta name="viewport" content="width=device-width, initial-scale=1.0">
    <title>表单输入</title>
    <script src="https://unpkg.com/vue@3/dist/vue.global.js"></script>
</head>
<body>
    <div id="Application">
        <input v-model="textField"/>
        <p>文本输入框内容:{{textField}}</p>
    </div>
    <script>
        const {createApp, ref} = Vue
        const App = {
            setup() {
                const textField = ref("")
                return {textField}
            }
        }
        createApp(App).mount("#Application")
    </script>
</body>
</html>
```

运行代码,当输入框中输入的文本发生变化时,我们可以看到段落中的文本也会同步发生变化。

3.4.2 多行文本输入区域

多行文本可以使用 textarea 标签来实现,textarea 可以方便地定义一块区域用来显示和输入多行文本,文本支持换行,并且可以设置最多可以输入多少文本。textarea 的数据绑定方式与 input 一样,示例代码如下:

【源码见附件代码/第 3 章/4.input.html】

```
<textarea v-model="textarea"></textarea>
<p style="white-space: pre-line;">多行文本内容:{{textarea}}</p>
```

在上述代码中,为 p 标签设置 white-space 样式是为了使其可以正常地展示多行文本中的换行效果,运行效果如图 3-3 所示。

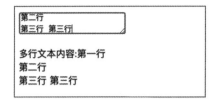

图 3-3　输入多行文本

需要注意，textarea 元素只能通过 v-model 指令的方式来进行内容的设置，不能直接在标签内插入文本。例如下面的代码，text 变量的值将不会被显示在 textarea 中，因为它会被绑定的 textarea 变量所覆盖。

```
<textarea v-model="textarea">{{text}}</textarea>
```

需要注意，如果不对 textarea 使用 v-model 进行数据绑定，则标签内的文本可以正常地显示在输入区域中，但是当用户修改了 textarea 中的输入文本后，更新后的文本就无法同步更新到对应变量中。

3.4.3　复选框与单选框

复选框为网页提供多项选择的功能，当将 HTML 中的 input 标签的类型设置为 checkbox 时，就会以复选框的样式进行渲染。复选框通常成组出现，每个选项的状态只有两种：选中或未选中，如果只有一个复选框，在使用 v-model 指令进行数据绑定时，可以直接将其绑定为布尔值，示例代码如下：

【源码见附件代码/第 3 章/4.input.html】

```
<input type="checkbox" v-model="checkbox"/>
<p>{{checkbox}}</p>
```

在上述代码中，checkbox 是定义为布尔类型的属性。

运行上述代码，当复选框的选中状态发生变化时，对应的属性 checkbox 的值也会切换。很多时候复选框是成组出现的，这时我们可以为每一个复选框元素设置一个特殊的值，通过数组属性的绑定来获取每个复选框是否被选中，如果被选中，则数组中会存在它所关联的值，如果没有被选中，则数组中它所关联的值会被删除。示例代码如下：

【源码见附件代码/第 3 章/4.input.html】

```
<input type="checkbox" value="足球" v-model="checkList"/>足球
<input type="checkbox" value="篮球" v-model="checkList"/>篮球
<input type="checkbox" value="排球" v-model="checkList"/>排球
<p>{{checkList}}</p>
```

其中，checkList 是定义为数组类型的属性。当某个选项被选中时，会将对应 input 元素的 value 值存入数组中，如果取消了某个选项的选中状态，数组中也会对应将其 value 值移除。

运行代码，效果如图 3-4 所示。

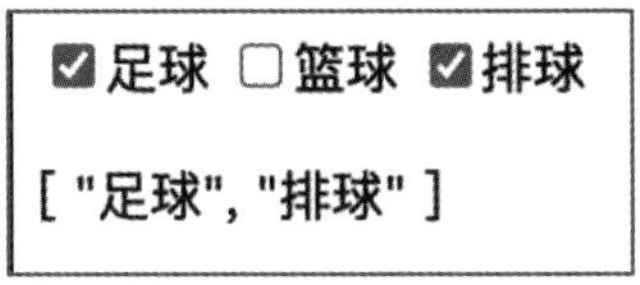

图 3-4　进行复选框数据绑定

单选框的数据绑定逻辑与复选框类似,对每一个单选框元素,我们都可以设置一个特殊的值,并将同为一组的单选框绑定到同一个属性中即可,同一组中的某个单选框被选中时,对应绑定的变量的值也会替换为当前选中的单选框的值。示例代码如下:

【源码见附件代码/第 3 章/4.input.html 】

```
<input type="radio" value="男" v-model="sex"/>男
<input type="radio" value="女" v-model="sex"/>女
<p>{{sex}}</p>
```

其中,sex 是定义为字符串类型的属性。

运行代码,效果如图 3-5 所示。

○男 ◉女

女

图 3-5　进行单选框数据绑定

3.4.4　选择列表

选择列表能够给用户提供一组选项进行选择,它支持单选,也支持多选。HTML 中使用 select 标签来定义选择列表。如果是支持单选的选择列表,可以将其直接绑定到 Vue 组件的一个属性上,如果是支持多选的选择列表,则可以将其绑定到数组属性上。支持单选的选择列表示例代码如下:

【源码见附件代码/第 3 章/4.input.html 】

```
<select v-model="select">
    <option>男</option>
    <option>女</option>
</select>
<p>{{select}}</p>
```

其中,select 是定义为字符串类型的属性。

在 select 标签内部,option 标签用来定义一个选项,若要使选择列表支持多选操作,只需要为其添加 multiple 属性即可。示例代码如下:

【源码见附件代码/第 3 章/4.input.html 】

```
<select v-model="selectList" multiple>
    <option>足球</option>
    <option>篮球</option>
    <option>排球</option>
</select>
```

```
<p>{{selectList}}</p>
```

其中，selectList 是定义为数组类型的属性。

之后，在页面中进行选择时，按住 command(control)键即可进行多选，效果如图 3-6 所示。

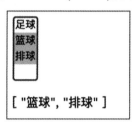

图 3-6　进行选择列表数据绑定

> 💡提示　在浏览器中要对列表项进行多选，可以在选中一个选项后，按住鼠标左键进行拖动。

3.4.5　3 个常用的修饰符

在对表单进行数据绑定时，我们可以使用修饰符来控制绑定指令的一些行为。常用的修饰符有 lazy、number 和 trim。

lazy 修饰符的作用有些类似于属性的懒加载。当我们使用 v-model 指令对文本输入框进行绑定时，每当输入框中的文本发生变化时，都会同步修改对应的属性的值。在某些业务场景下，我们并不需要实时关注输入框中文案的变化，只需要在用户输入完成后进行数据逻辑的处理即可，这时就可以使用 lazy 修饰符。示例代码如下：

【源码见附件代码/第 3 章/4.input.html】

```
<input v-model.lazy="textField"/>
<p>文本输入框内容:{{textField}}</p>
```

运行上述代码，只有当用户输入完成，即输入框失去焦点后，段落中才会同步输入框中最终的文本数据。

number 也是一个常用的修饰符，默认情况下，输入框中输入的文案都会被处理为字符串类型的数据，如果我们需要将其转换为数值类型，则可以使用 numbe 修饰符，代码如下：

```
<input v-model.number="textField"/>
<p>文本输入框内容:{{textField}}</p>
```

另一个非常强大的修饰符是 trim 修饰符，其作用是将绑定的文本数据的首尾空格去掉，在很多应用场景中，用户输入的文案都是要提交到服务端进行处理的，trim 修饰符处理首尾空格的特性可以为开发者提供很大的方便。示例代码如下：

```
<input v-model.trim="textField"/>
<p>文本输入框内容:{{textField}}</p>
```

3.5　样式绑定

我们可以通过 HTML 元素的 class 属性、id 属性或直接使用标签名来进行 CSS 样式的绑定，其中，最为常用的是使用 class 的方式进行样式绑定。在 Vue 中，对 class 属性的数据绑定进行了特殊的增强，从而方便通过布尔变量控制其设置的样式是否被选用。

3.5.1　为 HTML 标签绑定 Class 属性

v-bind 指令虽然可以直接对 class 属性进行数据绑定，但如果将绑定的值设置为一个对象，就会产生一种新的语法规则，设置的对象中可以指定对应的 class 样式是否被选用。Vue 为样式绑定提供了特殊的语法，在需要动态绑定样式的场景下非常好用。首先创建一个名为 5.class.html 的测试文件，在其中编写如下示例代码：

【代码片段 3-5　源码见附件代码/第 3 章/5.class.html】

```
<!DOCTYPE html>
<html lang="en">
<head>
    <meta charset="UTF-8">
    <meta http-equiv="X-UA-Compatible" content="IE=edge">
    <meta name="viewport" content="width=device-width, initial-scale=1.0">
    <title>Class 绑定</title>
    <script src="https://unpkg.com/vue@next"></script>
     <!-- 定义测试使用的样式表 -->
    <style>
        .red {
            color:red
        }
        .blue {
            color:blue
        }
    </style>
</head>
<body>
    <div id="Application">
        <div :class="{blue:isBlue,red:isRed}">
            示例文案
        </div>
    </div>
    <script>
      const {createApp, ref} = Vue
      const config = {
          setup() {
              // 控制样式是否生效的属性
              const isBlue = ref(true)
              const isRed = ref(false)
              return {isBlue, isRed}
          }
      }
```

```
        createApp(config).mount("#Application")
    </script>
</body>
</html>
```

如以上代码所示，其中 div 元素的 class 属性的值会根据 isBlue 和 isRed 属性的值而改变，当只有 isBlue 属性的值为 true 时，div 元素的 class 属性为 blue；同理，当只有 isRed 属性的值为 true 时，div 元素的 class 属性为 red。需要注意，class 属性可绑定的值并不会冲突，如果设置的对象中有多个属性的值都是 true，那么它们都会被添加到 class 属性中。

在实际开发中，并不一定要用内联的方式为 class 绑定控制对象，我们也可以直接将其设置为一个 Vue 组件中的数据对象，修改代码如下：

【源码见附件代码/第 3 章/5.class.html】

HTML 元素：

```
<div :class="style">
    示例文案
</div>
```

Vue 组件：

```
const {createApp, ref} = Vue
  const config = {
    setup() {
        // 控制样式选用的对象
        const style = ref({
            blue:true,
            red:false
        })
        return {style}
    }
}
```

修改后的代码在功能上保持不变，与之前的版本运行效果完全一致。在开发过程中，我们通常会将样式对象定义为计算属性来返回，这种方式可以显著提高组件样式控制的效率。

Vue 还支持使用数组对象来控制 class 属性，示例代码如下：

【源码见附件代码/第 3 章/5.class.html】

HTML 元素：

```
<!-- 数组中的样式表都会被添加 -->
<div :class="[redClass, fontClass]">
    示例文案
</div>
```

Vue 组件：

```
const config = {
    setup() {
        const redClass = ref("red")
```

```
        const fontClass = ref("font")
        return {redClass, fontClass}
    }
}
```

此时，只需要修改对应的 redClass 和 fontClass 属性的值，即可同步更改元素绑定的样式。

3.5.2　绑定内联样式

内联样式是指直接通过 HTML 元素的 style 属性来设置样式，style 属性可以直接通过 JavaScript 对象来设置样式，我们可以直接在其内部使用 Vue 属性，示例代码如下：

【源码见附件代码/第 3 章/5.class.html】

HTML 元素：

```
<div :style="{color:textColor,fontSize:textFont}">
    示例文案
</div>
```

Vue 组件：

```
const config = {
    setup() {
      const textColor = ref("green")
       const textFont = ref("50px")
      // 定义了 style 对应属性的值
      return {textColor,textFont}
    }
}
```

需要注意，内联设置的 CSS 与外部定义的 CSS 有一点区别，外部定义的 CSS 属性在命名时，多采用"-"符号进行连接，如 font-size，而内联的 CSS 中属性的命名采用的是驼峰命名法，如 fontSize。

内联 style 同样支持直接绑定对象属性，直接绑定对象在实际开发中更加常用，使用计算属性来承载样式对象可以十分方便地进行动态样式更新。

3.6　动手练习：实现一个功能完整的用户注册页面

本节尝试完成一个功能完整的用户注册页面，并通过一些简单的 CSS 样式来使页面布局得漂亮一些。

3.6.1　步骤一：搭建用户注册页面

我们计划搭建一个用户注册页面，页面由标题、一些信息输入框、偏好设置和确认按钮这几个部分组成。首先，创建一个名为 6_register.html 的测试文件，按照常规的开发习惯，我们先来搭建 HTML 框架结构，示例代码如下：

【代码片段 3-6　源码见附件代码/第 3 章/6.register.html】

```
<div class="container" id="Application">
```

```
    <div class="container">
        <div class="subTitle">加入我们，一起创造美好世界</div>
        <h1 class="title">创建你的账号</h1>
        <div v-for="(item, index) in fields" class="inputContainer">
            <div class="field">{{item.title}} <span v-if="item.required" style="color:
red;">*</span></div>
            <input class="input" :type="item.type" />
            <div class="tip" v-if="index == 2">请确认密码程度需要大于 6 位</div>
        </div>
        <div class="subContainer">
            <div class="setting">偏好设置</div>
            <input class="checkbox" type="checkbox" /><label class="label">接收更新邮件
</label>
        </div>
        <button class="btn">创建账号</button>
    </div>
</div>
```

上述代码提供了主页所需要的所有元素，并且为元素指定了 class 属性，同时集成了一些 Vue
的指令逻辑，例如循环渲染和条件渲染。下面定义 Vue 组件，示例代码如下：

【源码见附件代码/第 3 章/6.register.html】

```
    const {createApp, ref, computed} = Vue
    const config = {
        setup() {
            const fields = ref([
                {
                    title:"用户名",
                    required:true,
                    type:"text",
                    model:""
                },{
                    title:"邮箱地址",
                    required:false,
                    type:"text",
                    model:""
                },{
                    title:"密码",
                    required:true,
                    type:"password",
                    model:""
                }
            ])
            return {fields}
        }
    }
    createApp(config).mount("#Application")
</script>
```

上述代码定义了 Vue 组件中与页面布局相关的一些属性，到目前为止，我们还没有处理与用户交互相关的逻辑，先将页面元素的 CSS 样式补齐，示例代码如下：

【 **源码见附件代码/第 3 章/6.register.html** 】

```
<style>
    .container {
        margin:0 auto;
        margin-top: 70px;
        text-align: center;
        width: 300px;
    }
    .subTitle {
        color:gray;
        font-size: 14px;
    }
    .title {
        font-size: 45px;
    }
    .input {
        width: 90%;
    }
    .inputContainer {
        text-align: left;
        margin-bottom: 20px;
    }
    .subContainer {
        text-align: left;
    }
    .field {
        font-size: 14px;
    }
    .input {
        border-radius: 6px;
        height: 25px;
        margin-top: 10px;
        border-color: silver;
        border-style: solid;
        background-color: cornsilk;
    }
    .tip {
        margin-top: 5px;
        font-size: 12px;
        color: gray;
    }
    .setting {
        font-size: 9px;
        color: black;
    }
    .label {
        font-size: 12px;
        margin-left: 5px;
```

```
        height: 20px;
        vertical-align:middle;
    }
    .checkbox {
        height: 20px;
        vertical-align:middle;
    }
    .btn {
        border-radius: 10px;
        height: 40px;
        width: 300px;
        margin-top: 30px;
        background-color: deepskyblue;
        border-color: blue;
        color: white;
    }
</style>
```

运行代码，页面效果如图 3-7 所示。

图 3-7   简洁的用户注册页面

可以看到，在注册页面中，元素的 UI 效果预示了其部分功能，例如在输入框上方有些标了红星，表示此项是必填项，即如果用户不填写，将无法完成注册操作。对于密码输入框，我们也将其类型设置为 password，当用户在输入文本时，此项会被自动加密。下一小节将重点对页面的用户交互逻辑进行处理。

3.6.2　步骤二：实现注册页面的用户交互

以编写好的注册页面为基础，接下来为其添加用户交互逻辑。在用户单击"创建账号"注册按钮时，我们需要获取用户输入的用户名、邮箱地址、密码和偏好设置，其中的用户名和密码是必填项，并且密码的长度需要大于 6 位，对于用户输入的邮箱地址，我们可以使用正则表达式来对其进行校验，只有格式正确的邮箱才允许被注册。

由于页面中的 3 个文本输入框是通过循环动态渲染的，因此在对其进行绑定时，也需要采用动态的方式进行绑定。首先在 HTML 元素中将需要绑定的变量设置好，示例代码如下：

【源码见附件代码/第 3 章/6.register.html】

```html
<div class="container" id="Application">
    <div class="container">
        <div class="subTitle">加入我们，一起创造美好世界</div>
        <h1 class="title">创建你的账号</h1>
        <div v-for="(item, index) in fields" class="inputContainer">
            <div class="field">{{item.title}} <span v-if="item.required" style="color:
red;">*</span></div>
            <input v-model="item.model" class="input" :type="item.type" />
            <div class="tip" v-if="index == 2">请确认密码程度需要大于 6 位</div>
        </div>
        <div class="subContainer">
            <div class="setting">偏好设置</div>
            <input v-model="receiveMsg" class="checkbox" type="checkbox" /><label
class="label">接收更新邮件</label>
        </div>
        <button @click="createAccount" class="btn">创建账号</button>
    </div>
</div>
```

在组件逻辑部分，需要添加一些方法和计算属性，完善 Vue 组件如下：

【代码片段 3-7　源码见附件代码/第 3 章/6.register.html】

```html
<script>
    const {createApp, ref, computed} = Vue
    const config = {
        setup() {
            // 输入框控制属性
            const fields = ref([
                    {
                        title:"用户名",
                        required:true,
                        type:"text",
                        model:""
                    },{
                        title:"邮箱地址",
                        required:false,
                        type:"text",
                        model:""
```

```
        },{
            title:"密码",
            required:true,
            type:"password",
            model:""
        }
    ])
const receiveMsg = ref(false)
// 计算属性
const name = computed({
    get() {
        return fields.value[0].model
    },
    set(newValue) {
        fields.value[0].model = newValue
    }
})
const email = computed({
    get() {
        return fields.value[1].model
    },
    set(newValue) {
        fields.value[1].model = newValue
    }
})
const password = computed({
    get() {
        return fields.value[2].model
    },
    set(newValue) {
        fields.value[2].model = newValue
    }
})
// 对邮箱格式进行验证的方法
const emailCheck = () => {
    var verify = /^\w[-\w.+]*@([A-Za-z0-9][-A-Za-z0-9]+\.)+[A-Za-z]{2,14}/;
    if (!verify.test(email.value)) {
        return false
    } else {
        return true
    }
}
// 注册行为方法
const createAccount = () => {
    if (name.value.length == 0) {
        alert("请输入用户名")
        return
    } else if (password.value.length <= 6) {
        alert("密码设置需要大于 6 位字符")
        return
```

```
            } else if (email.value.length > 0 && !emailCheck(email.value)) {
                alert("请输入正确的邮箱")
                return
            }
            alert("注册成功")
console.log(`name:${name.value}\npassword:${password.value}\nemail:${email.value}\nrecei
veMsg:${receiveMsg.value}`)
        }
        return {fields, receiveMsg, name, email, password, emailCheck, createAccount}
    }
}
createApp(config).mount("#Application")
</script>
```

上述代码通过配置输入框的 field 对象来实现动态数据绑定。为了方便对这些值的操作，我们利用计算属性为几个常用的输入框数据提供了便捷的存取方法。这些技巧构成了本章的核心内容。当用户单击"创建账号"按钮时，createAccount 方法将执行一系列有效性校验，确保每个字段满足特定的条件。在示例代码中，我们使用了正则表达式来检查邮箱地址的有效性。正则表达式是一种通过特殊语法规则来描述字符串匹配模式的工具，它可以帮助我们验证字符串是否符合预期的格式。

读者在此不必深入研究正则表达式的复杂性，只需了解它能够用来检查字符串是否符合特定的格式要求。现在，请在浏览器中运行代码并尝试用户注册操作。到目前为止，我们已经完成了一个功能较为完善的客户端注册页面。然而，在实际应用中，注册操作还需要与后端系统进行交互，以完成整个注册流程。

3.7　小结与上机演练

本章介绍了 Vue 组件中属性和方法的基础应用，并且通过一个较为完整的范例练习了数据绑定、循环与条件渲染以及计算属性等核心知识。相信通过本章的学习，你对 Vue 的使用有了更深的理解。现在，尝试通过解答下列问题来检验你本章的学习成果吧！

练习 1：Vue 中计算属性和普通属性有何区别？

普通属性本质上是存储数据的属性，而计算属性本质上是基于它们的依赖进行缓存的属性。思考它们的异同，并考虑它们各自适用的应用场景。

练习 2：属性侦听器的作用是什么？

属性侦听器可以在数据变化时触发其他相关的业务逻辑，是一种响应数据变化的手段。

练习 3：你能够手动实现一个限流函数吗？

结合本章中的示例，思考实现限流函数的核心思路。理解在 JavaScript 中如何限制函数的调用频率。

练习 4：思考一下限流和防抖的区别是什么？

 限流和防抖都是控制函数执行频率的技术，但它们关注的点不同。限流确保在一定时间间隔内函数只执行一次，而防抖确保在最后一次触发后延迟一定时间才执行函数。

上机演练：Vue 组件属性和方法的应用。

任务需求：

（1）创建一个 Vue 应用，展示一个包含两个按钮的组件。

（2）当用户单击第一个按钮时，显示一个提示信息表示 "Button 1 clicked！"。

（3）当用户单击第二个按钮时，显示一个提示信息表示 "Button 2 clicked！"。

参考练习步骤：

（1）创建一个新的 HTML 文件，并引入 Vue 库。

（2）在 HTML 文件中，创建一个<div>元素，其 id 属性设置为 app，这将作为 Vue 应用的挂载点。

（3）在<script>标签内，创建一个 Vue 实例，并定义 message 变量。

（4）创建一个名为 MyComponent 的 Vue 组件，并在其中定义两个按钮。

（5）为每个按钮添加事件监听器，当单击时调用相应的方法。

（6）在 MyComponent 组件中，定义两个方法 button1Clicked 和 button2Clicked，用于处理按钮单击事件。

（7）运行你的 Vue 应用，查看结果。

参考示例代码：

```html
<!DOCTYPE html>
<html lang="en">
<head>
    <meta charset="UTF-8">
    <meta name="viewport" content="width=device-width, initial-scale=1.0">
    <title>Vue Component Attributes and Methods</title>
    <!-- 引入 Vue 库 -->
    <script src="https://unpkg.com/vue@3/dist/vue.global.js"></script>
</head>
<body>
    <!-- 创建 Vue 应用的挂载点 -->
    <div id="app">
        <!-- 使用 Vue 组件 -->
        <my-component></my-component>
    </div>

    <script>
    const {createApp, ref} = Vue
    const App = {};

    // 创建 MyComponent 组件
    const MyComponent = {
        template: `
```

```
        <div>
            <button @click="button1Clicked">Button 1</button>
            <button @click="button2Clicked">Button 2</button>
            <p>{{ message }}</p>
        </div>
    `,
    setup(props, { emit }) {
        const message = ref('');

        const button1Clicked = () => {
            message.value = 'Button 1 clicked!';
        };

        const button2Clicked = () => {
            message.value = 'Button 2 clicked!';
        };

        return {
            message,
            button1Clicked,
            button2Clicked
        };
    }
};

// 创建并挂载 Vue 实例到 DOM 元素上
createApp(App).component('my-component', MyComponent).mount('#app');
</script>
</body>
</html>
```

通过以上练习，读者将学会如何在 Vue 中使用组件属性和方法来创建交互式的用户界面。读者还可以在本例的基础上尝试添加更多功能，比如按钮样式、动态内容等，以加深对 Vue 组件属性和方法的理解。

第 4 章

处理用户交互

处理用户交互主要是对用户操作事件的监听和响应。在 Vue 框架中，我们通常使用 v-on 指令来监听和处理这些事件。为了简化代码，我们经常使用 v-on 的缩写形式@。

对于网页应用，事件监听主要分为两大类：键盘按键事件和鼠标操作事件。这些事件包括但不限于按键按下、释放鼠标按钮、滚动页面等。本章将系统地介绍如何在 Vue 中监听和处理这些事件的方法，包括如何使用 v-on 或@来绑定事件处理器，以及如何编写响应事件的逻辑。

在本章中，你将学习到以下内容：

- 事件监听和处理的方法。
- Vue 中多事件处理功能的使用。
- Vue 中事件修饰符的使用。
- 键盘事件与鼠标事件的处理。

4.1 事件的监听与处理

v-on 指令（通常使用@符号代替）用来为 DOM 事件绑定监听，它可以设置为一个简单的 JavaScript 语句，也可以设置为一个 JavaScript 函数。

4.1.1 事件监听示例

在前面的章节中简单使用过 DOM 事件的绑定，接下来我们回顾一下。首先创建一个名为 1.event.html 的示例文件，编写简单的测试代码如下：

【代码片段 4-1　源码见附件代码/第 4 章/1.Event.html】

```
<!DOCTYPE html>
<html lang="en">
<head>
```

```
      <meta charset="UTF-8">
      <meta http-equiv="X-UA-Compatible" content="IE=edge">
      <meta name="viewport" content="width=device-width, initial-scale=1.0">
      <title>事件绑定</title>
      <script src="https://unpkg.com/vue@3/dist/vue.global.js"></script>
  </head>
  <body>
      <div id="Application">
          <div>点击次数:{{count}}</div>
          <button @click="click">点击</button>
      </div>
      <script>
          const {createApp, ref} = Vue
          const config = {
              setup() {
                  const count = ref(0)          // 记录单击次数
                  const click = () => {
                      count.value += 1          // 每次单击，将次数加 1
                  }
                  return {count}
              }
          }
          createApp(config).mount("#Application")
      </script>
  </body>
  </html>
```

在浏览器中运行上述代码，当单击页面中的按钮时，执行 click 函数，从而改变 count 属性的值，并且可以在页面上实时看到变化的效果。使用@click 直接绑定单击事件方法，是最基础的一种用户交互处理方式。当然，我们也可以直接将要执行的逻辑代码放入@click 赋值的地方，代码如下：

```
<button @click="this.count += 1">点击</button>
```

修改后代码的运行效果和修改前没有任何差异，只是通常事件的处理方法都不是单行 JavaScript 代码可以搞定的，我们通常采用绑定方法函数的方式来处理事件。在上述代码中，定义的 click 函数并没有参数，实际上当触发我们绑定的事件函数时，系统会自动将当前的 Event 事件对象传递到函数中，如果我们需要使用此 Event 对象，定义的处理函数往往是下面的样子：

```
const click = (event) => {
    console.log(event)
    this.count += 1
}
```

你可以尝试一下，Event 对象中会存储当前事件的很多信息，例如事件类型、鼠标位置、键盘按键情况等。

你或许会问，如果 DOM 元素绑定执行事件的函数需要传自定义的参数怎么办？以上面的代码为例，如果这个计数器的步长是可设置的，例如通过函数的参数来进行控制，修改 click 方法如下：

【源码见附件代码/第 4 章/1.Event.html】

```
const click = (step) => {
    this.count += step
}
```

在进行事件绑定时，可以采用内联处理的方式设置函数的参数，示例代码如下：

```
<button @click="click(2)">点击</button>
```

再次运行代码，单击页面上的按钮，可以看到计数器将以 2 为步长进行增加。如果在自定义传参的基础上，我们需要使用系统的 Event 对象参数，则需要手动对此事件对象进行传递，在模板中可以使用$event 来获取 Event 参数。例如，修改 click 函数如下：

```
const click = (step, event) => {
    console.log(event)
    this.count += step
}
```

对应地，在绑定事件函数时，使用如下方式来传递事件参数：

```
<button @click="click(2, $event)">点击</button>
```

4.1.2　多函数处理事件

多函数处理事件是指对于同一个用户交互事件，需要调用多个方法进行处理。当然，一种比较简单的方式是编写一个聚合函数作为事件的处理函数。但是，在 Vue 中，绑定事件时支持使用逗号对多个函数进行调用绑定，以 4.1.1 节的代码为例，click 函数实际上完成了两个功能点：计数和打印 Log 日志。我们可以将这两个功能拆分开来，改写如下：

【源码见附件代码/第 4 章/1.Event.html】

```
const click = (step) => {  // 此函数的功能只对 count 的值进行修改
    this.count += step
},
const log = (event) => {  // 此函数只进行控制台的信息输出
    console.log(event)
}
```

需要注意，如果要使用多个函数处理事件，在绑定事件时要采用内联的方式绑定，代码如下：

```
<button @click="click(2), log($event)">单击</button>
```

在实际的工程开发中，遵循最小功能单位原则来定义函数是非常重要的。使用多个功能独立的函数来处理逻辑复杂的事件是非常常见的实践。这样做不仅可以提高代码的可读性和可维护性，还可以使测试和调试变得更加容易。

4.1.3　事件修饰符

在学习事件修饰符前，我们先回顾一下 DOM 事件的传递原理。当我们在页面上触发一个单击事件时，事件会先从父组件依次传递到子组件，这一过程通常被形象地称为事件捕获。当事件传递到最上层的子组件时，还会逆向地再进行一轮传递，从子组件依次向下传递，这一过程被称为事件冒泡。我们在 Vue 中使用@click 的方式绑定事件的冒泡阶段,即从子组件传递到父组件的这一过程。

这些概念可能听起来比较复杂,通过具体的例子来看就会直观很多。下面编写一个事件组件,示例代码如下:

【**源码见附件代码/第 4 章/1.Event.html**】

```
<div @click="click1" style="border:solid red">
    外层
  <div @click="click2" style="border:solid red">
      中层
      <div @click="click3" style="border:solid red">
          单击
      </div>
  </div>
</div>
```

实现 3 个绑定的函数如下:

```
const click1 = () => {
    console.log("外层")
}
const click2 = () => {
    console.log("中层")
}
const click3 = () => {
    console.log("内层")
}
```

运行上述代码,单击页面上最内层的元素,通过观察控制台的打印,可以看到事件函数的调用顺序如下:

```
内层
中层
外层
```

如果要监听捕获阶段的事件,就需要使用事件修饰符,事件修饰符 capture 可以将监听事件的时机设置为捕获阶段,示例代码如下:

```
<div @click.capture="click1" style="border:solid red">
    外层
  <div @click.capture="click2" style="border:solid red">
```

```
        中层
        <div @click.capture="click3" style="border:solid red">
            单击
        </div>
    </div>
</div>
```

再次运行代码，单击最内层的元素，可以看到控制台的打印效果如下：

```
外层
中层
内层
```

捕获事件触发的顺序刚好与冒泡事件相反。在实际应用中，我们可以根据具体的需求来选择要使用冒泡事件还是捕获事件。

理解事件的传递对于处理页面用户交互至关重要。然而，在很多场景下，我们可能不希望事件继续传递。例如，在某些情况下，我们希望当用户单击内层组件时，只触发该内层组件绑定的方法；单击外层组件时，只触发外层组件绑定的方法。这时，Vue 中一个非常重要的事件修饰符 stop 就派上用场了。

使用 stop 修饰符可以阻止事件继续冒泡到父组件。示例代码如下：

```
<div @click.stop="click1" style="border:solid red">
    外层
    <div @click.stop="click2" style="border:solid red">
        中层
        <div @click.stop="click3" style="border:solid red">
            单击
        </div>
    </div>
</div>
```

此时，在单击时，只有被单击的当前组件绑定的方法会被调用。

除 capture 和 stop 事件修饰符外，还有一些常用的修饰符，总体列举如表 4-1 所示。

表4-1　常用的修饰符

事件修饰符	作　　用
Stop	阻止事件传递
Capture	监听捕获场景的事件
Once	只触发一次事件
Self	当事件对象的 taeget 属性是当前组件时才触发事件
Prevent	禁止默认的事件
Passive	不禁止默认的事件

需要注意，事件修饰符可以串联使用，例如下面的写法既能起到阻止事件传递的作用，又可以控制只触发一次事件：

```
<div @click.stop.once="click3" style="border:solid red">
    单击
```

```
</div>
```

对于键盘按键事件来说，Vue 中定义了一组按键别名事件修饰符，其用法后面会具体介绍。

4.2　Vue 中的事件类型

事件本身是有类型之分的，例如使用@click 绑定的就是元素的单击事件，如果需要通过用户鼠标操作行为来实现更加复杂的交互逻辑，则需要监听更加复杂的鼠标事件。当使用 Vue 中的 v-on 指令进行普通 HTML 元素的事件绑定时，它支持所有的原生 DOM 事件，更进一步，如果使用 v-on 指令对自定义的 Vue 组件进行事件绑定，则它也可以支持自定义的事件。这些内容将在第 5 章详细介绍。

4.2.1　常用的事件类型

click 事件是页面开发中最常用的交互事件。当 HTML 元素被单击时会触发此事件，常用的交互事件列举如表 4-2 所示。

表 4-2　常用的事件列表

事　　件	意　　义	可用的元素
click	单击事件，当组件被单击时触发	大部分 HTML 元素
dblclick	双击事件，当组件被双击时触发	大部分 HTML 元素
focus	获取焦点事件，例如输入框开启编辑模式时触发	input、select、textarea 等
blur	失去焦点事件，例如输入框结束编辑模式时触发	input、select、textarea 等
change	元素内容改变事件，输入框结束输入后，如果内容有变化，就会触发此事件	input、select、textarea 等
select	元素内容选中事件，输入框中的文本被选中时会触发此事件	input、select、textarea 等
mousedown	鼠标按键被按下事件	大部分 HTML 元素
mouseup	鼠标按键抬起事件	大部分 HTML 元素
mousemove	鼠标在组件内移动事件	大部分 HTML 元素
mouseout	鼠标移出组件时触发	大部分 HTML 元素
mouseover	鼠标移入组件时触发	大部分 HTML 元素
keydown	键盘按键被按下	HTML 中所有表单元素
keyup	键盘按键被抬起	HTML 中所有表单元素

对于上面列举的事件类型，可以编写示例代码来理解其触发的时机。新建一个名为 eventType.html 的文件，编写测试代码如下：

【代码片段 4-2　源码见附件代码/第 4 章/2.eventType.html】

```
<!DOCTYPE html>
<html lang="en">
<head>
    <meta charset="UTF-8">
    <meta http-equiv="X-UA-Compatible" content="IE=edge">
    <meta name="viewport" content="width=device-width, initial-scale=1.0">
```

```
    <title>事件类型</title>
    <script src="https://unpkg.com/vue@3/dist/vue.global.js"></script>
</head>
<body>
    <div id="Application">
        <div @click="click">单击事件</div>
        <div @dblclick="dblclick">双击事件</div>
        <input @focus="focus" @blur="blur" @change="change" @select="select"></input>
        <div @mousedown="mousedown">鼠标按下</div>
        <div @mouseup="mouseup">鼠标抬起</div>
        <div @mousemove="mousemove">鼠标移动</div>
        <div @mouseout="mouseout" @mouseover="mouseover">鼠标移入移出</div>
        <input @keydown="keydown" @keyup="keyup"></input>
    </div>
    <script>
        const {createApp} = Vue
        const config = {
            setup() {
                const click = () => {
                    console.log("单击事件");
                }
                const dblclick = () => {
                    console.log("双击事件");
                }
                const focus= () => {
                    console.log("获取焦点")
                }
                const blur = () => {
                    console.log("失去焦点")
                }
                const change = () => {
                    console.log("内容改变")
                }
                const select = () => {
                    console.log("文本选中")
                }
                const mousedown = () => {
                    console.log("鼠标按键按下")
                }
                const mouseup = () => {
                    console.log("鼠标按键抬起")
                }
                const mousemove = () => {
                    console.log("鼠标移动")
                }
                const mouseout = () => {
                    console.log("鼠标移出")
                }
                const mouseover = () => {
                    console.log("鼠标移入")
```

```
            }
            const keydown = () => {
                console.log("键盘按键按下")
            }
            const keyup = (event) => {
                console.log("键盘按键抬起")
            }

            return {click, dblclick, focus, blur, change, select, mousedown, mouseup,
mousemove, mouseout, mouseover, keydown, keyup}
            }
        }
        createApp(config).mount("#Application")
    </script>
</body>
</html>
```

对于每一种类型的事件，我们都可以通过 Event 对象来获取事件的具体信息。例如，在鼠标单击事件中，可以获取到用户具体单击的是左键或右键。

4.2.2　按键修饰符

当需要对键盘按键进行监听时，我们通常使用 keyup 这个参数，如果只是对某个按键进行监听，可以通过 Event 对象来进行判断，例如要监听用户按了 Enter 键，方法如下：

【源码见附件代码/第 4 章/2.eventType.html】

```
keyup(event){
    console.log("键盘按键抬起")
    if (event.key == 'Enter') {
        console.log("Enter 键被单击")
    }
}
```

在 Vue 中，还有一种更加简单的方式可以实现对某个具体的按键的监听，即使用按键修饰符，在绑定监听方法时，我们可以设置要监听的具体按键，例如：

```
<input @keyup.enter="keyup"></input>
```

需要注意，修饰符的命名规则与 Event 对象中属性 key 值的命名规则略有不同，Event 对象中的属性采用的是大写字母驼峰法，如 Enter、PageDown，在使用按键修饰符时，我们需要将其转换为中画线驼峰法，如 enter、page-down。

Vue 中还提供了一些特殊的系统按键修饰符，这些修饰符是配合其他键盘按键或鼠标按键使用的，主要有 4 种：ctrl、alt、shift 和 meta。

这些系统修饰键的功能是只有当用户按下这些键时，对应的键盘或鼠标事件才能触发，在处理组合键指令时经常会用到，例如：

```
<div @mousedown.ctrl="mousedown">鼠标按下</div>
```

上述代码的功能是：只有在用户同时按下键盘上的 Ctrl 键和鼠标按钮时，才会触发绑定的事件函数。

```
<input @keyup.alt.enter="keyup"></input>
```

上述代码的功能是：只有在用户同时按下 Alt 键和 Enter 键时，才会触发绑定的事件函数。

还有一个细节需要注意，即在 Vue 中使用系统修饰符时的行为。以鼠标按下事件为例，只要满足用户在按下鼠标按键的同时按下 Ctrl 键，事件就会被触发。即使用户同时按下其他键（如 Shift 键），也不会影响事件的触发。例如，使用"Shift+Ctrl+鼠标左键"组合键时，事件同样会被触发。

但是，如果我们想要更精准地控制按键修饰，可以使用 .exact 修饰符。使用这个修饰符后，事件只有在完全满足指定的按键条件时才会被触发。例如：

```
<div @mousedown.ctrl.exact="mousedown">鼠标按下</div>
```

使用 exact 修饰符后，如果用户使用"Shift+Control+鼠标左键"组合键进行操作，不会再触发事件函数。

> 🎮➕提示　Meta 系统修饰键在不同的键盘上表示不同的按键，在 Mac 键盘上表示 Command 键，在 Wimdows 系统上对应 Windows 徽标键。

前面介绍了键盘按键相关的修饰符，Vue 中还有 3 个常用的鼠标按键修饰符。在进行网页应用的开发时，通常左键用来选择，右键用来进行配置，通过以下修饰符可以设置当用户单击了鼠标指定的按键后才会触发事件函数：left、right 和 middle。例如，下面的示例代码，只有单击了鼠标左键才会触发事件：

```
<div @click.left="click">单击事件</div>
```

4.3　动手练习：编写一个随鼠标移动的小球

本节尝试使用本章学习到的知识来编写一个简单的示例应用。此应用的逻辑非常简单，在页面上绘制出一块区域，在区域内绘制一个圆形球体，我们需要实现当鼠标在区域内移动时，球体可以平滑地随鼠标移动。

要实现页面元素随鼠标移动很简单，我们只需要监听鼠标移动事件，做好元素坐标的更新即可。首先，新建一个名为 3.ball.html 的文件，可以将页面的 HTML 布局编写出来，要实现这样一个示例应用，只需要两个内容元素即可，代码如下：

【源码见附件代码/第 4 章/3.ball.html】

```
<div id="Application">
    <!-- 外层的 div 为游戏面板，小球需要在此容器中移动 -->
    <div class="container" @mousemove.stop="move">
        <!-- 此 div 元素表示小球 -->
        <div class="ball" :style="{left: offsetX+'px', top:offsetY+'px'}">
        </div>
    </div>
</div>
```

对应地，实现 CSS 样式的代码如下：

```
<style>
    body {
        margin: 0;
        padding: 0;
    }
    .container {
        margin: 0;
        padding: 0;
        position: absolute;
        width: 440px;
        height: 440px;
        background-color: blanchedalmond;
        display: inline;
    }
    .ball {
        position:absolute;
        width: 60px;
        height: 60px;
        left:100px;
        top:100px;
        background-color: red;
        border-radius: 30px;
        z-index:100
    }
</style>
```

CSS 代码主要对面板和小球的样式进行配置。下面我们关注一下如何实现 JavaScript 逻辑，要控制小球的移动，需要实时地修改小球的布局位置，因此可以在 Vue 组件中定义两个属性 offsetX 和 offsetY，分别用来控制圆球的横纵坐标，之后根据鼠标所在位置的坐标不断更新坐标属性即可。示例代码如下：

【代码片段 4-3　源码见附件代码/第 4 章/3.ball.html】

```
<script>
    const {createApp, ref} = Vue
    const config = {
        setup() {
            // 控制小球的位置
            const offsetX = ref(0)
            const offsetY = ref(0)
            // 根据鼠标的位置来移动小球位置
            const move = (event) => {
                if (event.clientX + 30 > 440) {
                    offsetX.value = 440 - 60
                } else if (event.clientX - 30 < 0) {
                    offsetX.value = 0
                } else {
                    offsetX.value = event.clientX - 30
                }
                if (event.clientY + 30 > 440) {
```

```
            offsetY.value = 440 - 60
        } else if (event.clientY - 30 < 0) {
            offsetY.value = 0
        } else {
            offsetY.value = event.clientY - 30
        }
    }
    return {offsetX, offsetY, move}
}
}
createApp(config).mount("#Application")
</script>
```

上述代码的主要逻辑在于处理边界问题，从鼠标移动事件传递的 event 对象中可以获取到当前鼠标所在的位置坐标，将小球移动到此坐标的前提是小球的边际不能越出面板的边界。

运行代码，效果如图 4-1 所示。读者可以尝试移动鼠标来控制弹球的位置。

图 4-1   随鼠标移动的弹球

在上述示例代码中，我们使用了 clientX 和 clientY 来定位坐标，在鼠标 Event 事件对象中，有很多与坐标相关的属性，其意义各有不同，列举如表 4-3 所示。

表4-3   鼠标Event事件坐标属性及其含义

X 坐标	Y 坐标	意　　义
clientX	clientY	鼠标位置相对于当前 body 容器可视区域的横纵坐标
pageX	pageY	鼠标位置相对于整个页面的横纵坐标
screenX	screenY	鼠标位置相对于设备屏幕的横纵坐标
offsetX	offsetY	鼠标位置相对于父容器的横纵坐标
x	y	与 offsetX 和 offsetY 意义类似，名称更简化

4.4　动手练习：编写一个弹球游戏

小时候，你是否玩过桌面弹球游戏？这类游戏的规则通常非常简单。游戏开始时，页面中的弹球以随机的速度和方向运动。当弹球碰到最左侧、右侧或上侧边缘时，它会按照物理规律回弹。在界面的下侧，有一块挡板，玩家可以通过键盘上的左右箭头键控制挡板的移动，以拦截下落的弹球。如果玩家能够成功用挡板接住弹球，游戏将继续；如果未能接住，游戏则宣告失败。

实现这样一个弹球游戏，不仅能够提升我们对键盘事件处理的熟练度，还能加深对游戏循环和物理运动算法的理解。本节将一起探讨这个游戏的核心逻辑——弹球的移动和回弹机制。

首先，新建一个名为 4.game.html 的文件，定义 HTML 布局结构如下：

【源码见附件代码/第 4 章/4.game.html】

```
<div id="Application">
    <!-- 游戏区域 -->
    <div class="container">
        <!-- 底部挡板 -->
        <div class="board" :style="{left: boardX + 'px'}"></div>
        <!-- 弹球 -->
        <div class="ball" :style="{left: ballX+'px', top: ballY+'px'}"></div>
        <!-- 游戏结束提示 -->
        <h1 v-if="fail" style="text-align: center;">游戏失败</h1>
    </div>
</div>
```

如以上代码所示，游戏中的底部挡板元素可以通过键盘控制其移动。游戏失败的提示信息在初始状态下是隐藏的，仅在玩家未能成功接住弹球导致游戏失败时，提示信息才会被展示出来。

为了实现这一功能，我们需要编写相应的样式表代码。示例代码如下：

【源码见附件代码/第 4 章/4.game.html】

```
<style>
    body {
        margin: 0;
        padding: 0;
    }
    .container {
        position: relative;
        margin: 0 auto;
        width: 440px;
        height: 440px;
        background-color: blanchedalmond;
    }
    .ball {
        position:absolute;
        width: 30px;
        height: 30px;
        left:0px;
        top:0px;
        background-color:orange;
        border-radius: 30px;
    }
    .board {
        position:absolute;
        left: 0;
        bottom: 0;
```

```
            height: 10px;
            width: 80px;
            border-radius: 5px;
            background-color: red;
        }
    </style>
```

在控制页面布局时，当父容器的 position 属性设置为 relative 时，子组件的 position 属性设置为 absolute，可以将子组件相对于父组件进行绝对布局。实现此游戏的 JavaScript 逻辑并不复杂，完整示例代码如下：

【代码片段 4-4　源码见附件代码/第 4 章/4.game.html 】

```
<script>
    const {createApp, ref, onMounted} = Vue
    const config = {
        setup() {
            // 控制挡板位置
            const boardX = ref(0)
            // 控制弹球位置
            const ballX = ref(0)
            const ballY = ref(0)
            // 控制弹球移动速度，模板中不需要使用，无须响应性
            let rateX = 0.4
            let rateY = 0.4
            // 控制结束游戏提示的展示
            const fail = ref(false)
            // 计时器
            let timer = undefined
            // 控制挡板移动
            const keydown = (event) => {
                if (event.key == "ArrowLeft") {
                    if (boardX.value > 10) {
                        boardX.value -= 20
                    }
                } else if (event.key == "ArrowRight") {
                    if (boardX.value < 440 - 80) {
                        boardX.value += 20
                    }
                }
            }
            // 向整个文档元素中添加键盘事件
            const enterKeydown = () => {
                document.addEventListener("keydown", keydown);
            }
            // 组件生命周期函数，组件加载时会调用
            onMounted(()=>{
                // 添加键盘事件
                enterKeydown();
                // 随机弹球的运动速度和方向
                rateX.value = (Math.random() + 0.1)
```

```
                rateY.value = (Math.random() + 0.1)
                // 开启计数器，控制弹球移动
                timer = setInterval(()=>{
                    // 到达右侧边缘进行反弹
                    if (ballX.value + rateX >= 440 - 30) {
                        rateX *= -1
                    }
                    // 到达左侧边缘进行反弹
                    if (ballX.value + rateX <= 0) {
                        rateX *= -1
                    }
                    // 到达上侧边缘进行反弹
                    if (ballY.value + rateY <= 0) {
                        rateY *= -1
                    }
                    // 控制小球移动
                    ballX.value += rateX
                    ballY.value += rateY
                    // 失败判定
                    if (ballY.value >= 440 - 30 - 10) {
                        // 挡板接住了弹球，进行反弹
                        if (boardX.value <= ballX.value + 30 && boardX.value + 80 >=
ballX.value) {

                            rateY *= -1
                        } else {
                            // 没有接住弹球，游戏结束
                            clearInterval(timer)
                            fail.value = true
                        }
                    }
                },2)
            })
            return {boardX, ballX, ballY, fail}
        }
    }
    createApp(config).mount("#Application")
</script>
```

　　弹球的反弹逻辑非常简单，只需要对速度的值进行取反即可，当碰到左侧或右侧边缘时，将 X
轴的速度进行取反，当碰到上侧边缘或挡板时，将 Y 轴的速度取反。

　　上面的示例代码中使用到了我们尚未学习过的 Vue 技巧，即组件生命周期方法的应用。在 Vue
组件中，onMounted 函数设置组件被挂载时调用的生命周期方法，我们可以将一些组件的初始化工
作放到其中执行。在编写逻辑代码时，setup 函数无须返回模板中不需要使用的属性，而且在定义属
性时，这类逻辑控制属性无须定义为响应性。

　　运行代码，游戏运行效果如图 4-2 所示。

图 4-2　弹球游戏页面

现在，放松一下吧！

4.5　小结与上机演练

本章主要介绍了如何通过 Vue 快速实现各种事件的监听与处理。在应用开发中，处理事件是非常重要的一步，它是应用程序与用户间交互的桥梁。现在，尝试通过解答下列问题来检验你本章的学习成果吧！

练习 1：在 Vue 中，绑定监听事件的指令是什么？

提示　理解 v-on 的用法，并熟练使用其缩写方式@。

练习 2：什么是事件修饰符？常用的事件修饰符有哪些？它们的作用分别是什么？

提示　熟练应用.stop、.prevent、.capture、.once 等事件修饰符。

练习 3：在 Vue 中如何监听键盘某个按键的事件？

提示　可以在事件的回调函数中的 Event 参数中获取到按键信息，也可以直接使用按键修饰符。

练习 4：如何处理组合键事件？

提示　Vue 提供了 4 个常用的系统修饰键，它们可以与其他按键修饰符组合使用，从而实现组合键的监听。

练习 5：在鼠标相关事件中，如何获取到鼠标所在的位置？各种位置坐标的意义分别是什么？

提示　理解 clientX/Y、pageX/Y、screenX/Y、offsetX/Y 以及 x/y 属性坐标的意义，并从它们的不同之处进行分析。

上机演练：用户交互事件的监听与处理。

任务要求：

（1）创建一个 Vue 应用。

（2）在应用中添加一个按钮和一个输入框。

（3）当按钮被单击时，显示输入框中的内容。

（4）当输入框的内容发生变化时，实时显示当前输入框的内容。

参考练习步骤：

（1）创建文件：创建一个新的 HTML 文件。

（2）创建应用：新建 Vue 应用实例。

（3）编写模板：在模板中添加一个按钮和一个输入框。

（4）编写脚本：在组件的脚本部分添加数据和方法来处理事件。

（5）添加样式：可选，为组件添加一些基本样式。

参考示例代码：

```html
<!DOCTYPE html>
<html lang="en">
<head>
    <meta charset="UTF-8">
    <meta name="viewport" content="width=device-width, initial-scale=1.0">
    <title>Vue Component Attributes and Methods</title>
    <!-- 引入 Vue 库 -->
    <script src="https://unpkg.com/vue@3/dist/vue.global.js"></script>
</head>
<body>
    <!-- 创建 Vue 应用的挂载点 -->
    <div id="app">
        <div>
            <!-- 输入框，使用 v-model 指令实现双向数据绑定 -->
            <input type="text" v-model="inputText" placeholder="输入一些文本" />

            <!-- 按钮，使用 v-on 指令监听单击事件 -->
            <button @click="handleClick">显示输入内容</button>

            <!-- 显示输入内容的区域 -->
            <p>输入的内容是: {{ inputText }}</p>
        </div>
    </div>
    <script>
    const {createApp, ref} = Vue
    const App = {
        setup(props, { emit }) {
            // 初始输入框内容为空字符串
            const inputText = ref('')
            // 单击按钮时调用的方法，显示输入框的内容
            const handleClick = () => {
                alert(inputText.value); // 使用 alert 弹出输入框的内容
            }
```

```
            watch(inputText, (newValue)=>{
                console.log("输入框数据改变了", newValue)
            })
            return { inputText, handleClick }
        }
    };
    // 创建并挂载 Vue 实例到 DOM 元素上
    createApp(App).mount('#app');
    </script>
</body>
</html>
  <style scoped>
  /* 为输入框和按钮添加一些基本样式 */
  input, button {
    margin: 10px 0;
    padding: 8px;
    font-size: 16px;
  }
  </style>
```

代码说明：

● 模板内定义了 HTML 结构。

● v-model 指令用于创建数据双向绑定，即输入框的内容会实时更新到 inputText 数据属性中。

● @click 是一个事件监听器，当按钮被单击时触发 handleClick 方法。

● 在 handleClick 方法中使用 alert 函数显示当前输入框的内容。

● watch 属性用于监听 inputText 数据属性的变化，每当它变化时，都会在控制台打印一条消息。

完成这个练习后，相信你对 Vue 中的事件处理和数据监听会有更深入的理解。

第 5 章

组件基础

5

组件是 Vue 框架中的一个核心特性，它赋予开发者构建高度复用和灵活扩展的 HTML 元素的能力。通过组件化，复杂的页面可以被巧妙地分解为一系列独立的、可管理的模块，这不仅优化了代码结构，也简化了逻辑管理。

组件系统的精髓在于将庞大的应用分解为一系列独立且可复用的小单元，然后通过组件树的层级结构将这些小单元有机地组合成一个完整的应用程序。在 Vue 中，定义和使用组件的过程是直观且易于上手的。

在本章中，你将学习到以下内容：

- Vue 应用程序的基本概念。
- 如何创建和使用组件。
- Vue 应用和组件配置的最佳实践。
- 组件间的数据传递技术。
- 组件事件的传递机制和响应策略。
- 组件插槽（Slot）的高级用法。
- 了解并应用动态组件的概念。

5.1 关于 Vue 应用与组件

Vue 框架采用面向对象的方式对网页开发进行了抽象。在 Vue 中，无论是单一的网页还是整个网站，都可以被视为一个应用程序。这种抽象使得开发者能够以更高层次的概念来构建和管理网页。

在 Vue 应用程序中，可以定义和使用多个组件，这些组件共同构成了用户界面。重要的是，需要配置一个根组件，它作为整个应用程序的入口点。当应用程序挂载并渲染到页面上时，根组件将作为渲染过程的起点元素。

5.1.1 Vue 应用的创建

在之前的章节中，我们通过示例代码对 Vue 应用有了初步的了解。Vue 应用的构建是通过 createApp 方法实现的，这个方法为我们提供了一个强大的起点，让开发者能够利用 Vue 的丰富功能和灵活的配置选项。

现在，我们通过创建一个名为 1.application.html 的测试文件来进一步探索 Vue 应用的构建过程。

【源码见附件代码/第 5 章/1.application.html】

```
const {createApp} = Vue
const App = createApp({})
```

createApp 方法会返回一个 Vue 应用实例，在创建应用实例时，可以传入一个 JavaScript 对象来提供创建应用时相关的配置项，即组件的属性与方法的配置等。

在应用配置对象中，使用 setup 方法进行组件的初始化，此函数需要提供应用所需的全局数据，例如：

【源码见附件代码/第 5 章/1.application.html】

```
setup() {
    const data = ref({
        count: 0
    })
    return {data}
}
```

如果需要接收从父组件传递的数据，可以使用 defineProps 来定义外部属性，我们后面会具体介绍它。

computed 函数我们之前也使用过，它用来配置组件的计算属性，我们可以在其中实现 getter 和 setter 方法，例如：

【源码见附件代码/第 5 章/1.application.html】

```
const countString = computed({
    get(){
        return data.value.count + "次"
    }
})
```

当然，组件中少不了定义方法。需要注意，不要在方法中使用 this 关键字，在 setup 函数被调用时，组件实例并未创建好。示例代码如下：

```
const click = () => {
    data.value.count += 1
}
```

watch 函数我们之前也使用过，它可以对组件属性的变化添加监听函数，例如：

```
watch(data, (value, oldValue)=>{
    console.log(value, oldValue)
})
```

当要监听的组件属性发生变化后，监听函数会将变化后的值与变化前的值作为参数传递进来。需要注意，以上述代码为例，如果对 data 中的 count 值进行了修改，并不会触发对 data 数据的监听，因为 data 对象并没有修改，如果要监听到某个对象内部的属性变化，则需要将监听器设置为深度监听模式，例如：

```
watch(data, (value, oldValue)=>{
    console.log(value, oldValue)
}, {deep: true})
```

在该模式下，参数 value 和 oldValue 的值是相同的，都是 data 对象本身，深度监听需要遍历被
监听对象中所有嵌套的属性，因此性能消耗较大，在实际开发中要谨慎使用。

> **提示**　在 Vue 3.4 及以上的版本中，新增了一次性属性监听器配置参数，即监听器只在对应属
> 性第一次发生变化时调用，将 once 选项设置为 true 即可，示例代码如下：

```
watch(data, (value, oldValue)=>{
    console.log(value, oldValue)
}, {deep: true, once: true})
```

5.1.2　定义组件

当我们创建了 Vue 应用实例后，使用 mount 方法可以将其绑定到指定的 HTML 元素中。应用
实例可以使用 component 方法来定义组件，定义组件后，可以直接在 HTML 文档中进行使用。

例如，创建一个名为 2.component.html 的测试文件，在其中编写如下 JavaScript 示例代码：

【代码片段 5-1　源码见附件代码/第 5 章/2.component.html】

```
<script>
    const {createApp, ref} = Vue
    const App = createApp({})
    const alertComponent = {
        setup() {
            const msg = "警告框提示"
            const count = ref(0)
            const click = () => {
                alert(msg + count.value++) // 弹出提示框
            }
            return {msg, count, click}
        },
        template:`<div><button @click="click">按钮</button></div>`
    }
    // 注册全局组件
    App.component("my-alert",alertComponent)
    App.mount("#Application")
</script>
```

如以上代码所示，在 Vue 应用中定义组件时使用了 component 方法，这个方法的第 1 个参数用
来设置组件名，第 2 个参数用来设置组件的配置对象，组件的配置对象与应用的配置对象用法基本
一致。在上述代码中，setup 函数配置了组件所必需的数据和方法。需要注意，定义组件时最重要的
是 template 配置项，这个选项用于设置组件的 HTML 模板，以上代码中我们创建了一个简单的按钮，
当用户单击此按钮时会弹出警告框。

之后，当需要使用自定义的组件时，只需要使用组件名标签即可，例如：

```
<div id="Application">
    <my-alert></my-alert>
    <my-alert></my-alert>
</div>
```

运行代码，尝试单击页面上的按钮，可以看到程序已经能够按照预期正常运行了，如图 5-1 所示。

图 5-1   使用组件

需要注意，上面代码中的 my-alert 组件是定义在 Application 应用实例中的，在组织 HTML 框架结构时，my-alert 组件只能在 Application 挂载的标签内使用，在外部使用是无法正常工作的。例如，下面的写法将无法正常渲染出组件：

```
<div id="Application">
</div>
<my-alert></my-alert>
```

使用 Vue 中的组件可以使得 HTML 代码的复用性大大增强。同样，在日常开发中，我们也可以将一些通用的页面元素封装成可定制化的组件，在开发新的网站应用时，可以使用日常积累的组件进行快速搭建。你或许已经发现了，组件在定义时的配置选项与 Vue 应用实例在创建时的配置选项是一致的，都可以定义存储属性、计算属性、方法、属性侦听器等。我们在创建应用时实际上就创建了一个根组件。

当组件在进行复用时，每个标签实际上都是一个独立的组件实例，其内部的数据是独立维护的，例如上面示例代码中的 my-alert 组件内部维护了一个名为 count 的属性，单击按钮后会计数，不同的按钮将会分别进行计数。

5.2   组件中数据与事件的传递

由于组件的复用性，我们期望在不同的应用场景中，组件能被最大限度地复用，同时尽量减少内部修改。这就要求组件必须拥有足够的灵活性，即可配置性。而可配置性本质是通过数据的传递来实现的。在应用组件时，我们可以传递不同的数据来微调组件的交互行为和渲染样式。本节将深入探讨如何通过数据与事件的传递增强 Vue 组件的灵活性。

5.2.1　为组件添加外部属性

我们在使用原生的 HTML 标签元素时，可以通过属性来控制元素的一些渲染行为，例如 style 属性可以设置元素的样式风格，class 属性可以设置元素的类等。自定义的组件的使用方式与原生 HTML 标签一样，也可以通过属性来控制其内部行为。

以 5.1 节的测试代码为例，my-alert 组件会在页面中渲染出一个按钮元素，此按钮的标题为字符串"按钮"，这个标题文案是写死在 template 模板字符串中的，因此无论我们创建多少个 my-alert 组件，其渲染出的按钮的标题都是一样的。如果我们需要在使用此组件时灵活地设置其按钮显示的标题，就需要使用组件中的 props 配置。

props 是 properties 的缩写，顾名思义为属性，props 定义的属性是提供给外部进行设置使用的，也可以将其称为外部属性。修改 my-alert 组件的定义如下：

【代码片段 5-2　源码见附件代码/第 5 章/2.component.html】

```
const alertComponent = {
    // 定义外部属性
    props:['title'],
    setup() {
        const msg = "警告框提示"
        const count = ref(0)
        const click = () => {
            alert(msg + count.value++) // 弹出提示框
        }
        return {msg, count, click}
    },
    // 在模板中可以直接使用插值语法来插入外部属性的值
    template:`<div><button @click="click">{{title}}</button></div>`
}
```

props 选项用来定义自定义组件内的外部属性，组件可以定义任意多个外部属性，在 template 模板中，可以用访问内部 data 属性一样的方式来访问定义的外部属性。在使用 my-alert 组件时，可以直接设置 title 属性来设置按钮的标题，代码如下：

```
<my-alert title="按钮 1"></my-alert>
<my-alert title="按钮 2"></my-alert>
```

运行后的页面效果如图 5-2 所示。

图 5-2　自定义组件属性

props 也可以进行许多复杂的配置，例如类型检查、默认值等，后面的章节会更详细地介绍这部分内容。另外，在 setup 函数中也可以访问外部属性，它会作为 setup 方法的第一个参数传入，例如：

```
    // props 参数就是外部传入的属性对象
setup(props) {
    const msg = "警告框提示"
    const count = ref(0)
    const click = () => {
        // 可以直接使用外部属性
        alert(props.title + msg + count.value++) // 弹出提示框
    }
    return {msg, count, click}
}
```

还有一点需要注意，在 Vue 的整体设计中，数据始终是单向流动的，也就是说数据从父组件传
递到子组件中，父组件可以更新数据并实时更新子组件，但是子组件不可以修改父组件传递进来的
数据。如果有业务场景需要修改，我们一般会通过事件将修改动作回调到父组件执行。

5.2.2 处理组件事件

在开发自定义的组件时，需要进行事件传递的场景并不少见。例如，前面编写
的 my-alert 组件，在使用该组件时，当用户单击按钮后，会自动弹出系统的警告框，
但更多时候，不同的项目使用的警告框风格可能并不一样，弹出警告框的逻辑也可能相差甚远。这
样看来，my-alert 组件的复用性非常差，不能满足各种定制化的需求。

如果要对 my-alert 组件进行改造，我们可以尝试将其中的按钮单击事件传递给父组件处理，即
传递给使用此组件的业务方处理。在 Vue 中。可以使用内建的$emit 方法来传递事件，例如：

【代码片段5-3   源码见附件代码/第 5 章/2.component.html】

```
<div id="Application">
    <my-alert title="自定义标题1" @myclick="myFunc"></my-alert>
    <my-alert title="自定义标题2" @myclick="myFunc"></my-alert>
</div>
<script>
    const {createApp} = Vue
    const App = createApp({
        setup() {
            // 父组件中的方法
            const myFunc = () => {
                alert('父组件中的方法')
            }
            return {myFunc}
        }
    })
    const alertComponent = {
        // 定义外部属性
        props:['title'],
        // $emit 触发组件事件
        template:`<div><button @click="$emit('myclick')">{{title}}</button></div>`
    }
    App.component("my-alert",alertComponent)
    App.mount("#Application")
```

```
</script>
```

修改后的代码将 my-alert 组件中的按钮单击事件定义为 myclick 事件进行了传递。在使用此组件时，可以直接使用 myclick 这个事件名进行监听。$emit 方法在传递事件时，也可以传递一些参数，很多自定义组件都有状态，这时我们就可以将状态作为参数通过事件传递出去。示例代码如下：

【源码见附件代码/第 5 章/2.component.html】

```
<div id="Application">
    <my-alert title="自定义标题1" @myclick="myFunc"></my-alert>
    <my-alert title="自定义标题2" @myclick="myFunc"></my-alert>
</div>
<script>
    const {createApp} = Vue
    const App = createApp({
        setup() {
            const myFunc = (params) => {
                alert('父组件中的方法' + params)
            }
            return {myFunc}
        }
    })
    const alertComponent = {
        // 定义外部属性
        props:['title'],
        // 在模板中可以直接使用插值语法来插入外部属性的值
        template:`<div><button @click="$emit('myclick',
title)">{{title}}</button></div>`
    }
    App.component("my-alert",alertComponent)
    App.mount("#Application")
</script>
```

运行代码，当单击按钮时，在 alert 弹窗中会显示出当前按钮的标题，这个标题数据就是子组件传递事件时带给父组件的事件参数。如果在传递事件之前，子组件还有一些内部的逻辑需要处理，也可以在子组件中包装一个方法，在方法内调用 emit 进行事件传递。但是需要注意，如果要在 setup 方法中调用 emit 事件，则需要显式地将事件声明出来，示例代码如下：

```
<div id="Application">
    <my-alert title="自定义标题1" @myclick="myFunc"></my-alert>
    <my-alert title="自定义标题2" @myclick="myFunc"></my-alert>
</div>
<script>
    const {createApp} = Vue
    const App = createApp({
        setup() {
            const myFunc = (params) => {
                alert('父组件中的方法' + params)
            }
            return {myFunc}
```

```
            }
        })
        const alertComponent = {
            // 定义外部属性
            props:['title'],
            // 将组件的事件显式声明
            emits: ['myclick'],
            // props 参数就是外部传入的属性对象
            setup(props, ctx) {
                const innerClick = () => {
                    // 可以先执行组件内部的逻辑
                    console.log("组件内部的逻辑")
                    // ctx 参数可以调用 emit 方法来触发组件事件
                    ctx.emit('myclick', props.title)
                }
                return {innerClick}
            },
            // 在模板中可以直接使用插值语法来插入外部属性的值
            template:`<div><button @click="innerClick">{{title}}</button></div>`
        }
        App.component("my-alert",alertComponent)
        App.mount("#Application")
</script>
```

组件的 emits 选项用来显式地声明支持的组件事件，使用 setup 函数中的第 2 个参数可以直接调用 emit 方法来触发某个组件事件。

现在，你可以灵活地通过事件的传递来使自定义组件的功能更加纯粹，好的开发模式是将组件内部的逻辑在组件内部处理掉，而需要调用方处理的业务逻辑属于组件外部的逻辑，可以将其传递到调用方处理。

5.2.3　在自定义组件上使用 v-model 指令

你还记得 v-model 指令吗？我们通常形象地将 v-model 指令称为 Vue 中的双向绑定指令。也就是说，对于可交互用户输入的相关元素来说，使用这个指令可以将数据的变化同步到元素上，同样，当元素输入的信息发生变化时，也会同步到对应的数据属性中。在编写自定义组件时，难免会使用到可进行用户输入的相关元素，如何对其输入的内容进行双向绑定呢？

首先，我们来复习一下 v-model 指令的使用，示例代码如下：

```
<div id="Application">
    <div>
        <input v-model="inputText" />
        <div>{{inputText}}</div>
        <button @click="this.inputText = ''">清空</button>
    </div>
</div>
<script>
  const {createApp, ref} = Vue
    const App = createApp({
        setup(){
```

```
        // 与输入框双向绑定的属性
        const inputText = ref("")
         return { inputText }
      }
    })
    App.mount("#Application")
</script>
```

运行代码，之后在页面的输入框中输入文案，可以看到对应的 div 标签中的文案也会改变。同理，当我们单击"清空"按钮后，输入框和对应的 div 标签中的内容也会被清空，这就是 v-model 双向绑定指令提供的基础功能，如果不使用 v-model 指令，要实现相同的效果也不是不可能，示例代码如下：

```
<div id="Application">
    <div>
        <input :value="inputText" @input="action"/>
        <div>{{inputText}}</div>
        <button @click="this.inputText = ''">清空</button>
    </div>
</div>
<script>
  const {createApp, ref} = Vue
  const App = createApp({
      setup(){
        // 与输入框双向绑定的属性
        const inputText = ref("")
        // 输入框内容变化调用的函数，我们手动来修改要绑定的属性的值
         const action = (event) => {
            inputText.value = event.target.value
         }
         return { inputText, action }
      }
    })
    App.mount("#Application")
</script>
```

修改后代码的运行效果与修改前完全一样。代码中先使用 v-bind 指令来控制输入框的内容，即当属性 inputText 改变后，v-bind 指令会将其同步更新到输入框中，之后使用 v-on:input 指令来监听输入框的输入事件，当输入框的输入内容发生变化时，手动通过 action 函数来更新 inputText 属性，这样就实现了双向绑定的效果。这也是 v-model 指令的基本工作原理。理解了这些，为自定义组件增加 v-model 支持就非常简单。示例代码如下：

【代码片段 5-4 源码见附件代码/第 5 章/2.component.html】

```
<div id="Application">
    <my-input v-model="inputText"></my-input>
    <div>{{inputText}}</div>
    <button @click="this.inputText = ''">清空</button>
</div>
```

```
<script>
   const {createApp, ref} = Vue
   const App = createApp({
      setup() {
         const inputText = ref("")
         return {inputText}
      }
   })
   const inputComponent = {
      props: ['modelValue'],
      emits: ['update:modelValue'],
      setup(props, ctx) {
         const action = (event) => {
            ctx.emit('update:modelValue', event.target.value)
         }
         return {action}
      },
      template:`<div><span>输入框: </span><input :value="modelValue"
@input="action"/></div>`
   }
   App.component("my-input", inputComponent)
   App.mount("#Application")
</script>
```

运行上述代码，你会发现 v-model 指令已经可以正常工作了。其实，我们要让自定义组件能够使用 v-model 指令，只需要按照正确的规范来定义组件即可。当使用 v-model 指令进行数据和组件的双向绑定时，v-model 指令会被展开为两个指令，分别是普通的数据绑定指令和事件监听指令。例如：

```
<my-input v-model="inputText"></my-input>
```

等价于下面的代码：

```
<my-input :modelValue="inputText" @update:modelValue="value => inputText =
value"></my-input>
```

因此，自定义组件要支持双向的数据绑定，只需要做两件事：

（1）将内部可输入元素的值绑定到 modelValue 属性上。

（2）当内部元素的值发生变化时，触发 update:modelValue 自定义事件，并将改变后的数据传递出去。

我们也可以这样理解，所有支持 v-model 指令的组件默认都会提供一个名为 modelValue 的属性，而组件内部的内容发生变化后，向外传递的事件为'update:modelValue'，并且在事件传递时会将组件内容作为参数进行传递。

5.3 自定义组件的插槽

插槽是指 HTML 起始标签与结束标签中间的部分，通常在使用 div 标签时，其内部的插槽位置既可以放置要显示的文案，又可以嵌套放置其他标签。例如：

```
<div>文案部分</div>
<div>
    <button>按钮</button>
</div>
```

插槽的核心作用是将组件内部的元素抽离给外部进行实现，在进行自定义组件的设计时，良好的插槽逻辑可以使组件的使用更加灵活。对于开发容器类型的自定义组件来说，插槽就更加重要了，在定义容器类的组件时，开发者只需要将容器本身编写好，其内部的内容都可以通过插槽来实现。

5.3.1 组件插槽的基本用法

首先，创建一个名为 3.slot.html 的文件，在其中编写如下核心示例代码：

【源码见附件代码/第 5 章/3.slot.html】

```
<body>
    <div id="Application">
        <my-container></my-container>
    </div>
    <script>
      const {createApp} = Vue
      const App = createApp({
      })
      // 定义一个容器组件
      const containerComponent = {
          template:`<div style="border-style:solid;border-color:red;
border-width:10px"></div>`
          }
      App.component("my-container", containerComponent)
      App.mount("#Application")
    </script>
</body>
```

在上述代码中，我们定义了一个名为 my-container 的容器组件。这个容器本身非常简单，只是添加了红色的边框，如果直接向容器组件内部添加子元素，是不可行的，例如：

```
<my-container>组件内部</my-container>
```

运行代码，你会发现组件中并没有任何文本被渲染，若需要自定义组件支持插槽，则需要使用 slot 标签来指定插槽的位置。修改组件模板如下：

```
const containerComponent = {
    template:`<div style="border-style:solid;border-color:red; border-width:10px">
        <slot></slot>
        </div>`
}
```

再次运行代码，可以看到 my-container 标签内部的内容已经被添加到了自定义组件的插槽位置，如图 5-3 所示。

图 5-3   自定义组件的插槽

虽然在之前的示例代码中，我们仅使用了文本作为插槽的内容，但实际上 Vue 的插槽机制支持放置任意的 HTML 标签、组件或其他内容。这为组件提供了极高的灵活性和可扩展性。

对于支持插槽的组件，我们可以为其定义默认内容。这样，当组件在使用时，如果没有明确设置插槽内容，组件将自动渲染这些默认内容。例如：

【源码见附件代码/第 5 章/3.slot.html】

```
<div id="Application">
    <my-container></my-container>
</div>
<script>
    const App = Vue.createApp({
    })
    const containerComponent = {
        template:`<div style="border-style:solid;border-color:red; border-width:10px">
                <slot>插槽的默认内容</slot>
            </div>`
    }
    App.component("my-container", containerComponent)
    App.mount("#Application")
</script>
```

需要注意，一旦组件在使用时设置了插槽的内容，则默认内容就不会再被渲染。

5.3.2   多具名插槽的用法

具名插槽是指为插槽设置一个具体的名称，在使用组件时，可以通过插槽的名称来设置插槽的内容。由于具名插槽可以非常明确地指定插槽内容的位置，因此当一个组件要支持多个插槽时，通常需要使用具名插槽。

例如，我们要编写一个容器组件，此组件由头部元素、主元素和尾部元素组成，此组件就需要有 3 个插槽。具名插槽的用法示例如下：

【代码片段 5-5   源码见附件代码/第 5 章/3.slot.html】

```
<div id="Application">
    <my-container2>
        <template #header>
            <h1>这里是头部元素</h1>
```

```
        </template>
        <template #main>
            <p>内容部分</p>
            <p>内容部分</p>
        </template>

        <template #footer>
            <p>这里是尾部元素</p>
        </template>
    </my-container2>
</div>
<script>
    const {createApp} = Vue
    const App = createApp({
    })
    const container2Component = {
        template:`<div>
            <slot name="header"></slot>
            <hr/>
            <slot name="main"></slot>
            <hr/>
            <slot name="footer"></slot>
        </div>`
    }
    App.component("my-container2", container2Component)
    const containerComponent = {
        template:`<div style="border-style:solid;border-color:red; border-width:10px">
            <slot>插槽的默认内容</slot>
        </div>`
    }
    App.component("my-container", containerComponent)
    App.mount("#Application")
</script>
```

　　如以上代码所示，在组件内部定义 slot 插槽时，可以使用 name 属性来为其设置具体的名称。需要注意的是，在使用此组件时，要使用 template 标签来包装插槽内容，对于 template 标签，通过 v-slot 来指定与其对应的插槽位置。页面渲染效果如图 5-4 所示。

图 5-4　多具名插槽的应用

在 Vue 中，很多指令都有缩写形式，具名插槽同样也有缩写形式，可以使用符号#来代替"v-slot:"。上面的示例代码修改为如下形式依然可以正常运行：

【源码见附件代码/第 5 章/3.slot.html】

```
<my-container2>
    <template #header>
        <h1>这里是头部元素</h1>
    </template>
    <template #main>
        <p>内容部分</p>
        <p>内容部分</p>
    </template>
    <template #footer>
        <p>这里是尾部元素</p>
    </template>
</my-container2>
```

5.4　动态组件的简单应用

动态组件是 Vue 开发中经常会使用的一种高级功能。有时页面中的某个位置要渲染的组件并不是固定的，可能会根据用户的操作而渲染不同的组件。这时就需要用到动态组件。

还记得在前面的章节中我们使用过的 Radio 单选框组件吗？当用户选择了不同的选项后，切换页面渲染的组件是非常常见的需求，使用动态组件可以非常方便地处理这种场景。

首先，新建一个名为 4.dynamic.html 的测试文件，编写如下示例代码：

【源码见附件代码/第 5 章/4.dynamic.html】

```
<div id="Application">
    <input type="radio" value="page1" v-model="page"/>页面 1
    <input type="radio" value="page2" v-model="page"/>页面 2
    <div>{{page}}</div>
</div>
<script>
  const {createApp, ref} = Vue
  const App = createApp({
    setup(){
        const page = ref("page1")
        return { page }
    }
  })
    App.mount("#Application")
</script>
```

运行上述代码后，将会在页面中渲染出一组单选框，当用户切换选项后，其 div 标签中渲染的文案会对应修改。在实际应用中，并不只是修改 div 标签中的文本这样简单，通常会采用更换组件的方式进行内容的切换。

定义两个 Vue 组件如下：

【源码见附件代码/第 5 章/4.dynamic.html 】

```
const {createApp, ref} = Vue
const App = createApp({
    setup(){
        const page = ref("page1")
        return { page }
    }
})
// 定义页面组件 1
const page1 = {
    template:`<div style="color:red">
            页面组件 1
        </div>`
}
// 定义页面组件 2
const page2 = {
    template:`<div style="color:blue">
            页面组件 2
        </div>`
}
App.component("page1", page1)
App.component("page2", page2)
App.mount("#Application")
```

page1 组件和 page2 组件本身非常简单，使用不同的颜色显示简单文案。现在我们要将页面中的 div 元素替换为动态组件，示例代码如下：

```
<div id="Application">
    <input type="radio" value="page1" v-model="page"/>页面 1
    <input type="radio" value="page2" v-model="page"/>页面 2
    <component :is="page"></component>
</div>
```

component 是一个特殊的标签，其通过 is 属性来指定要渲染的组件名称。如以上代码所示，随着 Vue 应用中 page 属性的变化，component 所渲染的组件也是动态变化的，效果如图 5-5 所示。

图 5-5　动态组件的应用

到目前为止，我们使用 component 方法定义的组件都是全局组件。对于小型项目来说，这种开发方式非常方便，但是对于大型项目来说，缺点也很明显。首先全局定义的模板命名不能重复，在大型项目中可能会使用到非常多的组件，维护困难。在定义全局组件的时候，组件内容是通过字符串格式的 HTML 模板定义的，在编写时对开发者来说不太友好，并且全局模板定义中不支持使用内部的 CSS 样式。这些问题都可以通过单文件组件技术解决。在后面的进阶章节，我们会对使用 Vue 开发商业级项目进行更详细的介绍。

5.5 动手练习：编写一款小巧的开关按钮组件

本节尝试编写一款小巧美观的开关组件。开关组件需要满足一定的定制化需求，例如开关的样式、背景色、边框颜色等。当用户对开关组件的开关状态进行切换时，需要将事件同步传递到父组件中。

通过学习本章的内容，相信读者完成此组件将会游刃有余。首先，新建一个名为 5.switch.html 的测试文件，在其中编写基础的文档结构，示例代码如下：

【源码见附件代码/第 5 章/5.switch.html 】

```html
<!DOCTYPE html>
<html lang="en">
<head>
    <meta charset="UTF-8">
    <meta http-equiv="X-UA-Compatible" content="IE=edge">
    <meta name="viewport" content="width=device-width, initial-scale=1.0">
    <title>Vue 开关组件</title>
    <script src="https://unpkg.com/vue@3/dist/vue.global.js"></script>
</head>
<body>
</body>
</html>
```

根据需求，我们先来编写 JavaScript 组件代码。由于开关组件有一定的可定制性，我们可以将按钮颜色、开关风格、边框颜色、背景色这些属性设置为外部属性。此开关组件也是可交互的，因此需要使用一个内部状态属性来控制开关的状态，示例代码如下：

【代码片段 5-6 源码见附件代码/第 5 章/5.switch.html 】

```javascript
const switchComponent = {
    // 定义的外部属性
    props: ["switchStyle", "borderColor", "backgroundColor", "color"],
    emits: ["switchChange"],
    // 内部属性，控制开关状态
    setup(props, ctx) {
        const isOpen = ref(false)
        const left = ref('0px')
        const cssStyleBG = computed(()=>{
            if (props.switchStyle == "mini") {
                return `position: relative; border-color: ${props.borderColor};
border-width: 2px; border-style: solid;width:55px; height: 30px;border-radius: 30px;
background-color: ${isOpen.value ? props.backgroundColor:'white'};`
            } else {
                return `position: relative; border-color: ${props.borderColor};
border-width: 2px; border-style: solid;width:55px; height: 30px;border-radius: 10px;
```

```
background-color: ${isOpen.value ? props.backgroundColor:'white'};`
            }
        })
        // 通过计算属性来设置 CSS 样式
        const cssStyleBtn = computed(()=>{
            if (props.switchStyle == "mini") {
                return `position: absolute; width: 30px; height: 30px; left:${left.value};
border-radius: 50%; background-color: ${props.color};`
            } else {
                return `position: absolute; width: 30px; height: 30px; left:${left.value};
border-radius: 8px; background-color: ${props.color};`
            }
        })
        // 组件状态切换方法
        const click = () => {
            isOpen.value = !isOpen.value
            left.value = isOpen.value ? '25px' : '0px'
            ctx.emit('switchChange', isOpen.value)
        }
        return {isOpen, left, cssStyleBG, cssStyleBtn, click}
    },
    template:`
        <div :style="cssStyleBG" @click="click">
            <div :style="cssStyleBtn"></div>
        </div>
    `
}
```

完成了组件的定义后，我们可以创建一个 Vue 应用来演示组件的使用，示例代码如下：

【源码见附件代码/第 5 章/5.switch.html】

```
const App = createApp({
    setup(){
        const state1 = ref("关")
        const state2 = ref("关")
        const change1 = (isOpen) => {
            state1.value = isOpen ? "开" : "关"
        }
        const change2 = (isOpen) => {
            state2.value = isOpen ? "开" : "关"
        }
        return {state1, state2, change1, change2}
    }
})
```

在 HTML 文档中定义两个 my-switch 组件，代码如下：

```
<div id="Application">
    <my-switch @switch-change="change1" switch-style="mini" background-color="green"
border-color="green" color="blue"></my-switch>
    <div>开关状态:{{state1}}</div>
```

```
    <br/>
    <my-switch @switch-change="change2" switch-style="normal" background-color="blue"
border-color="blue" color="red"></my-switch>
    <div>开关状态:{{state2}}</div>
  </div>
```

如以上代码所示，我们在页面上创建了两个自定义的开关组件。这两个组件虽然基本功能相同，但根据外部传入的样式设置，它们的外观风格略有不同。此外，我们将 div 元素展示的文案与开关组件的状态进行了绑定，以实现状态的响应式更新。

值得注意的是，在定义组件时，外部传入的属性（props）采用的是小写字母驼峰式命名法（camelCase），例如 switchStyle。然而，在使用这些属性的 HTML 模板中，需要将它们转换为以短横线（-）分隔的命名法（kebab-case），例如 switch-style。

运行代码，可以尝试切换页面上开关的状态，效果如图 5-6 所示。

图 5-6　自定义开关组件

5.6　小结与上机演练

本章介绍了 Vue 中组件的相关基础概念，并且学习了如何自定义组件。在 Vue 项目开发中，使用组件可以使开发过程更加高效。现在，尝试通过解答下列问题来检验你本章的学习成果吧！

练习 1：如何理解 Vue 中的组件？

提示　组件使得 HTML 元素进行了模板化，使得 HTML 代码可以拥有更强的复用性。同时，通过外部属性，组件可以根据需求灵活地进行定制，灵活性强。在实际开发中，运用组件可以提高开发效率，同时使得代码更加结构化，更易维护。

练习 2：在 Vue 中，什么是根组件？如何定义？

提示　根组件是直接挂载在最外层的组件，可以从外部属性、内部属性、方法传递等方面进行思考。

练习 3：什么是组件插槽技术？有什么实际应用？

提示　组件插槽是指在组件内部预定义一些插槽点，在调用组件时，外部可以通过 HTML 嵌套的方式来设置插槽点的内容。在实际应用中，编写容器类组件时离不开组件插槽，它将某些依赖外部的内容交由使用方自己处理，使得组件的职责更加清晰。

上机演练：Vue 组件的练习。

任务要求：

（1）创建一个 Vue 应用，包含一个组件。

（2）在组件中实现数据的传递。

（3）使用插槽功能对组件的内容进行替换。

（4）使用动态组件，根据条件切换不同的组件。

参考练习步骤：

（1）创建 Vue 应用，并安装必要的依赖。

（2）创建名为 component 和 another-component 的组件。

（3）使用插槽功能对组件的内容进行替换。

（4）使用动态组件，根据条件切换不同的组件。

（5）运行应用，查看效果。

参考示例代码：

```
<!DOCTYPE html>
<html lang="en">
<head>
    <meta charset="UTF-8">
    <meta name="viewport" content="width=device-width, initial-scale=1.0">
    <title>Vue Component Attributes and Methods</title>
    <!-- 引入 Vue 库 -->
    <script src="https://unpkg.com/vue@3/dist/vue.global.js"></script>
</head>
<body>
    <!-- 创建 Vue 应用的挂载点 -->
    <div id="app">
        <p>{{ message }}</p>
        <!-- 使用动态组件，根据条件切换不同的组件 -->
        <!-- 使用插槽功能对组件的内容进行替换 -->
        <component :is="dynamicComponent">{{ message }}</component>
    </div>
    <script>
    const {createApp, ref, watch} = Vue
    const App = {
        setup(props, { emit }) {
            const message = ref('Hello, Vue!')
            dynamicComponent = () => {
                // 根据条件切换不同的组件
                return message.value === 'Hello, Vue!' ? 'another-component' : 'component';
            }
            return {message, dynamicComponent}
        }
    };
    let app = createApp(App)
    app.component('component', {
        template:`
```

```
            <slot></slot>
        `
    })
    app.component('another-component', {
        template:`
            <slot></slot>
        `
    })
    // 创建并挂载 Vue 实例到 DOM 元素上
    app.mount('#app');
    </script>
</body>
</html>
```

在本练习中，我们学习了 Vue 组件的练习，包括创建 Vue 应用、创建组件、使用插槽功能、使用动态组件。相信通过本练习，我们对 Vue 组件的使用会有更深入的理解，并且能够在实际项目中灵活运用这些知识。

第6章

组件进阶

在之前的章节中,我们已经对组件有了初步的了解,并且能够利用 Vue 的组件功能实现一些简单的页面元素。然而,在实际的开发过程中,仅仅能够简单地应用组件是远远不够的。为了在开发过程中更灵活地运用组件,我们需要深入理解组件渲染的原理。

本章将详细介绍组件的生命周期、注册方法以及更多高级功能。通过本章的学习,你将对 Vue 组件系统有更深入的认识。

在本章中,你将学习到以下内容:

- 组件的生命周期。
- 应用的全局配置。
- 组件属性的高级用法。
- 组件 Mixin 技术。
- 自定义指令的应用。
- Teleport 新特性的应用。

6.1 组件的生命周期与高级配置

组件在被创建出来到渲染完成会经历一系列过程。同样,组件的销毁也会经历一系列过程,组件从创建到销毁的这一系列过程被称为组件的生命周期。在 Vue 中,组件生命周期的节点会被定义为一系列的方法,这些方法被称为生命周期钩子。有了这些生命周期方法,我们可以在合适的时机来完成合适的工作。例如,在组件挂载前准备组件所需要的数据,当组件销毁时清除某些残留数据等。

Vue 中提供了许多对组件进行配置的高级 API 接口,包括对应用或组件进行全局配置的 API 功能接口以及组件内部相关的高级配置项。

6.1.1 生命周期方法

首先,我们可以通过一个简单的示例来直观地感受一下组件生命周期方法的调用时机。新建一个名为 1.life.html 的测试文件，编写如下测试代码：

【源码见附件代码/第 6 章/1.life.html】

```html
<!DOCTYPE html>
<html lang="en">
<head>
    <meta charset="UTF-8">
    <meta http-equiv="X-UA-Compatible" content="IE=edge">
    <meta name="viewport" content="width=device-width, initial-scale=1.0">
    <title>Vue 组件生命周期</title>
    <script src="https://unpkg.com/vue@3/dist/vue.global.js"></script>
</head>
<body>
    <div id="Application">
        <sub-com v-if="show">
            {{content}}
        </sub-com>
        <button @click="changeShow">测试</button>
    </div>
    <script>
        const {createApp, ref} = Vue
        const sub = {
          setup() {
              console.log("组件创建前")
              Vue.onBeforeMount(() => {
                  console.log("组件被即将挂载前")
              })
              Vue.onMounted(() => {
                  console.log("组件挂载完成")
              })
              Vue.onBeforeUpdate(() => {
                  console.log("组件即将更新前")
              })
              Vue.onUpdated(() => {
                  console.log("组件更新完成")
              })
              Vue.onActivated(() => {
                  console.log("被缓存的组件激活时调用")
              })
              Vue.onDeactivated(() => {
                  console.log("被缓存的组件停用时调用")
              })
              Vue.onBeforeUnmount(() => {
                  console.log("组件即将被卸载前调用")
              })
              Vue.onUnmounted(() => {
                  console.log("组件被卸载后调用")
              })
              Vue.onErrorCaptured((error, instance, info) => {
                  console.log("捕获到来自子组件的异常时调用")
```

```
        })
        Vue.onRenderTracked((event) => {
            console.log("虚拟 DOM 重新渲染时调用", event)
        })
        Vue.onRenderTriggered((event) => {
            console.log("虚拟 DOM 被触发渲染时调用")
        })
        console.log("组件创建完成")
    },
    template:`
    <div>
        <slot></slot>
    </div>
    `
}
const App = createApp({
    setup() {
        const show = ref(true)
        const content = ref(0)
        const changeShow = () => {
            show.value = !show.value
        }
        return {show, content, changeShow}
    }
})
App.component("sub-com", sub)
App.mount("#Application")
</script>
</body>
</html>
```

如以上代码所示，每个方法中都使用 log 标明了所调用的时机。运行代码，控制台将输出如下信息：

```
组件创建前
组件创建完成
组件被即将挂载前
虚拟 DOM 重新渲染时调用 {effect: ReactiveEffect, target: {…}, type: 'get', key: '$slots'}
虚拟 DOM 重新渲染时调用 {effect: ReactiveEffect, target: RefImpl, type: 'get', key: 'value'}
组件挂载完成
```

从控制台打印的信息可以看出，本次页面渲染过程中只执行了 6 个组件的生命周期方法，我们使用了一个自定义的组件，在页面渲染的过程中只执行了组件的创建和挂载过程，但是并没有执行卸载的过程。在代码中，我们使用 v-if 指令来控制子组件的渲染，当渲染状态切换时，组件会相应地进行挂载和卸载操作。你可以尝试单击页面中的按钮，当子组件显示和隐藏时，对应的挂载和卸载生命周期方法会被调用。

在上面列举的生命周期方法中，有 4 个方法经常使用，分别是 renderTriggered、renderTracked、beforeUpdate 和 updated 方法。当组件中的 HTML 元素发生渲染或更新时，会调用这些方法，例如：

【源码见附件代码/第 6 章/1.life.html】

```
<div id="Application">
    <sub-com v-if="show">
        {{content}}
    </sub-com>
    <button @click="changeShow">测试</button>
</div>
<script>
    const {createApp, ref} = Vue
    const sub = {
        setup() {
            Vue.onBeforeUpdate(() => {
                console.log("组件即将更新前")
            })
            Vue.onUpdated(() => {
                console.log("组件更新完成")
            })
            Vue.onRenderTracked((event) => {
                console.log("虚拟 DOM 重新渲染时调用", event)
            })
            Vue.onRenderTriggered((event) => {
                console.log("虚拟 DOM 被触发渲染时调用")
            })
        },
        template:`
            <div>
                <slot></slot>
            </div>
            `

    }
    const App = createApp({
        setup() {
            const show = ref(true)
            const content = ref(0)
            const changeShow = () => {
                // show.value = !show.value
                content.value += 1
            }
            return {show, content, changeShow}
        }
    })
    App.component("sub-com", sub)
    App.mount("#Application")
</script>
```

运行上述代码，当单击页面中的按钮时，页面显示的计数会自增，同时，控制台打印的信息如下：

```
虚拟 DOM 被触发渲染时调用
组件即将更新前
```

```
虚拟 DOM 重新渲染时调用 {effect: ReactiveEffect, target: {…}, type: 'get', key: '$slots'}
虚拟 DOM 重新渲染时调用 {effect: ReactiveEffect, target: RefImpl, type: 'get', key: 'value'}
组件更新完成
```

通过测试代码的实践，我们对 Vue 组件的生命周期已经有了直观的认识，各个生命周期函数的调用时机与顺序也有了初步的了解，这些生命周期钩子可以帮助我们在开发中更有效地组织和管理数据。

6.1.2 应用的全局配置选项

当调用 Vue 框架中的 createApp 方法后，会创建一个 Vue 应用实例，对于此应用实例，其内部封装了一个 config 对象，我们可以通过这个对象的一些全局选项来对其进行配置。常用的配置项有异常与警告捕获配置和全局属性配置。

在 Vue 应用运行过程中，难免会有异常和警告产生，我们可以自定义函数来对抛出的异常和警告进行处理。示例代码如下：

【源码见附件代码/第 6 章/2.app.html】

```
const App = Vue.createApp({})
App.config.errorHandler = (err, vm, info) => {
    // 捕获运行中产生的异常
    // err 参数是错误对象，info 为具体的错误信息
}
App.config.warnHandler = (msg, vm, trace) => {
    // 捕获运行中产生的警告
    // msg 是警告信息，trace 是组件的关系回溯
}
```

之前，我们在使用组件时，组件内部使用到的数据要么是组件内部自己定义的，要么是通过外部属性从父组件传递进来的。在实际开发中，有些数据可能是全局的，例如应用名称、应用版本信息等，为了方便地在任意组件中使用这些全局数据，可以通过 globalProperties 全局属性对象进行配置，例如：

【代码片段 6-1 源码见附件代码/第 6 章/2.app.html】

```
const App = Vue.createApp({})
// 配置全局数据
App.config.globalProperties = {
    version:"1.0.0"
}
const sub = {
    setup() {
        // 在 setup 函数中获取当前组件实例
        const instance = Vue.getCurrentInstance()
        Vue.onMounted(()=>{
            // 在任意组件的任意地方都可以通过组件实例直接访问全局数据
            console.log(instance.appContext.config.globalProperties.version)
        })
    }
}
```

```
App.component("sub-com", sub)
App.mount("#Application")
```

6.1.3 组件的注册方式

组件的注册方式分为全局注册与局部注册两种。直接使用应用实例的 component 方法注册的组件都是全局组件，也就是说，可以在应用内的任何地方使用这些组件，包括其他组件内部，例如：

【源码见附件代码/第 6 章/3.com.html】

```
<div id="Application">
    <comp1></comp1>
</div>
<script>
    const App = Vue.createApp({})
    const comp1 = {
        template:`
            <div>
                组件 1
                <comp2></comp2>
            </div>
        `
    }
    const comp2 = {
        template:`
            <div>
                组件 2
            </div>
        `
    }
    App.component("comp1", comp1)
    App.component("comp2", comp2)
    App.mount("#Application")
</script>
```

如以上代码所示，在 comp2 组件中直接可以使用 comp1 组件，全局注册组件虽然使用起来很方便，但很多时候这并不是最佳的编程方式。一个复杂的组件内部可能由许多子组件组成，这些子组件本身是不需要暴露到父组件外面的，这时如果使用全局注册的方式注册组件，就会污染全局的 JavaScript 代码，更理想的方式是使用局部注册的方式注册组件，示例代码如下：

【源码见附件代码/第 6 章/3.com.html】

```
<div id="Application">
    <comp1></comp1>
</div>
<script>
    const App = Vue.createApp({})
    const comp2 = {
        template:`
            <div>
                组件 2
```

```
            </div>
        }
    const comp1 = {
        components:{
            'comp2':comp2
        },
        template:`
            <div>
                组件 1
                <comp2></comp2>
            </div>
        `
        }
    App.component("comp1", comp1)
    App.mount("#Application")
</script>
```

如以上代码所示，comp2 组件只能够在 comp1 组件内部使用。另外，对于单文件组件，我们后续会介绍 setup 语法糖，如果使用了此语法糖，只要在 setup 语法糖中直接导入组件即可直接使用，无须注册，这些后续再详细介绍。

6.2　组件 props 属性的高级用法

使用 props 可以方便地向组件传递数据。从功能上讲，props 也可以称为组件的外部属性，通过 props 的传参差异，组件可以有很强的灵活性和扩展性。

6.2.1　对 props 属性进行验证

JavaScript 是一种非常灵活且自由的编程语言。在 JavaScript 中定义函数时，无需指定参数的类型。这种编程风格虽然为开发者提供了极大的便利，但同时也牺牲了一定的安全性。例如，在 Vue 组件中，如果一个自定义组件需要通过 props 接收外部传入的数值，但调用方错误地传递了一个字符串类型的数据，这可能导致组件内部出现错误。

为了增强类型安全性，Vue 允许在定义组件的 props 时添加约束，对其类型、默认值、是否可选等进行配置。这有助于确保组件接收到正确类型的数据，并在数据不符合预期时提供明确的错误信息。

新建一个名为 4.props.html 的测试文件。在其中编写如下核心代码：

【代码片段 6-2　源码见附件代码/第 6 章/4.props.html】

```
<div id="Application">
    <comp1 :count="5"></comp1>
</div>
<script>
  const {createApp, ref, computed} = Vue
    const App = createApp({})
    const comp1 = {
```

```
        props:["count"], // 定义外部属性 count
    setup(props){
        const thisCount = ref(0)
        const click = () => {
            thisCount.value += 1
        }
        const innerCount = computed(()=>{
            count.value + value
        })
        return {thisCount, click, innerCount}
    },
    template:`
        <button @click="click">单击</button>
        <div>计数:{{innerCount}}</div>
    }
    App.component("comp1", comp1)
    App.mount("#Application")
</script>
```

在上述代码中，定义了一个名为 count 的外部属性，这个属性在组件内实际上用于控制组件计数的初始值。需要注意，在外部传递数值类型的数据到组件内部时，必须使用 v-bind 指令的方式进行传递，直接使用 HTML 属性设置的方式会将传递的数据作为字符串传递（而不是 JavaScript 表达式）。例如，下面的组件的使用方式，最终页面渲染的计数结果将不是预期的：

```
<comp1 count="5"></comp1>
```

虽然 count 属性的本意是作为组件内部计数的初始值，但调用方不一定能完全理解组件内部的逻辑，调用此组件时极有可能会传递非数值类型的数据，例如：

```
<comp1 :count="{}"></comp1>
```

页面渲染效果如图 6-1 所示。

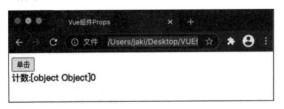

图 6-1　组件渲染示例

可以看到，其渲染结果并不正常。在 Vue 中，我们可以对定义的 props 进行约束来显式地指定其类型。当将组件的 props 配置项配置为列表时，表示当前定义的属性没有任何约束控制，如果将其配置为对象，则可以进行更多约束设置。修改上面代码中 props 的定义如下：

```
props:{
    count:{
        // 定义此属性的类型为数值类型
        type: Number,
        // 设置此属性是否必传
        required: false,
```

```
        // 设置默认值
        default: 10
    }
}
```

此时，在调用此组件时，如果设置 count 属性的值不符合要求，则控制台会有警告信息输出，例如 count 设置的值不是数值类型，则会抛出如下警告：

```
[Vue warn]: Invalid prop: type check failed for prop "count". Expected Number with value
NaN, got Object
```

在实际开发中，我们建议所有的 props 都采用对象的方式定义，显式地设置其类型、默认值等，这样不仅可以使组件调用时更加安全，也侧面为开发者提供了组件的参数使用文档。

如果只需要指定属性的类型，而不需要指定更加复杂的性质，可以使用如下方式定义：

```
props:{
    // 数值类型
    count:Number,
    // 字符串类型
    count2:String,
    // 布尔值类型
    count3:Boolean,
    // 数组类型
    count4:Array,
    // 对象类型
    count5:Object,
    // 函数类型
    count6:Function
}
```

如果一个属性可能是多种类型，可以如下定义：

```
props:{
    // 指定属性类型为字符串或数值
    param:[String, Number]
}
```

在对属性的默认值进行配置时，如果默认值的获取方式比较复杂，也可以将其定义为函数，函数执行的结果会被作为当前属性的默认值，示例代码如下：

```
props:{
    count: {
        default:function() {
            return 10
        }
    }
}
```

Vue 中 props 的定义支持进行自定义验证。以上述代码为例，假设组件内需要接收的 count 属性的值必须大于数值 10，则可以通过自定义验证函数实现：

```
props:{
```

```
    count: {
        validator: function(value) {
            if (typeof(value) != 'number' || value <= 10) {
                return false
            }
            return true
        }
    }
}
```

当组件的 count 属性被赋值时，会自动调用验证函数进行验证，如果验证函数返回 true，则表明此赋值是有效的，如果验证函数返回 false，则控制台会输出异常信息。

6.2.2　props 的只读性质

你可能已经发现了，对于组件内部来说，props 是只读的。也就是说，我们不能在组件的内部修改 props 属性的值，可以尝试运行如下代码：

【源码见附件代码/第 6 章/4.props.html】

```
<script>
    const {createApp, ref, computed} = Vue
    const App = createApp({})
    const comp1 = {
        props:{
            count: {
                validator: function(value) {
                    if (typeof(value) != 'number' || value <= 10) {
                        return false
                    }
                    return true
                }
            }
        },
        setup(props){
            const {count} = props
            const click = () => {
                count += 1
            }
            return {click}
        },
        template:`
            <button @click="click">点击</button>
            <div>计数:{{count}}</div>`
    }
    App.component("comp1", comp1)
    App.mount("#Application")
</script>
```

当 click 函数被触发时，页面上的计数并没有改变，并且控制台会抛出 Vue 警告信息。

props 的这种只读性是 Vue 单向数据流特性的一种体现。对于所有的外部属性，props 都只允许父组件的数据流动到子组件中，子组件的数据则不允许流向父组件。因此，在组件内部修改 props 的值是无效的。以计数器页面为例，如果我们定义 props 只是为了设置组件某些属性的初始值，完全可以使用计算属性来进行桥接，也可以将外部属性的初始值映射到组件的内部属性上，示例代码如下：

【源码见附件代码/第 6 章/4.props.html】

```
setup(props){
    const {count} = props
    const thisCount = ref(count)
    const click = () => {
        thisCount.value += 1
    }
    const innerCount = computed(()=>{
        count.value + thisCount.value
    })
    return {innerCount, thisCount, click}
}
```

6.2.3　组件数据注入

数据注入是一种便捷的组件间的数据传递方式。一般情况下，当父组件需要传递数据到子组件时，我们会使用 props，但是当组件的嵌套层级很多，子组件需要使用到多层之外的父组件的数据时，就非常麻烦了，数据需要一层一层地进行传递。

新建一个名为 5.provide.html 的测试文件，在其中编写如下核心示例代码：

【源码见附件代码/第 6 章/5.provide.html】

```
<div id="Application">
    <my-list :count="5">
    </my-list>
</div>
<script>
    const {createApp, ref} = Vue
    const App = createApp({})
    const listCom = {
        props:{
            count: Number   // 定义外部属性 count
        },
        // 定义组件的 HTML 模板，模板会渲染出一个 list 元素
        template:`
            <div style="border:red solid 10px;">
                <my-item v-for="i in
this.count" :list-count="this.count" :index="i"></my-item>
            </div>
            `
    }
    // 定义列表项组件
    const itemCom = {
        props: {
```

```
                listCount:Number,    // 列表项总数
                index:Number         // 当前列表项下标
        },
        template:`
            <div style="border:blue solid
10px;"><my-label :list-count="this.listCount" :index="this.index"></my-label></div>
            `
    }
    const labelCom = {
        props: {
            listCount:Number,
            index:Number
        },
        template:`
            <div>{{index}}/{{this.listCount}}</div>
            `
    }
    // 注册组件
    App.component("my-list", listCom)
    App.component("my-item", itemCom)
    App.component("my-label", labelCom)
    App.mount("#Application")
</script>
```

在上述代码中，我们创建了 3 个自定义组件，my-list 组件用来创建一个列表视图，其中每一行的元素为 my-item 组件，在 my-item 组件中又使用了 my-label 组件进行文本显示。列表中的每一行会渲染出当前的行数以及总行数。运行上述代码，页面效果如图 6-2 所示。

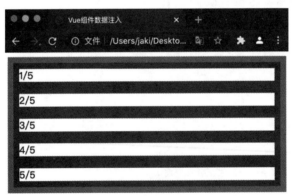

图 6-2　自定义列表组件

运行上述代码本身没有什么问题，烦琐的地方在于 my-label 组件中需要使用到 my-list 组件中的 count 属性，通过使用 my-item 组件，数据才能顺利进行传递。随着组件嵌套层数的增多，数据的传递将越来越复杂。对于这种场景，我们可以使用数据注入的方式来跨层级进行数据传递。

所谓数据注入，是指父组件可以向其所有子组件提供数据，不论在层级结构上此子组件的层级有多深。以上面的代码为例，my-label 组件可以跳过 my-item 组件，直接使用 my-list 组件中提供的数据。

实现数据注入，需要使用 provide 与 inject 两个函数，提供数据的父组件需要设置 provide 配置项来提供数据，子组件需要设置 inject 配置项来获取数据。修改上述代码如下：

【代码片段6-3　源码见附件代码/第 6 章/5.provide.html】

```
<script>
    const {createApp, ref, provide, inject} = Vue
    const App = createApp({})
    const listCom = {
        props:{
            count: Number
        },
        setup(props) {
            // 这里需要提供组件内共享的数据
            provide("listCount", props.count)
        },
        template:`
            <div style="border:red solid 10px;">
                <my-item v-for="i in this.count" :index="i"></my-item>
            </div>
        `
    }
    const itemCom = {
        props: {
            index:Number
        },
        template:`
            <div style="border:blue solid
10px;"><my-label :index="this.index"></my-label></div>
        `
    }
    const labelCom = {
        props: {
            index:Number
        },
        setup() {
            // 此组件需要使用 provide 提供的数据，使用 inject 进行注入
            const listCount = inject("listCount")
            return {listCount}
        },
        template:`
            <div>{{index}}/{{this.listCount}}</div>
        `
    }
    App.component("my-list", listCom)
    App.component("my-item", itemCom)
    App.component("my-label", labelCom)
    App.mount("#Application")
</script>
```

运行代码，程序依然可以很好地运行。使用数据注入的方式传递数据时，父组件不需要了解哪

些子组件要使用这些数据，同样子组件也无须关心所使用的数据来自哪里。一定程度来说，这使代码的可控性降低了。因此，在实际开发中，我们要根据场景来决定使用怎样的方式来传递数据，而不是滥用注入技术。

6.3　组件 Mixin 技术

使用组件开发的一大优势在于可以提高代码的复用性。通过 Mixin 技术，组件的复用性可以得到进一步的提高。

6.3.1　使用 Mixin 来定义组件

当我们开发大型前端项目时，可能会定义非常多的组件，这些组件中可能有部分功能是通用的，对于这部分通用的功能，如果每个组件都编写一遍将会非常烦琐，而且不利于之后的维护。

首先，新建一个名为 6.mixin.html 的测试文件，编写 3 个简单的示例组件，核心代码如下：

【源码见附件代码/第 6 章/6.mixin.html】

```
<div id="Application">
    <my-com1 title="组件 1"></my-com1>
    <my-com2 title="组件 2"></my-com2>
    <my-com3 title="组件 3"></my-com3>
</div>
<script>
    const App = Vue.createApp({})
    const com1 = {
        props:['title'],  // 外部属性 title
        template:`
            <div style="border:red solid 2px;">
                {{title}}
            </div>
        `
    }
    const com2 = {
        props:['title'], // 外部属性 title
        template:`
            <div style="border:blue solid 2px;">
                {{title}}
            </div>
        `
    }
    const com3 = {
        props:['title'], // 外部属性 title
        template:`
            <div style="border:green solid 2px;">
                {{title}}
            </div>
        `
    }
```

```
      App.component("my-com1", com1)
      App.component("my-com2", com2)
      App.component("my-com3", com3)
      App.mount("#Application")
</script>
```

运行上述代码，效果如图 6-3 所示。

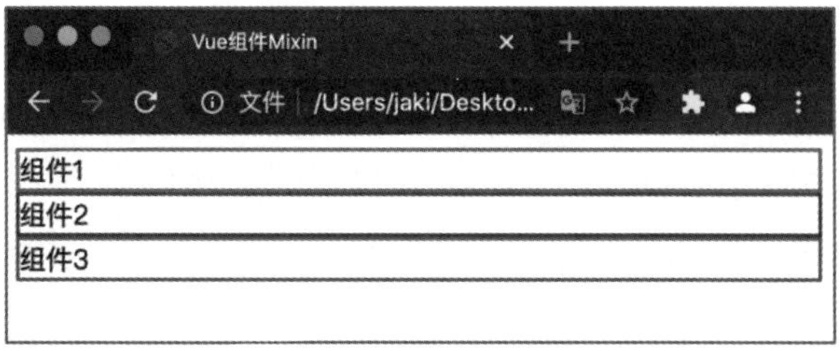

图 6-3　组件示意图

在上述代码中定义的 3 个示例组件中，每个组件都定义了一个名为 title 的外部属性，这部分代码其实可以抽离出来作为独立的“功能模块”，需要此功能的组件只需要“混入”此功能模块即可。示例代码如下：

【代码片段 6-4　源码见附件代码/第 6 章/6.mixin.html】

```
const App = Vue.createApp({})
// 将组件通用的部分定义成 mixin 模块
const myMixin = {
    props:['title']
}
const com1 = {
    mixins:[myMixin],  // 引入需要的 mixin 模块
    template:`
        <div style="border:red solid 2px;">
            {{title}}
        </div>
        `
}
const com2 = {
    mixins:[myMixin], // 引入需要的 mixin 模块
    template:`
        <div style="border:blue solid 2px;">
            {{title}}
        </div>
        `
}
const com3 = {
    mixins:[myMixin], // 引入需要的 mixin 模块
    template:`
        <div style="border:green solid 2px;">
            {{title}}
        </div>
```

```
    `
    }
```

如以上代码所示，我们可以定义一个混入对象，混入对象中可以包含任意的组件定义选项，当此对象被混入组件时，组件会将混入对象中提供的选项引入当前组件内部。这类似于编程语言中的"继承"语法。

6.3.2 Mixin 选项的合并

当混入对象与组件中定义了相同的选项时，Vue 可以非常智能地对这些选项进行合并。不冲突的配置将完整合并，冲突的配置会以组件中自己的配置为准，例如：

【源码见附件代码/第 6 章/6.mixin.html】

```
const myMixin = {
    data() {
        // 定义 mixin 模块中的数据
        return {
            a:"a",
            b:"b",
            c:"c"
        }
    }
}
const com = {
    mixins:[myMixin],
    setup(){
        const d = "d"
        return { d }
    },
    // 组件被创建后会调用，用来测试混入的数据情况
    created() {
        // a,b,c,d 都存在
        console.log(this.a, this.b, this.c, this.d)
    }
}
```

在上述代码中，混入对象中定义了组件的属性数据，包含 a、b 和 c 三个属性，组件本身定义了 d 属性，最终组件在使用时，其内部的属性包含 a、b、c 和 d 四个属性。如果属性的定义有冲突，则会以组件内部定义的为准，例如：

【源码见附件代码/第 6 章/6.mixin.html】

```
const myMixin = {
    props:["title"],
    data() {
        // 定义 mixin 模块中的数据
        return {
            a:"a",
            b:"b",
            c:"c"
```

```
        }
     }
  }
const com = {
   mixins:[myMixin],
   setup(){
      return {
         c:"C"  // 此数据与 mixin 模块中的有冲突，组件内的优先级更高
      }
   },
   // 组件被创建后会调用，用来测试混入的数据情况
   created() {
      // 属性 c 的值为"C"
      console.log(this.c)
   }
}
```

生命周期函数的这类配置项的混入与属性类的配置项的混入略有不同，不重名的生命周期函数会被完整混入组件，重名的生命周期函数被混入组件时，在函数触发时，会先触发 Mixin 对象中的实现，再触发组件内部的实现。这类似于面向对象编程中子类对父类方法的覆写。例如：

【源码见附件代码/第 6 章/6.mixin.html】

```
const myMixin = {
   mounted () {
      console.log("Mixin 对象 mounted")
   }
}
const com = {
   mounted () {
      console.log("组件本身 mounted")
   }
}
```

运行上述代码，当 com 组件被挂载时，控制台会先打印"Mixin 对象 mounted"之后，再打印"组件本身 mounted"。

6.3.3　进行全局 Mixin

Vue 也支持对应用进行全局 Mixin 混入。直接对应用实例进行 Mixin 设置即可，示例代码如下：

```
const App = Vue.createApp({})
App.mixin({
   mounted () {
      console.log("Mixin 对象 mounted")
   }
})
```

需要注意，虽然全局 Mixin 使用起来非常方便，但是这会使其后所有注册的组件都默认被混入这些选项，当程序出现问题时，这会增加排查问题的难度。全局 Mixin 技术非常适合开发插件，如开发组件挂载的记录工具等。

另外，在示例代码中，很多地方我们采用了选项式的 API 来编写组件，其实 Mixin 技术在 Vue3 之后已经不再被推荐使用了，Vue3 之所以依然支持 Mixin 的语法，主要是为了兼容旧代码。在 Vue3 中，如果我们需要实现逻辑的复用，可以将其封装为函数，在组合式 API 中导入函数直接进行使用。

6.4　使用自定义指令

在 Vue 中，指令的使用无处不在，前面一直使用的 v-bind、v-model、v-on 等都是指令。Vue 中也提供了自定义指令的能力，对于一些定制化的需求，配合自定义指令来封装组件，可以使开发过程变得非常容易。

6.4.1　认识自定义指令

Vue 内置的指令已经提供了大部分核心的功能，但是有时仍需要直接操作 DOM 元素来实现业务功能，这时就可以使用自定义指令。我们可以先来看一个简单的示例。首先，新建一个名为 7.directive.html 的文件，我们来实现如下功能：页面上提供一个 input 输入框，当页面被加载后，输入框默认处于焦点状态，即用户可以直接对输入框进行输入。示例代码如下：

【代码片段 6-5　源码见附件代码/第 6 章/7.directive.html】

```
<div id="Application">
    <input v-getfocus />
</div>
<script>
    const App = Vue.createApp({})
    App.directive('getfocus', {
        // 当被绑定此指令的元素被挂载时调用
        mounted (element) {
            console.log("组件获得了焦点")
            element.focus()
        }
    })
    App.mount("#Application")
</script>
```

如以上代码所示，调用应用实例的 directive 方法可以注册全局的自定义指令，上述代码中的 getfocus 是指令的名称，在使用时需要加上 v-前缀。运行上述代码，可以看到，页面被加载时其中的输入框默认处于焦点状态，可以直接进行输入。

在自定义指令时，通常需要在组件的一些生命周期节点进行操作。自定义指令除支持 mounted 生命周期方法外，还支持使用 beforeMount、beforeUpdate、updated、beforeUnmount 和 unmounted 生命周期方法，我们可以选择合适的时机来实现自定义指令的逻辑。

上述示例代码中采用全局注册的方式来自定义指令，因此所有组件都可以使用，如果只想让自定义指令在指令的组件上可用，也可以在定义组件（局部注册）时，在组件内部进行 directives 配置来自定义指令，示例代码如下：

```
const sub = {
    directives: {
```

```
        // 组件内部的自定义指令
        getfocus:{
            mounted(el) {
                el.focus()
            }
        }
    },
    mounted () {
        // 组件挂载
        console.log(this.version)
    }
}
App.component("sub-com", sub)
```

6.4.2　自定义指令的参数

在 6.4.1 节中，我们演示了一个自定义指令的小例子，这个例子本身非常简单，没有为自定义指令进行赋值，也没有使用自定义指令的参数。我们知道，Vue 内置的指令是可以设置值和参数的，例如 v-on 指令，可以设置值为函数来响应交互事件，也可以通过设置参数来控制要监听的事件类型。

自定义指令也可以设置值和参数，这些设置数据会通过一个 param 对象传递到指令中实现的生命周期方法中，示例代码如下：

【源码见附件代码/第 6 章/7.directive.html】

```
<div id="Application">
    <input v-getfocus:custom="1" />
</div>
<script>
    const App = Vue.createApp({})
    App.directive('getfocus', {
        // 当被绑定此指令的元素被挂载时调用
        mounted (element, param) {
            if (param.value == "1") {
                element.focus()
            }
            // 将打印参数:custom
            console.log("参数:" + param.arg)
        }
    })
    App.mount("#Application")
</script>
```

上述代码很好理解，指令设置的值 1 被绑定到 param 对象的 value 属性上，指令设置的 custom 参数被绑定到 param 对象的 arg 属性上。

有了参数，Vue 自定义指令的使用非常灵活，通过不同的参数进行区分，我们可以很方便地处理复杂的组件渲染逻辑。

对于指令设置的值，也允许直接设置为 JavaScript 对象，例如下面的设置也是合法的：

```
<input v-getfocus:custom="{a:1, b:2}" />
```

6.5　组件的 Teleport 功能

Teleport 可以简单翻译为"传送,传递",这是 Vue 3 提供的新功能。有了 Teleport 功能,在编写代码时,开发者可以将相关的行为逻辑和 UI 封装到同一个组件中,提高代码的聚合性。

要明白 Teleport 功能如何使用,以及适用的场景,我们可以通过一个小例子来体会。如果我们需要开发一个全局弹窗组件,此组件自带一个触发按钮,当用户单击此按钮后,会弹出弹窗。新建一个名为 8.teleport.html 的测试文件,在其中编写如下核心示例代码:

【源码见附件代码/第 6 章/8.teleport.html】

```
<div id="Application">
    <my-alert></my-alert>
</div>
<script>
    const App = Vue.createApp({})
    App.component("my-alert",{
        template:`
        <div>
            <button @click="show = true">弹出弹窗</button>
        </div>
        <div v-if="show" style="text-align: center;padding:20px;
position:absolute;top: 45%; left:30%; width:40%; border:black solid 2px;
background-color:white">
            <h3>弹窗</h3>
            <button @click="show = false">隐藏弹窗</button>
        </div>
        `,
        setup() {
            const show = ref(false)
            return {show}
    }
        })
    App.mount("#Application")
</script>
```

在上述代码中,我们定义了一个名为 my-alert 的组件,这个组件中默认提供了一个功能按钮,点击后会弹出弹窗,按钮和弹窗的逻辑都被聚合到了组件内部。运行代码,效果如图 6-4 所示。

图 6-4　弹窗效果

目前看来，我们的代码运行没什么问题，但是此组件的可用性并不好，当我们在其他组件内部使用此组件时，全局弹窗的布局可能无法达到我们的预期。例如，修改 HTML 结构如下：

```
<div id="Application">
    <div style="position: absolute; width: 50px;">
        <my-alert></my-alert>
    </div>
</div>
```

再次运行代码，由于当前组件被放入了一个外部的 div 元素内，因此其弹窗布局会受到影响，效果如图 6-5 所示。

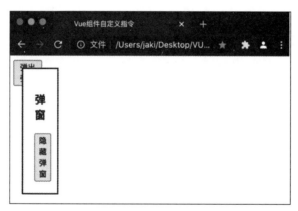

图 6-5　组件树结构影响布局

有两种方式可以避免这种由于组件树结构的改变而影响组件内元素的布局的问题：一种方式是将触发事件的按钮与全局的弹窗分成两个组件编写，保证全局弹窗组件挂载在 body 标签下，但这样会使得相关的组件逻辑分散在不同地方，不利于后续维护；另一种方式是使用 Teleport。

在定义组件时，如果组件模板中的一些元素只能挂载在指定的标签下，可以使用 Teleport 来指定，可以形象地理解 Teleport 的功能是将这部分元素“传送”到指令的标签下。以上述代码为例，可以指定全局弹窗只挂载在 body 元素下，修改代码如下：

【代码片段 6-6　源码见附件代码/第 6 章/8.teleport.html】

```
App.component("my-alert",{
    template:`
        <div>
            <button @click="show = true">弹出弹窗</button>
        </div>
        <teleport to="body">
        <div v-if="show" style="text-align: center;padding:20px; position:absolute;top:
30%; left:30%; width:40%; border:black solid 2px; background-color:white">
            <h3>弹窗</h3>
            <button @click="show = false">隐藏弹窗</button>
        </div>
        </teleport>
    `,
    setup() {
      const show = ref(false)
      return {show}
    }
}))
```

优化后的代码，组件本身在组件树中的任何位置，弹窗都能正确地布局。

6.6　小结与上机演练

本章深入介绍了 Vue 组件的高级用法。掌握组件的生命周期有助于我们更加精准地控制组件的行为。同时，Mixin、自定义指令和 Teleport 技术都极大地提升了组件的灵活性。现在，通过回答以下问题来检验你本章的学习成果吧！

练习 1：Vue 组件的生命周期钩子是什么？它们有哪些应用场景？

提示　生命周期钩子是 Vue 在组件从创建到销毁的整个过程中自动调用的方法。通过实现这些方法，我们可以在组件的不同阶段执行特定的业务逻辑。

练习 2：Vue 应用实例有哪些可用配置？

提示　可以讨论全局组件注册、异常与警告捕获、全局自定义指令注册等常用配置项。

练习 3：在定义 Vue 组件时，props 有哪些应用？

提示　props 是父组件向子组件传递数据的重要方式。定义 props 时应使用描述性对象，指定类型、默认值和可选性，并进行有效性验证。

练习 4：Vue 组件间如何进行数据传递？

提示　简述 props 的基本使用、全局数据应用，以及使用数据注入技术实现跨层级数据传递。

练习 5：Mixin 技术是什么？

提示　Mixin 类似于继承，允许我们将组件间公用的部分抽离到 Mixin 对象中，提高代码复用性。注意全局 Mixin 和局部 Mixin 的区别及数据冲突合并规则。

练习 6：Teleport 是怎样一种特性？

提示　Teleport 允许组件内的元素挂载到指定的标签下，从而使部分元素脱离组件自身的布局树进行渲染。

上机演练：组件的高级用法。

任务要求：

（1）创建一个 Vue 组件。

（2）演示组件生命周期钩子函数的使用。

（3）配置全局属性或选项。

（4）使用组件属性的高级用法，如动态绑定 class 和 style。

（5）使用 Mixin 技术，混入公共功能。

（6）创建并使用自定义指令。

（7）利用 Teleport 特性，将组件内容渲染到指定位置。

参考练习步骤：

（1）创建名为 my-component 的组件。

（2）实现生命周期钩子函数，如 created、mounted、updated、destroyed。

（3）在 Vue 实例中配置全局属性或选项，如全局事件总线或自定义指令。

（4）在 my-component 组件中，使用动态绑定 class 和 style。

（5）创建一个 Mixin 对象，定义公共功能。

（6）创建自定义指令，如 v-focus，用于自动聚焦输入元素。

（7）使用 Teleport 特性，在 my-component 组件模板中渲染内容到指定位置。

（8）运行应用，查看效果。

参考示例代码：

```html
<!DOCTYPE html>
<html lang="en">
<head>
    <meta charset="UTF-8">
    <meta name="viewport" content="width=device-width, initial-scale=1.0">
    <title>Vue Component Attributes and Methods</title>
    <!-- 引入 Vue 库 -->
    <script src="https://unpkg.com/vue@3/dist/vue.global.js"></script>
</head>
<body>
    <!-- 创建 Vue 应用的挂载点 -->
    <div id="app">
        <my-component></my-component>
    </div>
    <script>
```

```
const {createApp, ref, onMounted, onUnmounted } = Vue
    // 创建一个 Mixin 对象，定义一些公共功能
const myMixin = {
    mounted () {
        console.log("Mixin 对象 mounted")
    }
};

const App = {};
let app = createApp(App)
// 创建一个自定义指令
const vFocus = {
    mounted(el) {
        el.focus();
    }
};
// 使用 Mixin 技术
app.mixin(myMixin)
app.directive('focus', vFocus);
// 创建一个名为 my-component 的组件
app.component('my-component', {
    setup() {
        onMounted(() => {
            console.log('Component mounted');
        });

        onUnmounted(() => {
            console.log('Component destroyed');
        });

        const dynamicClass = ref('dynamic-class')
        const dynamicStyle = ref({ color: 'red' })
        return { dynamicClass, dynamicStyle}
    },
    template: `
    <div>
        <!-- 使用 Teleport 特性，将组件内容渲染到指定的位置 -->
        <teleport to="#app">
        <p :class="dynamicClass" :style="dynamicStyle">Hello, Vue!</p>
        <input v-focus>
        </teleport>
    </div>
    `
});
// 创建并挂载 Vue 实例到 DOM 元素上
app.mount('#app');
</script>
</body>
</html>
```

在本练习中，我们学习了 Vue 组件的高级用法，包括创建 Vue 组件、使用组件的生命周期钩子函数、配置全局属性或选项、使用组件属性的高级技巧、应用 Mixin 技术、创建自定义指令以及利用 Teleport 特性。通过本练习，相信读者对 Vue 组件的高级用法会有更深入的理解，并能够在实际项目中灵活运用这些知识。

第7章

Vue 响应式编程

响应式特性是 Vue 框架的核心亮点之一。在开发过程中，我们经常利用这一特性通过数据绑定将变量值呈现于页面中，实现当变量更新时，页面相应元素自动刷新的效果。本章将深入剖析 Vue 的响应式系统，并揭示其背后的设计哲学。

在本章中，你将学习到以下内容：

● Vue 响应式的底层工作机制。
● 在 Vue 中如何高效运用响应式对象与数据。
● Vue 中组合式 API 与选项式 API 的使用与比较。

7.1 响应式编程原理与在 Vue 中的应用

虽然我们经常使用响应式编程，但可能未曾深入思考其背后的工作原理。响应式的核心在于对变量的监听，一旦检测到变量的变化，便会触发预设的逻辑操作。以数据绑定技术为例，其核心就是在变量发生变化时，实时更新与之关联的页面元素。

响应式原理在日常生活中有广泛的应用。例如，开关与电灯的关系就是一个简单的响应式模型，通过切换开关状态，我们可以轻松地控制电灯的开闭。更复杂的例子，比如使用 Excel 表格软件时，我们可以利用"公式"对数据进行计算，当公式依赖的变量发生变化时，相应的结果也会自动更新。

7.1.1 手动追踪变量的变化

首先，新建一个名为 react.html 的测试文件，示例代码如下：

【源码见附件代码/第 7 章/1.react.html 】

```
<script>
    // 定义两个整型变量 a 和 b
    let a = 1;
    let b = 2; // 定义 sum 变量，其值为 a 加 b 的和
    let sum = a + b;
```

```
        console.log(sum);
        // 对变量 a 和变量 b 的值进行修改，sum 变量不会改变
        a = 3;
        b = 4;
        console.log(sum);
    </script>
```

运行代码，观察控制台，可以看到两次输出的 sum 变量的值都是 3。也就是说，虽然从逻辑上理解，sum 的值是变量 a 和变量 b 的值的和，但是当变量 a 和变量 b 发生改变时，变量 sum 的值并不会响应式地进行改变。

那么，我们如何为像 sum 这样的变量增加响应性呢？首先，需要能够侦测到那些会影响最终 sum 变量值的子变量的变化，即需要侦测变量 a 和变量 b 的变化。在 JavaScript 中，我们可以使用 Proxy 来对原始对象进行封装，从而实现对对象属性的设置和获取的监听。以下是修改后的示例代码：

【源码见附件代码/第 7 章/1.react.html】

```
<script>
    // 定义对象数据
    let a = {
        value:1
    };
    let b = {
        value:2
    };
    // 定义处理器
    handleA = {
        // 其中 target 用于调用此处理器的对象本身，key 是要获取的属性名
        get(target, key) {
            console.log('获取 A：${key}的值')
            return target[key]
        },
        // 其中 target 用于调用此处理器的对象本身，key 为要设置的属性名，value 为要设置的值
        set(target, key, value) {
            console.log('设置 A：${key}的值${value}')
        }
    }
    handleB = {
        get(target, key) {
            console.log('获取 B：${key}的值')
            return target[key]
        },
        set(target, key, value) {
            console.log('设置 B：${key}的值${value}')
        }
    }
    // 创建 Proxy 对象，将变量 a 和变量 b 包装成 Proxy 代理对象
    let pa = new Proxy(a, handleA)
    let pb = new Proxy(b, handleB)
    let sum = pa.value + pb.value;
    pa.value = 3;
```

```
    pb.value = 4;
</script>
```

如以上代码所示，Proxy 对象在初始化时需要传入一个要包装的对象和对应的处理器，处理器中可以定义 get 和 set 方法，创建的新代理对象的用法和原对象完全一致，只是在对其内部属性进行获取或设置时，都会被处理器中定义的 get 或 set 方法拦截。运行上述代码，通过控制台的打印信息可以看到，每次获取对象 value 属性的值时都会调用我们定义的 get 方法，同样对 value 属性进行赋值时，也会先调用 set 方法。

现在，我们可以尝试使 sum 变量具备响应性了，修改代码如下：

【代码片段 7-1 源码见附件代码/第 7 章/1.react.html】

```
<script>
    // 数据对象
    let a = {
        value:1
    };
    let b = {
        value:2
    };
    // 定义触发器，用来刷新数据
    let trigger = null;
    // 数据变量的处理器，当数据发生变化时，调用触发器刷新数据
    handleA = {
        set(target, key, value) {
            // set 方法的基本实现，对要设置的属性的值进行设置
            target[key] = value
            // 检查触发器方法是否不为空，若不为空，则调用
            if (trigger) {
                trigger()
            }
        }
    }
    handleB = {
        set(target, key, value) {
            // set 方法的基本实现，对要设置的属性的值进行设置
            target[key] = value
            // 检查触发器方法是否不为空，若不为空，则调用
            if (trigger) {
                trigger()
            }
        }
    }
    // 进行对象的代理包装
    let pa = new Proxy(a, handleA)
    let pb = new Proxy(b, handleB)
    let sum = 0;
    // 实现触发器逻辑，重新计算 sum 变量的值
    trigger = () => {
        sum = pa.value + pb.value;
```

```
    };
    // 手动调用一次触发器，对 sum 变量进行初始化
    trigger();
    console.log(sum);
    // 尝试修改变量 pa 和变量 pb 的值，之后会触发对应的 set 方法，从而调用触发器方法
    pa.value = 3;
    pb.value = 4;
    // 由于触发器方法的执行，sum 变量的值也同步更新了
    console.log(sum);
</script>
```

上述示例代码中包含了详尽的功能注释，因此理解起来并不困难。整体流程逻辑是：我们利用 Proxy 代理对象来拦截子变量属性的修改。当子变量属性发生变更时，除了对子变量本身对应的属性进行赋值操作外，还会调用一个触发器方法。触发器方法的作用是对父变量的值进行重新计算。运行这段代码后，我们可以观察到，一旦数据对象的 value 属性值发生变化，sum 变量的值就会实时更新。

7.1.2　Vue 中的响应式对象

在 7.1.1 节中，我们利用 JavaScript 的 Proxy 对象来实现响应式编程。在 Vue 框架中，通常情况下，我们无须过多担心数据的响应性问题。这是因为，当按照 Vue 组件模板编写时，通过 data 方法返回的数据自然具备响应性。然而，在某些特定场景下，我们可能仍需要对部分数据执行特殊的响应式处理。

Vue 3 引入了组合式 API，这是一个新特性，它使我们能够在 setup 方法中定义组件所需的数据和方法。在之前的示例中，我们已经广泛使用了组合式 API。本小节将进一步探讨在组合式 API 中响应式对象的应用。

接下来，新建一个名为 2.reactObj.html 的测试文件，并在其中编写如下测试代码：

【源码见附件代码/第 7 章/2.reactObj.html】

```
<body>
    <div id="Application">
    </div>
    <script>
        const App = Vue.createApp({
            // 进行组件数据的初始化
            setup () {
                // 数据
                let myData = {
                    value:0
                }
                // 按钮的单击方法
                function click() {
                    myData.value += 1
                    console.log(myData.value)
                }
                // 将数据和方法返回，可以直接在模板中使用
                return {
```

```
                    myData,
                    click
                }
            },
            // 可以直接在模板中使用 setup 方法中定义的数据和函数
            template:`
                <h1>测试数据：{{myData.value}}</h1>
                <button @click="click">点击</button>
            `

        })
        App.mount("#Application")
    </script>
</body>
```

运行上述代码，可以看到页面成功渲染出了组件定义的 HTML 模板元素，并且可以正常触发按钮的单击交互方法，但是我们无论怎么单击按钮，页面上渲染的数字永远不会改变，从控制台可以看出，myData 对象的 value 属性已经发生了变化，但是页面并没有被刷新。这是由于 myData 对象是我们自己定义的普通 JavaScript 对象，它本身并没有响应性，对它进行的修改也不会同步刷新到页面上。为了解决上述问题，Vue 3 中提供了 reactive 方法，使用这个方法对自定义的 JavaScript 对象进行包装，即可方便地为其添加响应性。修改上述代码中的 setup 方法如下：

【代码片段 7-2　源码见附件代码/第 7 章/2.reactObj.html】

```
setup () {
    // 创建数据对象时，使用 Vue 中的 reactive 方法
    let myData = Vue.reactive({
        value:0
    })
    function click() {
        myData.value += 1
        console.log(myData.value)
    }
    return {
        myData,
        click
    }
}
```

再次运行代码，当 myData 中的 value 属性发生变化时，已经可以同步进行页面元素的刷新了。

7.1.3　独立的响应式值 Ref 的应用

现在，相信你已经可以熟练地定义响应式对象了。在实际开发中，很多时候我们需要的只是一个独立的原始值，不一定都是对象。以 7.1.2 节的示例代码为例，我们需要的只是一个数值。对于这种场景，我们不需要手动将其包装为对象的属性，可以直接使用 Vue 提供的 ref 方法来定义响应式独立值，ref 方法会帮助我们完成对象的包装，示例代码如下：

【源码见附件代码/第 7 章/2.reactObj.html】

```
<script>
```

```
        const App = Vue.createApp({
            setup () {
                // 定义响应式独立值
                let myObject = Vue.ref(0)
                // 需要注意，myObject 会自动包装对象，其中定义 value 属性为原始值
                function click() {
                    myObject.value += 1
                    console.log(myObject.value)
                }
                // 返回的数据 myObject 在模板中使用时，已经是独立值
                return {
                    myObject,
                    click
                }
            },
            template:`
                <h1>测试数据：{{myObject}}</h1>
                <button @click="click">点击</button>
                `
        })
        App.mount("#Application")
    </script>
```

上述代码的运行效果和之前完全没有区别。有一点需要注意，使用 ref 方法创建响应式对象后，在 setup 方法中，要修改数据就需要对 myObject 中的 value 属性值进行修改，value 属性值是 Vue 内部生成的，但是对于 setup 方法导出的数据来说，我们在模板中使用的 myObject 数据已经是最终的独立值，可以直接进行使用。也就是说，在模板中使用 setup 中返回的使用 ref 定义的数据时，数据对象会被自动展开。

Vue 中还提供了一个名为 toRefs 的方法用来支持响应式对象的解构赋值。解构赋值是 JavaScript 中的一种语法，我们可以直接将 JavaScript 对象中的属性进行解构，从而直接赋值给变量进行使用。改写代码如下：

【源码见附件代码/第 7 章/2.reactObj.html】

```
    <div id="Application">
    </div>
    <script>
        const App = Vue.createApp({
            setup () {
                let myObject = Vue.reactive({
                    value:0
                })
                // 对 myObject 对象进行解构赋值，将 value 属性单独取出来
                let { value } = myObject
                function click() {
                    value += 1
                    console.log(value)
                }
                return {
```

```
                value,
                click
            }
        },
        template:`
            <h1>测试数据: {{value}}</h1>
            <button @click="click">点击</button>
        `
    })
    App.mount("#Application")
</script>
```

改写后的代码能够正常运行,并且能够正确获取 value 变量的值。但需要注意的是,value 变量已失去响应性,对其进行修改无法实时更新页面。在这种场景下,可以利用 Vue 提供的 toRefs 方法来解构对象,该方法会自动将解构出的变量转换为 ref 变量,从而保持响应性。

【代码片段 7-3   源码见附件代码/第 7 章/2.reactObj.html】

```
const App = Vue.createApp({
    setup () {
        let myObject = Vue.reactive({
            value:0
        })
        // 解构赋值时,value 会直接被转成 ref 变量,此变量会被自动包装成对象
        let { value } = Vue.toRefs(myObject)
        function click() {
            value.value += 1
            console.log(value.value)
        }
        // value 变量被导出后,会自动展开,因此可以在模板中直接使用
        return {
            value,
            click
        }
    },
    template:`
        <h1>测试数据: {{value}}</h1>
        <button @click="click">点击</button>
    `
})
```

上述代码中有一点需要注意,Vue 会自动将解构的数据转换成 ref 对象变量,因此在 setup 方法中使用时,需使用其内部包装的 value 属性。

7.2   组合式 API 与选项式 API

之前我们探讨的 Vue 响应式编程技术,实际上是为组合式 API 的应用打下基础。使用组合式 API 有助于优化复杂组件的逻辑结构,它能够在代码层面整合相关的逻辑,非常适合开发复杂的模块化组件。本节将进一步深入分析组合式 API 与选项式 API 的应用及其各自的优势。

7.2.1　关于 setup 方法

setup 方法是 Vue 3 中全新引入的特性，它不仅是组合式 API 的核心，也是 Vue 3 的重要新特性之一。作为组合式 API 的入口，setup 方法承担着组织逻辑代码的重要任务。在使用组合式 API 开发组件时，我们应该将所有逻辑代码写入 setup 方法中。值得注意的是，setup 方法会在组件创建之前执行，即在组件的生命周期钩子 beforeCreate 之前。由于其特殊的执行时机，我们可以访问组件的外部传参 props，但无法使用 this 来引用组件的其他属性。在 setup 方法的结尾，我们可以将定义的数据和方法等暴露给组件的其他选项，例如生命周期钩子、业务方法和计算属性等。接下来，我们将深入探讨 setup 方法的细节。

首先，创建一个名为 3.setup.html 的测试文件，用于编写本小节的示例代码。

setup 方法可以接收两个参数：props 和 context。props 是组件使用时设置的外部参数，并且具有响应性。context 是一个 JavaScript 对象，它包含 attrs、slots 和 emit 等可用属性。示例代码如下：

【源码见附件代码/第 7 章/6.setup.html】

```
<div id="Application">
    <com name="组件名"></com>
</div>
<script>
    const App = Vue.createApp({})
    App.component("com",{
        setup (props, context) {
            console.log(props.name)
            // 属性
            console.log(context.attrs)
            // 插槽
            console.log(context.slots)
            // 触发事件
            console.log(context.emit)
        },
        props: {
            name: String,
        }
    })
    App.mount("#Application")
</script>
```

在 setup 方法的最后，可以返回一个 JavaScript 对象，此对象包装的数据可以在组件的其他选项中使用，也可以直接用于 HTML 模板中，示例代码如下：

【源码见附件代码/第 7 章/6.setup.html】

```
App.component("com",{
    setup (props, context) {
        let data = "setup 的数据";
       // 返回 HTML 模板中需要使用的数据
        return {
            data
        }
```

```
    },
    props: {
        name: String,
    },
    template:`
        <div>{{data}}</div>
    `
})
```

如果我们不在组件中定义 template 模板，可以直接使用 setup 方法返回一个渲染函数，当组件将要被展示时，会使用此渲染函数进行渲染。上述代码改写成如下形式会有一样的运行效果：

【源码见附件代码/第 7 章/6.setup.html】

```
App.component("com",{
    setup (props, context) {
        let data = "setup 的数据";
        return () => Vue.h('div', [data])
    },
    props: {
        name: String,
    }
})
```

最后，再次提醒，在 setup 方法中不要使用 this 关键字，setup 方法中的 this 与当前组件实例并不是同一对象。

7.2.2   在 setup 方法中定义生命周期行为

setup 方法中本身也可以定义组件的生命周期方法，方便将相关的逻辑组合在一起。在 setup 中，常用的生命周期定义方式如表 7-1 所示（在组件的原生命周期方法前加 on 即可）。

表 7-1   setup 常用的生命周期定义方式

组件选项式 API 生命周期方法	setup 中的生命周期方法
beforeMount	onBeforeMount
Mounted	onMounted
beforeUpdate	onBeforeUpdate
Updated	onUpdated
beforeUnmount	onBeforeUnmount
Unmounted	onUnmounted
errorCaptured	onErrorCaptured
renderTracked	onRenderTracked
renderTriggered	onRenderTriggered

你可能已经发现，在表 7-1 中，我们去掉了 beforeCreate 和 created 两个生命周期方法，这是因为从逻辑上来说，setup 方法的执行时机与这两个生命周期方法的执行时机基本是一致的，在 setup 方法中直接编写逻辑代码即可。

下面的代码将演示在 setup 方法中定义组件生命周期方法。

【源码见附件代码/第 7 章/6.setup.html】

```
App.component("com",{
    setup (props, context) {
        let data = "setup 的数据";
        // 设置的函数参数的调用时机与 mounted 一样
        Vue.onMounted(()=>{
            console.log("setup 定义的 mounted")
        })
        return () => Vue.h('div', [data])
    },
    props: {
        name: String,
    },
    mounted() {
        console.log("组件内定义的 mounted")
    }
})
```

注意，如果组件中和 setup 方法中都定义了同样的生命周期方法，它们之间并不会产生冲突。在实际调用时，会先调用 setup 方法中定义的生命周期方法，再调用组件内部定义的生命周期方法。

7.3　动手练习：实现支持搜索和筛选的用户列表

本节将通过一个简单的实例来演示组合式 API 在实际开发中的应用。我们将模拟这样一种场景，有一个用户列表页面，页面的列表支持性别筛选与搜索。作为示例，我们可以假想用户数据是通过网络请求到前端页面的，在实际编写代码时可以使用延时函数来模拟这一场景。

7.3.1　常规风格的示例工程开发

首先新建一个名为 4.normal.html 的测试文件，在 HTML 文件的 head 标签中引用 Vue 框架并设置常规的模板字段如下：

【源码见附件代码/第 7 章/4.normal.html】

```
<head>
    <meta charset="UTF-8">
    <meta http-equiv="X-UA-Compatible" content="IE=edge">
    <meta name="viewport" content="width=device-width, initial-scale=1.0">
    <title>用户列表</title>
    <script src="https://unpkg.com/vue@3/dist/vue.global.js"></script>
    <style>
        .container {
            margin: 50px;
        }
        .content {
            margin: 20px;
        }
    </style>
</head>
```

```
</head>
```

为了便于逻辑演示，本小节编写的示例将不包含过多复杂的 CSS 样式。我们主要从逻辑上梳理这样一个简单页面应用的开发思路。

第一步，设计页面的根组件的数据结构。分析页面的功能需求主要有三项：能够渲染用户列表、能够根据性别筛选数据以及能够根据输入的关键字进行检索。因此，我们至少需要定义三个响应式数据：用户列表数据、性别筛选字段和关键词筛选字段。定义组件的 data 选项如下：

【源码见附件代码/第 7 章/4.normal.html】

```
data(){
    return {
        // 性别筛选字段，-1 表示默认状态，不进行筛选
        sexFilter:-1,
        // 展示的用户列表数据
        showData:[],
        // 搜索的关键词，空字符串表示默认状态，不进行筛选
        searchKey:""
    }
}
```

上面定义的属性中，sexFilter 字段的取值可以是-1、0 或 1。-1 表示全部，0 表示性别男，1 表示性别女。在选项式 API 中，data 选项中返回的数据默认都是响应式的。

第二步，我们来考虑页面需要支持的功能行为。首先，从网络上请求用户数据，并将其渲染到页面上（为了模拟这一过程，可以使用延时函数）。为了支持性别筛选功能，我们需要定义一个筛选函数。同样，为了实现关键词检索功能，我们也需要定义一个检索函数。以下是组件的 methods 选项的定义：

【代码片段7-4 源码见附件代码/第 7 章/4.normal.html】

```
methods: {
    // 模拟获取用户数据
    queryAllData() {
        this.showData = mock
    },
    // 进行性别筛选
    filterData() {
        // 将关键词筛选置空
        this.searchKey = ""
        // 如果 sexFilter 的值为-1，则表示不进行筛选，将 showData 赋值为完整数据列表
        if (this.sexFilter == -1) {
            this.showData = mock
        } else {
            // 使用 filter 函数将符合条件的数据筛选出来
            this.showData = mock.filter((data)=>{
                return data.sex == this.sexFilter
            })
        }
    },
    // 进行关键词检索
```

```
searchData() {
    // 将性别筛选置空
    this.sexFilter = -1
    // 如果关键词为空字符串，将 showData 赋值为完整数据列表
    if (this.searchKey.length == 0) {
        this.showData = mock
    } else {
        this.showData = mock.filter((data)=>{
            // 若名称中包含输入的关键词，则表示匹配成功
            return data.name.search(this.searchKey) != -1
        })
    }
}
```

methods 选项用来定义组件中的方法。在上述代码中，mock 变量是本地定义的模拟数据，方便我们测试效果。示例代码如下：

```
let mock = [
    {
        name:"小王",
        sex:0
    },{
        name:"小红",
        sex:1
    },{
        name:"小李",
        sex:1
    },{
        name:"小张",
        sex:0
    }
]
```

定义好了功能函数，我们需要在合适的时机对其进行调用。queryAllData 方法可以在组件挂载时调用来获取数据，示例代码如下：

【源码见附件代码/第 7 章/4.normal.html】

```
mounted () {
    // 模拟请求过程
    setTimeout(this.queryAllData, 3000);
}
```

当页面挂载后，延时 3 秒会获取到测试的模拟数据。对于性别筛选和关键词检索功能，我们可以监听对应的属性，当这些属性发生变化时，可以进行筛选或检索行为。定义组件的 watch 选项如下：

```
watch: {
    sexFilter(oldValue, newValue) {
        this.filterData()
```

```
    },
    searchKey(oldValue, newValue) {
        this.searchData()
    }
}
```

在 JavaScript 代码的最后，我们需要把定义好的组件挂载到一个 HTML 元素上：

```
App.mount("#Application")
```

至此，我们编写完成了当前页面应用的所有逻辑代码。

第三步，将页面渲染所需的 HTML 框架搭建完成，示例代码如下：

```html
<div id="Application">
    <div class="container">
        <div class="content">
            <input type="radio" :value="-1" v-model="sexFilter"/>全部
            <input type="radio" :value="0" v-model="sexFilter"/>男
            <input type="radio" :value="1" v-model="sexFilter"/>女
        </div>
        <div class="content">搜索: <input type="text" v-model="searchKey" /></div>
        <div class="content">
        <table border="1" width="300px">
            <tr>
              <th>姓名</th>
              <th>性别</th>
            </tr>
            <tr v-for="(data, index) in showData">
              <td>{{data.name}}</td>
              <td>{{data.sex == 0 ? '男' : '女'}}</td>
            </tr>
            </table>
        </div>
    </div>
</div>
```

尝试运行代码，可以看到一个支持筛选和检索的用户列表应用已经完成了，效果如图 7-1～图 7-3 所示。

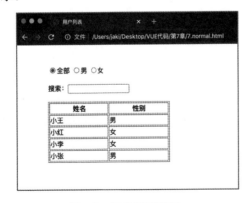

图 7-1 用户列表页面

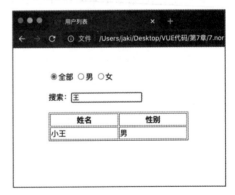

图 7-2 进行用户检索

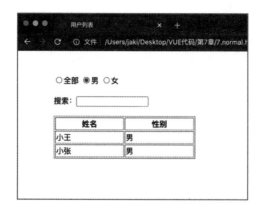

图 7-3　进行用户筛选

7.3.2　使用组合式 API 重构用户列表页面

在 7.3.1 节中，我们实现了一个完整的用户列表页面。深入分析我们编写的代码，可以发现，代码中的逻辑点相当分散。例如，用户的性别筛选是一个独立的功能。要实现这一功能，首先需要在 data 选项中定义相应的属性，然后在 methods 选项中定义功能方法，最后在 watch 选项中监听这些属性，以实现筛选功能。这种逻辑点的分散降低了代码的可读性，并且随着项目的迭代，页面功能可能会变得更加复杂，这将给后续维护此组件的人员带来更大的扩展困难。

Vue 3 提供的组合式 API 开发风格可以有效解决这一问题。我们可以将所有逻辑集中在 setup 方法中，这样相同的逻辑点聚合性更强，代码更易于阅读和扩展。

使用组合式 API 重写后的完整代码如下：

【源码见附件代码/第 7 章/5.combination.html】

```html
<!DOCTYPE html>
<html lang="en">
<head>
    <meta charset="UTF-8">
    <meta http-equiv="X-UA-Compatible" content="IE=edge">
    <meta name="viewport" content="width=device-width, initial-scale=1.0">
    <title>组合式 API 用户列表</title>
    <script src="https://unpkg.com/vue@next"></script>
    <style>
        .container {
            margin: 50px;
        }
        .content {
            margin: 20px;
        }
    </style>
</head>
<body>
    <div id="Application">
    </div>
    <script>
```

```javascript
let mock = [
    {
        name:"小王",
        sex:0
    },{
        name:"小红",
        sex:1
    },{
        name:"小李",
        sex:1
    },{
        name:"小张",
        sex:0
    }
]
const App = Vue.createApp({
    setup() {
        // 先处理用户列表相关逻辑
        const showData = Vue.ref([])
        const queryAllData = () => {
            // 模拟请求过程
            setTimeout(()=>{
                showData.value = mock
            }, 3000);
        }
        // 组件挂载时获取数据
        Vue.onMounted(queryAllData)
        // 处理筛选与检索逻辑
        let sexFilter = Vue.ref(-1)
        let searchKey = Vue.ref("")
        let filterData = () => {
            searchKey.value = ""
            if (sexFilter.value == -1) {
                showData.value = mock
            } else {
                showData.value = mock.filter((data)=>{
                    return data.sex == sexFilter.value
                })
            }
        }
        searchData = () => {
            sexFilter.value = -1
            if (searchKey.value.length == 0) {
                showData.value = mock
            } else {
                showData.value = mock.filter((data)=>{
                    return data.name.search(searchKey.value) != -1
                })
            }
        }
```

```
            // 添加侦听
            Vue.watch(sexFilter, filterData)
            Vue.watch(searchKey, searchData)
            // 将模板中需要使用到的数据返回
            return {
                showData,
                searchKey,
                sexFilter
            }
        },
        template: `
        <div class="container">
            <div class="content">
                <input type="radio" :value="-1" v-model="sexFilter"/>全部
                <input type="radio" :value="0" v-model="sexFilter"/>男
                <input type="radio" :value="1" v-model="sexFilter"/>女
            </div>
            <div class="content">搜索: <input type="text" v-model="searchKey" /></div>
            <div class="content">
                <table border="1" width="300px">
                    <tr>
                    <th>姓名</th>
                    <th>性别</th>
                    </tr>
                    <tr v-for="(data, index) in showData">
                    <td>{{data.name}}</td>
                    <td>{{data.sex == 0 ? '男' : '女'}}</td>
                    </tr>
                    </table>
            </div>
        </div>
        `
    })
    App.mount("#Application")
</script>
</body>
</html>
```

在 7.3.1 节中，我们已经对上述代码的逻辑进行了详细说明。这里，我们仅对代码位置进行了调整，并采用了组合式 API 的方式对逻辑进行了重组。在使用组合式 API 编写代码时，特别需要注意的是，对于需要响应式处理的数据，我们应使用 ref 方法或 reactive 方法进行封装。从具体的示例中可以看出，采用组合式 API 编写的组件在风格上逻辑更加集中和紧凑，从而提高了代码的可读性。

7.4　小结与上机演练

本章介绍了 Vue 响应式编程的基本原理，并详细讲解了组合式 API 和选项式 API 的基本使用方法。现在，尝试通过解答下列问题来检验你本章的学习成果吧！

练习 1：如何确保在 setup 方法中定义的数据具有响应性？

 对于对象类型的数据，可以使用 reactive 函数进行封装。对于基本类型的简单数据，可以使用 ref 函数进行封装。需要注意的是，使用 ref 封装的数据在 setup 方法中访问时，应通过其 value 属性进行访问。在模板中使用 ref 数据时，Vue 会自动进行解包，允许我们直接使用其值。除 reactive 和 ref 方法外，我们还可以使用 computed 函数来定义计算属性，实现响应式特性。

练习 2：使用组合式 API 开发与传统 Vue 组件开发方式有何不同？

 传统 Vue 组件开发中，数据、方法、侦听器等逻辑分散配置在不同的选项中，这导致实现单一功能时，相关逻辑点分布在不同地方，影响代码的可读性。Vue 3 引入的组合式 API，允许开发者在 setup 函数中集中编写组件逻辑，提高了代码的聚合性和可维护性。

上机演练：掌握 Vue 响应式编程以及组合式 API 和选项式 API 的基本应用。

任务要求：

（1）使用 Vue 创建一个组件，该组件应包含一个输入框和一个显示输入框内容的段落。
（2）利用响应式编程确保输入框内容的变化能够实时反映到段落中。
（3）分别使用组合式 API 和选项式 API 实现上述功能，并对比分析两者的优缺点。

参考练习步骤：

（1）创建 Vue 实例，并在其 data 选项中定义一个对象，用于存储输入框的内容。
（2）在 HTML 模板中添加输入框和段落元素，并将输入框的值与 data 对象中的属性绑定。
（3）监听输入框的 input 事件，更新 data 对象中的属性以反映输入框的当前值。
（4）分别使用组合式 API 和选项式 API 实现上述功能，并对比它们的优缺点。

参考示例代码：

```html
<!-- 选项式 API -->
<div>
  <input type="text" v-model="message">
  <p>{{ message }}</p>
</div>

<script>
export default {
  data() {
    return {
      message: ''
    }
  }
}
</script>

<!-- 组合式 API -->
```

```
  <div>
    <input type="text" v-model="message">
    <p>{{ message }}</p>
  </div>

<script>
const{ ref } = vue

export default {
  setup() {
    const message = ref('')
    return {
      message
    }
  }
}
</script>
```

在本练习中，我们学习了 Vue 响应式编程以及组合式 API 和选项式 API 的基本应用，内容包括创建 Vue 实例、绑定输入框的值、更新输入框的值，以及利用组合式 API 和选项式 API 进行开发。通过本练习，相信读者对 Vue 响应式编程以及这两种 API 的基本使用有了更深入的理解，并能够在实际项目中灵活运用这些知识。

第 8 章

动　画

　　在前端网页开发中，动画扮演着至关重要的角色，合理地运用动画可以显著提升用户的体验。Vue 提供了一套与过渡和动画相关的抽象概念，使得定义和使用动画变得简单高效。本章将从基本的 CSS 动画入手，逐步深入 Vue 中的动画 API 应用。

在本章中，你将学习到以下内容：

- 纯粹的 CSS3 动画的运用。
- 利用 JavaScript 实现动画效果。
- Vue 中过渡组件的使用。
- 为列表的变动添加动画过渡。

8.1　使用 CSS3 创建动画

　　CSS3 自身提供了丰富的动画效果支持。通过实现组件的过渡、渐变、移动和翻转等效果，我们可以为网页增添生动的动画效果。CSS3 动画的核心在于 @keyframes 和 transition 的定义。@keyframes 用于设定动画的行为，例如，在颜色渐变动画中，需要指定动画的起始颜色和结束颜色，浏览器将自动计算并呈现中间状态，以实现动画效果。另一方面，transition 的使用更为直观，当组件的 CSS 属性发生变化时，只需通过 transition 定义需要过渡的属性，即可轻松创建动画效果。本节将详细探讨这些工具的应用，帮助你掌握 CSS3 动画的精髓。

8.1.1　transition 过渡动画

　　首先新建一个名为 1.transition.html 的测试文件，在其中编写如下 JavaScript、HTML 和 CSS 代码：

【代码片段 8-1　源码见附件代码/第 8 章/1.transition.html】

```
<style>
    .demo {
        width: 100px;
```

```
            height: 100px;
            background-color: red;
        }
        .demo-ani {
            width: 200px;
            height: 200px;
            background-color: blue;
            transition: width 2s, height 2s,background-color 2s;
        }
</style>
<div id="Application">
    <div :class="cls" @click="run">
    </div>
</div>
<script>
    const App = Vue.createApp({
        setup() {
            const cls = Vue.ref("demo")
            // 通过切换绑定的 CSS 类来执行动画效果
            const run = () => {
                if (cls.value == "demo") {
                    cls.value = "demo-ani"
                } else {
                    cls.value = "demo"
                }
            }
            return {cls, run}
        }
    })
    App.mount("#Application")
</script>
```

如以上代码所示，在 CSS 中定义的 demo-ani 类指定了 transition 属性。此属性允许我们设置需要过渡的属性和动画持续时间。运行上述代码并单击页面中的色块，可以观察到色块放大的过程伴随着动画效果，同样，颜色变化的过程也具有动画效果。上述示例代码实际上采用了简写方式，但我们也可以分别对每个动画属性进行详细设置。示例代码如下：

【源码见附件代码/第 8 章/1.transition.html】

```
.demo {
    width: 100px;
    height: 100px;
    background-color: red;
    transition-property: width, height, background-color;
    transition-duration: 1s;
    transition-timing-function: linear;
    transition-delay: 2s;
}
```

transition-property 用于指定要实现动画效果的 CSS 属性。transition-duration 用来设定动画的

持续时间。transition-timing-function 用来定义动画的速度曲线，其中 linear 表示动画以匀速进行。transition-delay 用于设置延迟时间，即动画在延迟指定的时间后才启动。

8.1.2　keyframes 动画

transition 动画非常适合用来创建简单的过渡效果。CSS3 同样支持使用 animation 属性来配置更加复杂的动画效果。animation 属性依据 @keyframes 规则来执行基于关键帧的动画。新建一个名为 2.keyframes.html 的测试文件，并编写以下测试代码：

【代码片段 8-2　源码见附件代码/第 8 章/2.keyframes.html】

```
<style>
    @keyframes animation1 {
        0% {
            background-color: red;
            width: 100px;
            height: 100px;
        }
        25% {
            background-color: orchid;
            width: 200px;
            height: 200px;
        }
        75% {
            background-color: green;
            width: 150px;
            height: 150px;
        }
        100% {
            background-color: blue;
            width: 200px;
            height: 200px;
        }
    }
    .demo {
        width: 100px;
        height: 100px;
        background-color: red;

    }
    .demo-ani {
        animation: animation1 4s linear;
        width: 200px;
        height: 200px;
        background-color: blue;
    }
</style>
<div id="Application">
    <div :class="cls" @click="run">
    </div>
```

```
    </div>
    <script>
        const App = Vue.createApp({
            data(){
                return {
                    cls:"demo"
                }
            },
            methods: {
                run() {
                    if (this.cls == "demo") {
                        this.cls = "demo-ani"
                    } else {
                        this.cls = "demo"
                    }
                }
            }
        })
        App.mount("#Application")
    </script>
```

在上面的 CSS 代码中，keyframes 用来定义动画的名称和每个关键帧的状态，0%表示动画起始时的状态，25%表示动画执行到 1/4 时的状态，同理，100%表示动画的终止状态。对于每个状态，我们将其定义为一个关键帧，具体定义多少个关键帧，由我们自行控制。一般来说，关键帧定义得越多，动画的过程越细致。在关键帧中，我们可以定义元素的各种渲染属性，比如宽和高、位置、颜色等。在定义 keyframes 时，如果只关心起始状态与终止状态，也可以这样定义：

```
@keyframes animation1 {
    from {
        background-color: red;
        width: 100px;
        height: 100px;
    }
    to {
        background-color: orchid;
        width: 200px;
        height: 200px;
    }
}
```

定义好关键帧（@keyframes）后，在编写 CSS 样式代码时，可以使用 animation 属性为其指定动画效果。如以上代码设置要执行的动画为名为 animation1 的关键帧动画，执行时长为 4 秒，执行方式为线性（linear）。animation 属性的这些配置项也可以分别进行设置，示例代码如下：

【源码见附件代码/第 8 章/2.keyframes.html】

```
.demo-ani {
    /* 设置关键帧动画名称 */
    animation-name: animation1;
    /* 设置动画时长 */
```

```
animation-duration: 3s;
/* 设置动画播放方式：渐入渐出 */
animation-timing-function: ease-in-out;
/* 设置动画播放的方向 */
animation-direction: alternate;
/* 设置动画播放的次数 */
animation-iteration-count: infinite;
/* 设置动画的播放状态 */
animation-play-state: running;
/* 设置播放动画的延迟时间 */
animation-delay: 1s;
/* 设置动画播放结束应用到元素的样式 */
animation-fill-mode:forwards;
width: 200px;
height: 200px;
background-color: blue;
}
```

通过上面的范例，我们已经基本了解了如何使用原生的 CSS 来创建动画效果，有了这些基础，再使用 Vue 中提供的动画相关 API 时会非常容易。

8.2　使用 JavaScript 方式实现动画效果

动画的本质是元素状态的连续渐进变化，它通过一系列微小的状态改变来形成动画效果。通过使用 JavaScript 编写定时器代码，并按指定频率更新组件状态，我们同样能够实现流畅的动画效果。本节将详细讲解如何利用 JavaScript 打造动态交互，为你的网页增添生动活泼的元素。

接下来实现一个 JavaScript 动画示例。新建一个名为 3.jsAnimation.html 的测试文件。在其中编写如下核心测试代码：

【代码片段 8-3　源码见附件代码/第 8 章/3.jsAnimation.html】

```
<div id="Application">
    <div :style="{backgroundColor: 'blue', width: width + 'px', height:height + 'px'}"
@click="run">
    </div>
</div>
<script>
    const {createApp, ref} = Vue
    const App = createApp({
        setup() {
            const width = ref(100)
            const height = ref(100)
            let timer = null
            const run = () => {
                timer = setInterval(animation, 10)
            }
            const animation = () => {
                if (width.value == 200) {
```

```
                    clearInterval(timer)
                    return
                } else {
                    width.value += 1
                    height.value += 1
                }
            }
            return {
                width, height, run
            }
        }
    })
    App.mount("#Application")
</script>
```

setInterval 方法用来开启一个定时器，上述代码中设置每 10 毫秒执行一次回调函数，在回调函数中，我们逐像素地将色块的尺寸放大，最终产生了动画效果。使用 JavaScript 可以更加灵活地控制动画的效果。在实际开发中，结合 Canvas 绘图接口的使用，JavaScript 可以实现非常强大的自定义动画效果。还有一点需要注意，当动画结束后，要使用 clearInterval 方法将对应的定时器停止。

8.3 Vue 过渡动画

在 Vue 中，组件的插入、移除或更新过程中可以引入转场效果，即展示过渡动画。例如，使用 v-if 和 v-show 指令控制组件显示与隐藏时，我们能够以动画形式呈现这些变化过程。本节将深入探讨 Vue 中的过渡效果，让你的页面变动更加生动和吸引眼球。

8.3.1 定义过渡动画

Vue 过渡动画的核心原理是利用 CSS 类来实现的，其独特之处在于 Vue 会在组件的不同生命周期阶段自动切换相应的 CSS 类。Vue 提供了一个内置的 transition 组件，它可以用来包裹需要添加过渡动画效果的元素。通过设置 transition 组件的 name 属性，我们可以为动画指定一个名称。Vue 遵循一套特定的 CSS 类名规则来定义过渡过程中的各个状态。接下来，将通过一个简单的例子来展示 Vue 的这项功能。

首先，新建一个命名为 4.vueTransition.html 测试文件，编写如下示例代码：

【源码见附件代码/第 8 章/4.vueTransition.html】

```
<style>
    .ani-enter-from {
        width: 0px;
        height: 0px;
        background-color: red;
    }
    .ani-enter-active {
        transition: width 2s, height 2s, background-color 2s;
    }
    .ani-enter-to {
```

```
            width: 100px;
            height: 100px;
            background-color: blue;
        }
        .ani-leave-from {
            width: 100px;
            height: 100px;
            background-color: blue;
        }
        .ani-leave-active {
            transition: width 2s, height 2s, background-color 3s;
        }
        .ani-leave-to {
            width: 0px;
            height: 0px;
            background-color: red;
        }
    </style>
    <div id="Application">
        <button @click="click">显示/隐藏</button>
        <transition name="ani">
            <div v-if="show" class="demo">
            </div>
        </transition>
    </div>
    <script>
        const {createApp, ref} = Vue
        const App = createApp({
            setup() {
                const show = ref(false)
                const click = () => {
                    show.value = !show.value
                }
                return {show, click}
            }
        })
        App.mount("#Application")
    </script>
```

　　运行代码并尝试单击页面上的功能按钮，你将观察到组件在显示和隐藏过程中呈现出的过渡动画效果。上述代码的核心在于定义了 6 个特殊的 CSS 类。尽管我们没有显式地使用这些 CSS 类，但它们在组件执行动画的过程中扮演了至关重要的角色。当我们为 transition 组件的 name 属性设置了动画名称后，无论是组件被插入还是从页面中移除，Vue 会自动寻找以该动画名称为前缀的 CSS 类。这些 CSS 类的命名格式如下：

```
x-enter-from
x-enter-active
x-enter-to
x-leave-from
x-leave-active
```

```
x-leave-to
```

其中，x 表示定义的过渡动画名称。上面 6 种特殊的 CSS 类，前 3 种用来定义组件被插入页面的动画效果，后 3 种用来定义组件被移出页面的动画效果。

- x-enter-from 类在组件即将被插入页面时被添加到组件上，可以理解为组件的初始状态，元素被插入页面后此类会马上被移除。
- x-enter-active 类在组件的整个插入过渡动画中都会被添加，直到组件的过渡动画结束后才会被移除。可以在这个类中定义组件过渡动画的时长、方式、延迟等。
- x-enter-to 类在组件被插入页面后立即被添加，此时 x-enter-from 类会被移除，可以理解为组件过渡的最终状态。
- x-leave-from 与 x-enter-from 相对应，在组件即将被移除时此类会被添加，用来定义移除组件时过渡动画的起始状态。
- x-leave-active 类在组件的整个移除过渡动画中都会被添加，直到组件的过渡动画结束后才会被移除。可以在这个类中定义组件过渡动画的时长、方式、延迟等。
- x-leave-to 则对应地用来设置移除组件动画的终止状态。

你可能发现了，上面提到的 6 种特殊的 CSS 类虽然被添加的时机不同，但是最终都会被移除。因此，当动画执行完成后，组件的样式并不会保留，更常见的做法是在组件本身绑定一个最终状态的样式类，示例代码如下：

【源码见附件代码/第 8 章/4.vueTransition.html】

```
<transition name="ani">
    <div v-if="show" class="demo">
    </div>
</transition>
```

CSS 代码如下：

```
.demo {
    width: 100px;
    height: 100px;
    background-color: blue;
}
```

这样，组件的显示或隐藏过程就变得非常流畅了。上面的示例代码是使用 CSS 中的 transition 来实现动画效果的，其实使用 animation 的关键帧方式定义动画效果也是一样的，CSS 示例代码如下：

【源码见附件代码/第 8 章/4.vueTransition.html】

```
<style>
    @keyframes keyframe-in {
        from {
            width: 0px;
            height: 0px;
            background-color: red;
        }
        to {
            width: 100px;
```

```css
            height: 100px;
            background-color: blue;
        }
    }
    @keyframes keyframe-out {
        from {
            width: 100px;
            height: 100px;
            background-color: blue;
        }
        to {
            width: 0px;
            height: 0px;
            background-color: red;
        }
    }
    .demo {
        width: 100px;
        height: 100px;
        background-color: blue;
    }
    .ani-enter-from {
        width: 0px;
        height: 0px;
        background-color: red;
    }
    .ani-enter-active {
        animation: keyframe-in 3s;
    }
    .ani-enter-to {
        width: 100px;
        height: 100px;
        background-color: blue;
    }
    .ani-leave-from {
        width: 100px;
        height: 100px;
        background-color: blue;
    }
    .ani-leave-active {
        animation: keyframe-out 3s;
    }
    .ani-leave-to {
        width: 0px;
        height: 0px;
        background-color: red;
    }
</style>
```

8.3.2　设置动画过程中的监听回调

我们知道，对于组件的加载或卸载过程，有一系列的生命周期函数会被调用。对于 Vue 中的转场动画来说，我们也可以注册一系列的函数来对其过程进行监听。示例代码如下：

【源码见附件代码/第 8 章/5.observer.html】

```
<transition name="ani"
@before-enter="beforeEnter"
@enter="enter"
@after-enter="afterEnter"
@enter-cancelled="enterCancelled"
@before-leave="beforeLeave"
@leave="leave"
@after-leave="afterLeave"
@leave-cancelled="leaveCancelled">
    <div v-if="show" class="demo">
    </div>
</transition>
```

上面注册的回调方法需要在组件的 setup 函数中进行实现：

```
setup() {
    const show = ref(false)
    const click = () => {
        show.value = !show.value
    }
    // 组件插入过渡开始前
    const beforeEnter = (el) => {
        console.log("beforeEnter")
    }
    // 组件插入过渡开始
    const enter = (el, done) => {
        console.log("enter")
    }
    // 组件插入过渡后
    const afterEnter = (el) => {
        console.log("afterEnter")
    }
    // 组件插入过渡取消
    const enterCancelled = (el) => {
        console.log("enterCancelled")
    }
    // 组件移除过渡开始前
    const beforeLeave = (el) => {
        console.log("beforeLeave")
    }
    // 组件移除过渡开始
    const leave = (el, done) => {
        console.log("leave")
    }
```

```
    // 组件移除过去后
    const afterLeave = (el) => {
        console.log("afterLeave")
    }
    // 组件移除过渡取消
    const leaveCancelled = (el) => {
        console.log("leaveCancelled")
    }
    return {show, click, beforeEnter, enter, afterEnter, enterCancelled, beforeLeave,
leave, afterLeave, leaveCancelled}
    }
```

有了这些回调函数，我们可以在组件过渡动画过程中实现复杂的业务逻辑，也可以通过 JavaScript 来自定义过渡动画。当我们需要自定义过渡动画时，需要将 transition 组件的 css 属性关掉，示例代码如下：

```
<div id="Application">
    <button @click="click">显示/隐藏</button>
    <transition name="ani" :css="false">
        <div v-show="show" class="demo">
        </div>
    </transition>
</div>
```

还有一点需要注意，上面列举的回调函数中，有两个函数比较特殊：enter 和 leave。这两个函数除会将当前元素作为参数外，还有一个函数类型的 done 参数。如果我们将 transition 组件的 css 属性关闭，决定使用 JavaScript 来实现自定义的过渡动画，这两个方法中的 done 函数最后必须被手动调用，否则过渡动画会立即完成。

8.3.3　多个组件的过渡动画

Vue 中的 transition 组件也支持同时包装多个互斥的子组件元素，从而实现多组件的过渡效果。在实际开发中，有很多这类常见的场景，例如元素 A 消失的同时，元素 B 展示。核心示例代码如下：

【代码片段 8-4　源码见附件代码/第 8 章/6.vueMTransition.html】

```
<style>
    .demo {
        width: 100px;
        height: 100px;
        background-color: blue;
    }
    .demo2 {
        width: 100px;
        height: 100px;
        background-color: blue;
    }
    .ani-enter-from {
        width: 0px;
        height: 0px;
```

```
         background-color: red;
      }
      .ani-enter-active {
         transition: width 3s, height 3s, background-color 3s;
      }
      .ani-enter-to {
         width: 100px;
         height: 100px;
         background-color: blue;
      }
      .ani-leave-from {
         width: 100px;
         height: 100px;
         background-color: blue;
      }
      .ani-leave-active {
         transition: width 3s, height 3s, background-color 3s;
      }
      .ani-leave-to {
         width: 0px;
         height: 0px;
         background-color: red;
      }
   </style>
   <div id="Application">
      <button @click="click">显示/隐藏</button>
      <transition name="ani">
         <div v-if="show" class="demo">
         </div>
         <div v-else class="demo2">
         </div>
      </transition>
   </div>
   <script>
      const App = Vue.createApp({
         setup() {
            const show = Vue.ref(false)
            const click = () => {
               show.value = !show.value
            }
            return {show, click}
         }
      })
      App.mount("#Application")
   </script>
```

　　运行代码，单击页面上的按钮，可以看到两个色块会以过渡动画的方式交替出现。默认情况下，两个元素的插入和移除动画会同步进行，有时这并不能满足我们的需求，大多数情况下，我们需要移除的动画执行完成后，再执行插入的动画。实现这一功能也非常简单，只需要对 transition 组件的mode 属性进行设置即可，当我们将其设置为 out-in 时，就会先执行移除动画，再执行插入动画。若将其设置为 in-out，则会先执行插入动画，再执行移除动画，示例代码如下：

【源码见附件代码/第 8 章/6.vueMTransition.html】

```
<transition name="ani" mode="in-out">
    <div v-if="show" class="demo">
    </div>
    <div v-else class="demo2">
    </div>
</transition>
```

8.3.4 列表过渡动画

在实际开发中，列表是一种非常流行的页面设计方式。在 Vue 中，通常使用 v-for 指令来动态构建列表视图。在动态构建列表视图的过程中，其中的元素经常会有增删、重排等操作，在 Vue 中使用 transition-group 组件可以非常方便地实现列表元素变动的动画效果。

新建一个名为 7.listAnimation.html 的测试文件。编写如下核心示例代码：

【代码片段 8-5　源码见附件代码/第 8 章/7.listAnimation.html】

```
<style>
    .list-enter-active,
    .list-leave-active {
        transition: all 1s ease;
    }

    .list-enter-from,
    .list-leave-to {
        opacity: 0;
    }
</style>
<div id="Application">
    <button @click="click">添加元素</button>
    <transition-group name="list">
        <div v-for="item in items" :key="item">
        元素: {{ item }}
        </div>
    </transition-group>
</div>
<script>
    const {createApp, ref} = Vue
    const App = Vue.createApp({
        setup() {
            const items = ref([1,2,3,4,5])
            const click = () => {
                items.value.push(items.value[items.value.length-1] + 1)
            }
            return {items, click}
        }
    })
    App.mount("#Application")
```

```
</script>
```

上面的代码非常简单，可以尝试运行一下，单击页面上的"添加元素"按钮后，可以看到列表的元素在增加，并且是以渐现动画的方式插入的。

在使用 transition-group 组件实现列表动画时，与 transition 类似，首先需要定义动画所需的 CSS 类。在上述示例代码中，我们只定义了透明度变化的动画。有一点需要注意，如果要使用列表动画，列表中的每一个元素都需要有一个唯一的 key 值。如果你为上面的列表再添加一个删除元素的功能，它依然会很好地展示动画效果。删除元素的方法如下：

```
dele() {
    if(items.value.length > 0) {
        items.value.pop()
    }
}
```

除对列表中的元素进行插入和删除可以添加动画外，对列表元素的排序过程也可以采用动画来进行过渡，只需要额外定义一个 v-move 类型的特殊动画类即可。例如，为上述代码增加如下 CSS 类：

```
.list-move {
    transition: transform 1s ease;
}
```

之后可以尝试对列表中的元素进行逆序排序，Vue 会以动画的方式将其中的元素移动到正确的位置。

8.4　动手练习：优化用户列表页面

在前端网页开发中，功能的实现只是产品开发的初始步骤，如何提供优质的用户体验才是开发者需要关注的核心。本书第 7 章的实战部分介绍了一个用户列表示例页面的开发，其中筛选和搜索功能的交互较为生硬。本例为该页面添加一些动画效果，以提升用户体验。

首先，要实现列表动画效果，需要对定义的组件模板结构进行一些改动，示例代码如下：

【源码见附件代码/第 8 章/8.demo.html 】

```
template: `
    <div class="container">
        <div class="content">
            <input type="radio" :value="-1" v-model="sexFilter"/>全部
            <input type="radio" :value="0" v-model="sexFilter"/>男
            <input type="radio" :value="1" v-model="sexFilter"/>女
        </div>
        <div class="content">搜索: <input type="text" v-model="searchKey" /></div>
        <div class="content">
            <div class="tab" width="300px">
                <div>
                    <div class="item">姓名</div>
                    <div class="item">性别</div>
```

```
                </div>
                <transition-group name="list">
                    <div v-for="(data, index) in showData" :key="data.name">
                    <div class="item">{{data.name}}</div>
                    <div class="item">{{data.sex == 0 ? '男' : '女'}}</div>
                    </div>
                </transition-group>
            </div>
        </div>
    </div>
```

上述代码使用 transition-group 动画组件包装列表，并指定了动画名称。对应地，定义 CSS 样式与动画样式如下：

```
<style>
    .container {
        margin: 50px;
    }
    .content {
        margin: 20px;
    }
    .tab {
        width: 300px;
        position: absolute;
    }
    .item {
        border: gray 1px solid;
        width: 148px;
        text-align: center;
        transition: all 0.8s ease;
        display: inline-block;
    }
    .list-enter-active {
        transition: all 1s ease;
    }
    .list-enter-from,
    .list-leave-to {
        opacity: 0;
    }
    .list-move {
        transition: transform 1s ease;
    }
    .list-leave-active {
        position: absolute;
        transition: all 1s ease;
    }
</style>
```

尝试运行代码，可以看到当对用户列表进行筛选和搜索时，列表的变化已经有了动画过渡效果。

8.5 小结与上机演练

动画对于网页应用至关重要，良好的动画设计不仅能够提升用户的交互体验，还能降低用户理解产品功能的成本。通过本章的学习，你是否对 Web 动画的运用有了新的认识？现在，尝试通过解答下列问题来检验你本章的学习成果吧！

练习 1：如何在页面应用中添加动画效果？

> **提示** 要熟练掌握 CSS 样式动画的使用。当元素的 CSS 属性发生变化时，可以为其指定过渡动画效果。此外，我们还可以利用 JavaScript 精确控制页面元素的渲染，通过定时器连续刷新渲染组件，实现复杂的动画效果。

练习 2：在 Vue 中如何为组件的过渡添加动画？

> **提示** Vue 遵循一套特定的命名规则，定义了一些特殊的 CSS 类名。在需要为组件的显示或隐藏添加过渡动画时，可以使用 transition 组件进行嵌套，并使用指定的 CSS 类定义动画。Vue 同样支持在列表视图变更时添加动画效果，并提供了可监听的动画生命周期钩子，为开发者使用 JavaScript 自定义动画提供了强大支持。

上机演练：Vue 动画的实践应用。

任务要求：

（1）使用 Vue 创建一个包含按钮的页面，单击按钮时显示或隐藏一个文本信息框。
（2）为文本信息框的显示和隐藏添加纯粹的 CSS3 动画效果。
（3）使用 JavaScript 实现按钮的单击动画效果。
（4）利用 Vue 的 transition 组件为文本信息框的显示和隐藏添加过渡动画。
（5）为列表的变动添加动画过渡效果。

参考练习步骤：

（1）创建 Vue 实例，并定义一个属性用于控制文本信息框的显示状态。
（2）在 HTML 模板中添加按钮和文本信息框，使用 v-if 或 v-show 指令控制显示和隐藏。
（3）编写文本信息框的 CSS 样式，通过@keyframes 或 transition 定义纯粹的 CSS3 动画。
（4）使用 JavaScript 为按钮添加单击事件处理器，以实现单击时的动画效果。
（5）使用 Vue 的 transition 组件包裹文本信息框，并设置 name 属性，为其过渡添加动画。
（6）在文本信息框内部添加列表，并使用 v-for 指令动态生成列表项。
（7）使用 Vue 的 transition-group 组件包裹列表项，并为列表元素的添加、删除或排序等操作添加动画过渡效果。

参考示例代码：

```
<!DOCTYPE html>
<html lang="en">
<head>
    <meta charset="UTF-8">
    <meta name="viewport" content="width=device-width, initial-scale=1.0">
```

```html
    <title>Vue Component Attributes and Methods</title>
    <!-- 引入 Vue 库 -->
    <script src="https://unpkg.com/vue@3/dist/vue.global.js"></script>
</head>
<body>
    <!-- 使用 Vue 创建一个实例 -->
    <div id="app">
        <!-- 添加一个按钮，单击时切换 textShow 变量的值 -->
        <button @click="textShow = !textShow">Toggle Text</button>

        <!-- 使用透明度文本信息框的显示和隐藏 -->
        <div :class="textShow ? 'text-animation' : 'text'">
           This is some text.
        </div>

        <!-- 添加一个按钮，单击时增加列表元素 -->
        <button @click="items.push('new item')">Add Item</button>
        <!-- 使用 v-for 指令动态构建列表元素 -->
        <transition-group name="list">
            <div v-for="item in items" :key="item">{{ item }}</div>
        </transition-group>
    </div>

    <!-- 编写 CSS 样式，定义纯粹的 CSS3 动画效果 -->
    <style>
        .text {
            /* 添加 keyframes 或 transition 定义动画效果 */
            opacity: 0;
        }
        .text-animation {
            /* 添加 keyframes 或 transition 定义动画效果 */
            opacity: 1;
            transition: opacity 2s ease-in-out;
        }

        .list-enter-from,
        .list-leave-to  {
            opacity: 0;
        }

        .list-enter-active,
        .list-leave-active {
            transition: opacity 2s ease-in-out;
        }

    </style>

    <!-- 在 Vue 实例中定义 data 对象和 textShow 变量 -->
    <script>
    const {createApp, ref} = Vue
```

```
    const app = {
        setup() {
            const textShow = ref(false)
            const items = ref(['Item 1', 'Item 2', 'Item 3'])
            return {textShow, items}
        }
    }
    createApp(app).mount('#app')
    </script>
</body>
</html>
```

在本练习中，我们学习了 Vue 动画的运用，包括创建 Vue 实例、添加按钮和文本信息框、编写 CSS 样式、使用 JavaScript 实现按钮的单击动画效果、使用 Vue 的过渡组件、动态构建列表元素以及使用 Vue 的 transition-group 组件。通过本练习，相信读者对 Vue 动画的运用有了更深入的理解，并且能够在实际项目中灵活运用这些知识。

第 9 章

Vue 脚手架 Vite 工具的使用

脚手架这一概念最初源自建筑领域，它指的是为了确保施工过程的顺利进行而搭建的工作平台。在编程领域，项目开发同样需要依赖软件开发平台的支持，因此出现了一些脚手架工具以供开发者使用。

Vue 是一个渐进式前端 Web 开发框架，它提供了灵活性，允许开发者仅在项目中的特定页面或仅采用部分功能进行开发。但是，如果我们的目标是构建一个风格统一、具有高度可扩展性的现代化 Web 单页应用，那么充分利用 Vue 提供的全套功能进行开发将是非常合适的选择。结合 Vue 的工具链，我们可以构建一个集开发、编译、调试和发布于一体的集成开发流程。本章将介绍 Vite 工具的安装与使用，以及使用 Vite 创建 Web 工程的基本开发流程。

在本章中，你将学习到以下内容：

- Vite 工具的安装与基本使用方法。
- 完整 Vue 工程的结构与开发流程。
- 如何在本地运行和调试 Vue 项目。
- Vue 工程的构建方法。
- 理解 Vite 工具与 Vue CLI 工具的异同点。

9.1　Vite 工具入门

Vite 是一款可以助力开发者轻松创建和开发 Vue 项目的工具，其核心功能包括提供完整的 Vue 项目脚手架和运行时服务依赖，让开发者在开发和调试 Vue 应用时更加便捷。

9.1.1　使用 Vite 工具

理论上，我们可以直接引入 Vue 的核心代码库来使用 Vue，无须任何额外的开发脚手架工具。然而，使用脚手架工具可以大幅简化复杂项目的配置和编译处理流程。Vue 官网推荐的脚手架工具有 Vite 和 Vue CLI 两种。Vue CLI 曾是构建大型 Vue 项目不可或缺的工具，具备热重载模块的开发服务器、插件管理系统以及用户管理界面等众多高级功能。相比之下，Vite 作为一款更新、更轻量的 Vue 脚手架工具，其设计理念与 Vue 框架本身更为契合。Vite 旨在成为一款轻量级、极快的构建工具，其作者也是 Vue 框架的作者。

在本书中，我们优先采用 Vite 作为 Vue 项目开发的首选工具。当然，如果你更喜欢使用 Vue CLI，也没有任何问题。

Vite 是运行在 Node.js 平台上的软件包，因此我们首先需要安装 Node.js 环境。

如果你使用的是 mac OS 的操作系统，则系统默认会安装 Node.js 软件。如果系统默认没有安装，手动进行安装也非常简单。

访问 Node.js 官网：https://nodejs.org，网页打开后，在页面中间可以看到一个 Node.js 软件下载入口，如图 9-1 所示。

图 9-1　Node.js 官网

Node.js 官网会自动根据当前设备的系统类型推荐需要下载的软件，选择当前最新的稳定版本进行下载即可。下载完成后，按照安装普通软件的方式来对其进行安装即可。

配置好了 Node.js 环境后，就可以在终端使用 npm 相关指令来安装软件包了。在终端输入如下指令可以检查 Node.js 环境是否正确安装完成：

```
node -v
```

执行上述命令后，只要终端输出了版本号信息，就表明 Node.js 已经安装成功。

提示　有时不同的项目所要求的 Node.js 的版本并不相同，能够方便地对当前所使用的 Node.js 环境的版本进行切换是十分必要的。nvm 是一款 Node.js 版本管理工具，支持进行 Node.js 版本的下载、查看、切换等常用操作。如果有兴趣，你可以尝试使用 nvm 工具来安装 Node.js。

创建 Vite 工程非常简单，直接使用 npm 工具即可。安装完成 Node.js 后，npm 也会自动安装。npm 是 Node.js 平台上的包管理工具，在终端执行如下指令：

```
npm create vite@latest
```

之后需要一步一步渐进式地选择一些配置项。首先输入工程名和包名，例如我们可以取名为 1_HelloWorld，之后需要选择要使用的框架，Vite 不止支持构建 Vue 项目，也支持构建基于 React 等框架的项目，这里我们选择 Vue 即可，所要使用的语言选择 JavaScript 编程语言。

项目创建完成后，可以看到生成的工程目录结构如图 9-2 所示。

图 9-2　Vite 创建的 Vue 工程目录结构

至此，我们已经创建了一个基于 Vue 框架的 Vite 项目。对于这个陌生的工程，你可能会觉得无从下手，别着急，之后我们会对目录中的这些文件进行具体的介绍。

9.1.2　Vite 工程结构解析

前面我们使用 Vite 工具创建了一个 Vue 项目，默认的工程模板中包含很多文件，我们先来关注一下 package.json 文件。此文件是 Node.js 项目的核心文件，其中会定义当前项目的名称、版本号、外部依赖以及一些脚本命令。此文件的默认内容如下：

```
{
  "name": "1-helloworld",
  "private": true,
  "version": "0.0.0",
  "type": "module",
  "scripts": {
    "dev": "vite",
    "build": "vite build",
    "preview": "vite preview"
  },
  "dependencies": {
    "vue": "^3.4.21"
  },
  "devDependencies": {
    "@vitejs/plugin-vue": "^5.0.4",
    "vite": "^5.2.0"
  }
}
```

其中，name 选项用于指定项目名，version 选项用于指定项目版本。除这类基础信息的配置外，scripts 选项配置了 Vite 工程开发、编译和预览所使用的指令。dependencies 中配置了项目生产环境所依赖的库，devDependencies 配置了项目开发环境所依赖的库。可以看到，当前项目依赖的 Vue 版本为 3.4.21，Vite 工具的版本为 5.2.0。

通过观察 Vite 创建出的工程目录，可以发现其中主要包含 3 个文件夹和 5 个独立文件。我们先来看这 5 个独立文件：

```
.gitignore 文件
index.html 文件
package.json 文件
README.md 文件
vite.config.js 文件
```

其中，以"."开头的文件是隐藏文件。下面我们对这些文件的功能进行简单介绍。

- .gitignore 文件用于配置 Git 版本管理工具需要忽略的文件或文件夹。使用 Vite 创建的项目默认采用 Git 作为版本控制系统。在项目创建过程中，Vite 会自动配置.gitignore 文件，以忽略一些如依赖、编译产物、日志等文件，通常我们无须对此进行修改。
- index.html 是整个项目的入口文件，它定义了承载 Vue 应用的 HTML 元素。
- package.json 文件非常重要，它存储了一个 JSON 对象，包含项目的名称、版本号、脚本命令以及依赖模块等配置信息。此文件还用于设置依赖库版本的匹配规则。当我们向项目添加新的依赖时，这些信息将被记录在 package.json 中。
- README.md 文件采用 Markdown 格式，记录了项目的编译和调试方法。此外，我们还可以在这个文件中编写项目的介绍。
- vite.config.js 文件是使用 Vite 创建项目时自动生成的，用于项目的配置，包括部署设置等。在项目的初期阶段，我们通常不需要修改它。

除这些独立的文件外，项目工程中还包含 3 个文件夹：

```
.vscode
public
src
```

其中，.vscode 文件夹与 Vite 本身无直接关联，它是 VS Code 编辑器生成的（如果你使用 VS Code 作为开发环境）。通常情况下，无须对此文件夹进行操作。

public 文件夹用于存放公共资源，如项目所需的静态图片、数据文件等。这些资源在项目构建时会被打包为静态资源。

src 文件夹是我们开发过程中最常接触的目录，它用于存放源代码文件。所有项目源码都应放置在这个目录下。1_HelloWorld 模板工程已经包含一些默认生成的源码文件，我们将在后续分析工程结构时详细介绍这些文件。

在运行项目之前，需要在项目根目录下执行以下命令来安装依赖：

```
npm install
```

此命令会根据 package.json 文件中的定义，安装当前项目所需的依赖模块。执行成功后，你将发现项目目录中新增了一个 node_modules 文件夹，该文件夹用于存放项目的所有依赖模块。

9.2　运行 Vite 项目

之前，我们尝试使用 Vite 工具创建了一个完整的 Vue 项目工程。实际上，项目工程的创建仅仅是 Vite 工具链中的一个环节。在介绍 package.json 文件时，我们提到它定义了一些脚本命令，这些脚本包括 Vite 工具的编译、服务部署等功能。本节将向读者展示 Vite 创建的模板工程的整体结构，并指导如何运行这个模板工程。

9.2.1　模板工程的结构

src 文件夹是工程中最为关键的目录，我们所有的核心功能代码文件都存放在这个目录下。在默认的模板工程中，src 文件夹下还包含两个子文件夹：assets 和 components。顾名思义，assets 用于存放资源文件，而 components 用于存放组件文件。接下来，我们按照页面的加载流程来查看 src 目录下默认生成的几个文件。

main.js 文件是应用程序的入口文件。以下是该文件中的示例代码：

【源码见附件代码/第 9 章/1_HelloWorld/src/main.js 】

```
// 导入 Vue 框架中的 createApp 方法
import { createApp } from 'vue'
// 导入自定义的根组件
import App from './App.vue'
// 挂载根组件
createApp(App).mount('#app')
```

看到这些代码，你可能会感到一丝熟悉。确实，这里的功能是将 Vue 应用实例挂载到页面上 id 为"app"的 HTML 元素上。你可能注意到，main.js 文件中只包含应用的创建和挂载逻辑，并没有对应的 HTML 代码。那么，组件是挂载到哪里的呢？这就需要回顾前面提到的 index.html 文件了，它是网页的入口文件。以下是 index.html 文件中的相关代码：

【源码见附件代码/第 9 章/1_HelloWorld/index.html 】

```
<!doctype html>
<html lang="en">
  <head>
    <meta charset="UTF-8" />
    <link rel="icon" type="image/svg+xml" href="/vite.svg" />
    <meta name="viewport" content="width=device-width, initial-scale=1.0" />
    <title>Vite + Vue</title>
  </head>
  <body>
    <div id="app"></div>
    <script type="module" src="/src/main.js"></script>
  </body>
</html>
```

现在你应该明白了吧，main.js 中定义的根组件将被挂载到 id 为 "app" 的 <div> 标签上。index.html 文件中定义了基本的 HTML 结构。让我们再次回到 main.js 文件，其中导入了一个名为 App 的组件作为根组件。App 是一个单文件组件，使用 import 语法可以将此组件导入，在当前

JavaScript 文件中便可以直接使用它了。

对应地，在 src 文件夹下有一个名为 App.vue 的文件。以.vue 为后缀的文件便是单文件组件。在编写时，我们可以遵循单文件组件的语法结构来编写代码。打包时，Vue 会对这类文件进行编译，将组件定义在单独的文件中，这有利于开发和维护。

App.vue 文件中的内容如下：

【源码见附件代码/第 9 章/1_HelloWorld/src/App.vue 】

```
<script setup>
import HelloWorld from './components/HelloWorld.vue'
</script>
<template>
  <div>
    <a href="https://vitejs.dev" target="_blank">
      <img src="/vite.svg" class="logo" alt="Vite logo" />
    </a>
    <a href="https://vuejs.org/" target="_blank">
      <img src="./assets/vue.svg" class="logo vue" alt="Vue logo" />
    </a>
  </div>
  <HelloWorld msg="Vite + Vue" />
</template>
<style scoped>
.logo {
  height: 6em;
  padding: 1.5em;
  will-change: filter;
  transition: filter 300ms;
}
.logo:hover {
  filter: drop-shadow(0 0 2em #646cffaa);
}
.logo.vue:hover {
  filter: drop-shadow(0 0 2em #42b883aa);
}
</style>
```

每个单文件组件通常由三部分组成：<script>脚本代码部分、<template>模板部分和<style>样式代码部分。如以上代码所示，在 JavaScript 中引入了另一个名为 HelloWorld 的 Vue 组件，一旦引入，就可以直接在模板部分中使用它。在<template>模板中，布局了两个链接和一个自定义的 HelloWorld 组件。在<style>部分中，定义了所使用的 CSS 样式。

需要注意的是，上述代码中的<script>标签使用了 setup 标记，这是 Vue 3 提供的一种语法糖，其本质与我们之前学习的 setup 函数是类似的。使用这种语法糖可以使代码看起来更加清晰和简洁。<style>标签的 scoped 属性用来将这部分 CSS 样式限定为局部样式，即仅对当前组件生效，这样可以避免 CSS 样式在全局作用域内产生冲突。

接下来，让我们关注 HelloWorld.vue 文件的内容，代码如下：

【源码见附件代码/第 9 章/1_HelloWorld/src/components/HelloWorld.vue 】

```
<script setup>
import { ref } from 'vue'
// 定义外部属性, 即 props
defineProps({
  msg: String,
})
// 定义内部属性
const count = ref(0)
</script>

<template>
  <h1>{{ msg }}</h1>
  <div class="card">
    <button type="button" @click="count++">count is {{ count }}</button>
    <p>
      Edit
      <code>components/HelloWorld.vue</code> to test HMR
    </p>
  </div>
  <p>
    Check out
    <a href="https://vuejs.org/guide/quick-start.html#local" target="_blank"
      >create-vue</a
    >, the official Vue + Vite starter
  </p>
  <p>
    Install
    <a href="https://github.com/vuejs/language-tools" target="_blank">Volar</a>
    in your IDE for a better DX
  </p>
  <p class="read-the-docs">Click on the Vite and Vue logos to learn more</p>
</template>
<style scoped>
.read-the-docs {
  color: #888;
}
</style>
```

HelloWorld.vue 文件中的代码量可能较多, 但目前我们无须深入关注其具体内容。总体而言, 它主要定义了一些文本段落和链接, 并没有包含过于复杂的逻辑。有一处细节需要注意: 在使用 setup 语法糖的<script setup>标签中, 定义外部属性需要通过 defineProps 函数来进行, 而且所定义的属性和方法无须显式导出, 它们可以直接在模板或其他组合式 API 中使用。

现在, 我们已经对默认生成的模板项目有了初步的了解。在下一小节中, 我们将尝试在本地运行和调试这个项目。

9.2.2　运行 Vite 项目工程

运行 Vite 模板项目非常简单。首先，打开终端，进入当前 Vue 项目工程的目录中，然后执行以下命令：

```
npm run dev
```

在运行此命令之前，要确保所有依赖项都已成功安装。npm run 是一个通用的指令格式，后面跟随的是要执行的具体脚本命令。在本例中，dev 命令在 package.json 文件中有所定义，其本质上是执行了 Vite 的相关命令。

执行命令后，Vite 将编译项目工程，并在本机上启动一个开发服务器。当终端输出显示项目已经成功运行的信息时，表明项目已经运行完成。具体的输出信息可能如下：

```
VITE v5.2.10  ready in 773 ms

➜  Local:   http://localhost:5173/
➜  Network: use --host to expose
➜  press h + enter to show help
```

之后，在浏览器中输入如下地址，便会打开当前的 Vue 项目页面，如图 9-3 所示。

```
http://localhost:5173/
```

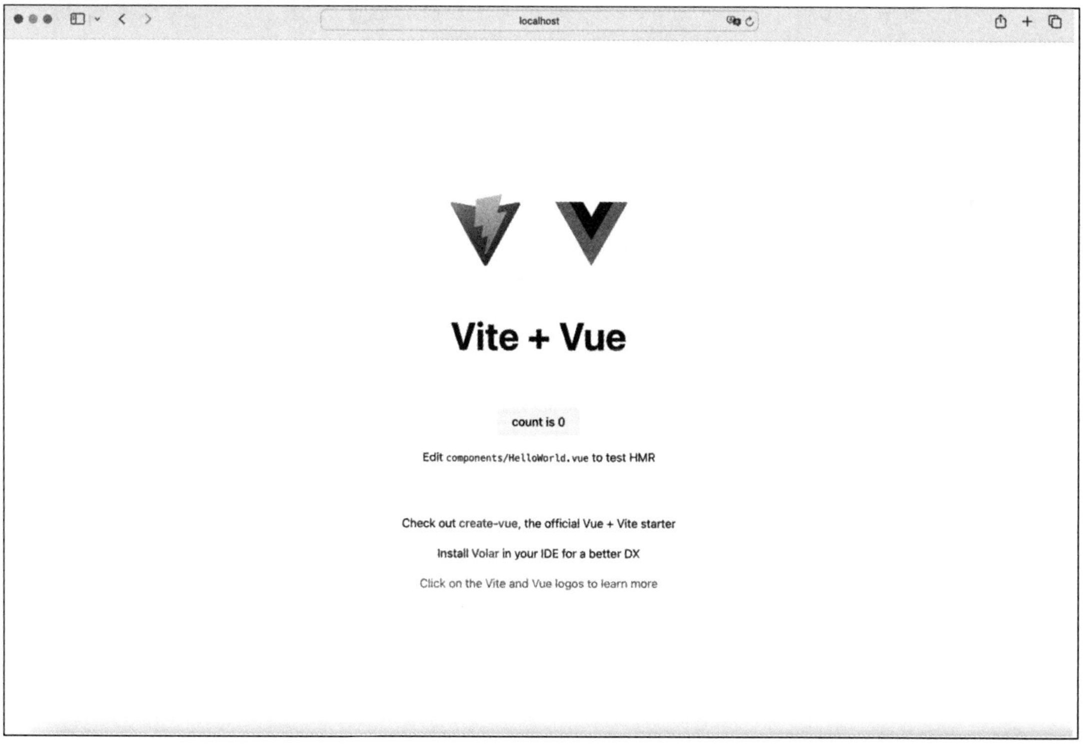

图 9-3　HelloWorld 示例项目

默认情况下，启动的项目要运行在 5173 端口上，我们也可以手动指定端口，命令如下：

```
npm run dev -- --port 9000
```

运行上面的指令后，项目的开发服务器将会运行在 9000 端口上。

当我们启动开发服务器后，它默认配备了热重载功能。这意味着，在我们修改代码并保存后，网页将自动更新以反映这些更改。你可以尝试修改 App.vue 文件中 HelloWorld 组件的 msg 属性，然后保存文件。保存后，你将观察到浏览器页面中的标题也会自动更新。

9.3　使用依赖与工程构建

在 Vue 项目开发过程中，额外插件的使用是不可或缺的。在后续章节中，我们将向读者介绍多种常用的 Vue 插件，例如网络请求插件、路由插件、状态管理插件等。本节将介绍如何使用 npm 工具来安装和管理这些插件。

通过查看 package.json 文件，我们可以发现在开发环境下默认已经安装了 Vite 工具，它用于代码的编译和开发服务器的运行。安装依赖包的方法有两种：一种是将所需的插件直接添加到 package.json 文件的 dependencies 部分，然后重新执行 npm install 命令进行安装；另一种是直接在 npm install 命令中加入要安装的插件参数，这样就无须手动修改 package.json 文件，具体的命令格式如下：

```
npm install --save axios vue-axios
```

需要注意，如果安装过程中出现权限问题，需要在命令前添加 sudo 再执行。sudo 表示使用 root 用户进行安装。安装完成后，可以看到 package.json 文件会自动进行更新，更新后的依赖信息如下：

```
"dependencies": {
    "axios": "^1.6.8",
    "vue": "^3.4.21",
    "vue-axios": "^3.5.2"
}
```

其实，不止 package.json 文件会更新，在 node_modules 文件夹下也会新增 Axios 和 vue-axios 相关的模块文件。Axios 是一个基于 JavaScript 的网络请求框架，vue-axios 是在 Axios 的基础上针对 Vue 框架进行了封装，方便在 Vue 中用于网络请求，后面的章节会专门介绍它。

开发完成了一个 Vue 项目后，我们需要将其构建成可发布的代码产品。Vite 提供了对应的工具链来实现这些功能。

在工程目录下执行如下命令，可以直接将项目代码编译构建成生产包：

```
npm run build
```

构建过程可能会需要一段时间。以测试工程为例，构建完成后，终端输出的信息如下：

```
> 1-helloworld@0.0.0 build
> vite build

vite v5.2.10 building for production...
✓ 16 modules transformed.
dist/index.html                   0.46 kB │ gzip:  0.30 kB
dist/assets/index-D6YOZ1Wq.css    1.27 kB │ gzip:  0.65 kB
dist/assets/index-B_JWxVUj.js    55.31 kB │ gzip: 22.38 kB
✓ built in 700ms
```

如果构建成功，在工程的根目录下会新生成一个名为 dist 的文件夹，这个文件夹就是我们要发布的软件包。可以看到。这个文件夹下包含一个名为 index.html 的文件，它是项目的入口文件，除此之外，还包含一些静态资源，如 CSS，JavaScript 等相关文件，这些文件中的代码都是被混淆和压缩完成后的。

9.4　Vite 与 Vue CLI

至此，你已经初步掌握了 Vite 工具的基本使用方法。Vite 是一款出色的 Vue 项目构建工具，但并非唯一选择。如果你更偏好带有图形化交互界面的脚手架工具，Vue CLI 也是一个值得考虑的选项。

9.4.1　Vite 与 Vue CLI

尽管 Vite 在速度上明显优于 Vue CLI，但它缺乏用户界面和图形化的插件管理系统，对初学者来说可能不那么友好。在实际项目开发中，选择使用 Vue CLI 还是 Vite 并无固定标准，读者可以根据需求进行选择。

Vue CLI 非常适合大型商业项目的开发，与 Vite 相比，它显得更为庞大和臃肿。Vue CLI 主要包括工程脚手架、带有热重载模块的开发服务器、插件系统以及用户界面功能等。值得注意的是，Vue CLI 的开发服务器基于 Webpack，因此在热重载方面略逊于 Vite。

9.4.2　体验 Vue CLI 构建工具

使用 Vue CLI 前需要安装一个命令行工具，在终端输入如下命令并执行：

```
npm install -g @vue/cli
```

由于有很多依赖包需要下载，因此安装过程可能会持续一段时间，耐心等待即可。安装完成后，在终端执行如下命令来创建 Vue 项目工程：

```
vue create hello-world
```

其中，hello-world 是我们要创建的工程名称。Vue CLI 工具本身是有交互性的，执行上面的命令后，终端会输出如下信息询问我们是否需要替换资源地址：

```
Your connection to the default yarn registry seems to be slow.
Use https://registry.npm.taobao.org for faster installation?
```

输入 Y 表示同意，之后继续创建工程，之后终端还会询问一系列的配置问题，我们都选择默认的选项即可。进行完所有的初始配置工作，稍等片刻，Vue CLI 就会创建一个 Vue 项目模板工程。打开此工程目录，可以看到当前工程的目录结构如图 9-4 所示。

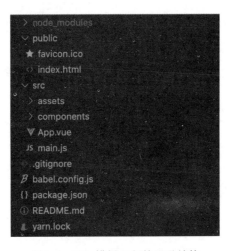

图 9-4   Vue 模板工程的目录结构

　　仅从工程结构来看，Vue CLI 创建的工程与 Vite 创建的工程并无太大差别。对工程的目录结构这里不再赘述。上面我们是使用终端交互命令的方式创建工程的，Vue CLI 工具也提供了使用可交互的图形化页面的方式来创建工程。在终端输入如下命令即可在浏览器中打开一个 Vue 工程管理工具页面：

```
vue ui
```

初始页面如图 9-5 所示。

图 9-5   Vue CLI 图形化工具页面

　　可以看到，在页面中可以创建项目、导入项目或对已经有的项目进行管理。现在，我们可以尝试创建一个项目，单击"创建"按钮，打开"创建新项目"页面，然后对项目的详情进行完善，如图 9-6 所示。

图 9-6　对所创建的项目详情进行设置

在"详情"页面中，我们需要填写项目的名称，选择项目所在的目录位置、项目包管理器以及对 Git 进行配置。完成后，进行下一步选择项目的预设，如图 9-7 所示。

图 9-7　选择项目预设

我们可以选择 Default preset(Vue 3)这套项目预设。然后单击"创建项目"按钮，就会进入项目创建过程。稍等片刻，项目创建完成后，我们可以进入对应的目录查看，使用图形化页面创建的项目与使用终端命令创建的项目结构是一样的。

无论是使用命令的方式创建和管理项目，还是使用图形化页面的方式创建和管理项目，其功能是一样的，我们可以根据自己的习惯来进行选择。总体来说，使用命令的方式更加便捷，而使用图形化页面的方式更加直观。

Vue CLI 创建的项目默认的运行命令如下：

```
npm run serve
```

当然，该命令也支持指定运行端口号，例如：

```
npm run serve -- --port 9000
```

使用 Vue CLI 中的图形化页面也可以方便和直观地对 Vue 项目进行编译和运行。在 CLI 图形化网页工具中进入对应的项目，单击页面中的"运行"按钮即可，成功运行后的效果如图 9-8 所示。

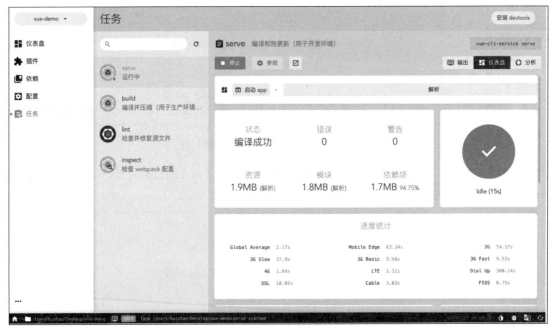

图 9-8　使用图形化工具管理 Vue 项目

图形化工具不仅可以对项目进行编译、运行和调试，还提供了丰富的分析报表功能，例如资源体积、运行速度和依赖项分析等，这些功能都非常实用。

无论你选择使用 Vite 构建工具还是更倾向于 Vue CLI 构建工具，都没有关系。本书后面章节所介绍的内容，虽然都将采用 Vite 作为脚手架工具，但核心内容专注于 Vue 框架本身的使用。使用任何构建工具，你都可以完成项目的开发。

9.5　小结与上机演练

在日常开发中，大多数 Vue 项目会采用 Vite 或 Vue CLI 工具进行创建、开发、打包和发布。这些流程化的工具链可以显著减轻开发者在项目搭建和管理方面的负担。现在，尝试通过回答以下问题来检验你对本章内容的掌握情况吧！

练习：思考 Vue CLI 是一种怎样的开发工具，它与 Vite 有何区别，以及如何使用它。

> **提示** Vue CLI 是一个基于 Vue 进行快速开发的完整系统，提供了一套可交互式的项目脚手架。无论是环境配置、插件和依赖管理，还是项目的构建、打包与部署，Vue CLI 都极大地简化了开发者的工作量。Vue CLI 还提供了一套图形化的管理工具，使得开发者的使用体验更加方便和直观。此外，它还配套了一个 vue-cli-service，可以帮助开发者在开发环境中轻松运行项目。与 Vite 相比，Vue CLI 的功能更为丰富，但相对重量级，且在性能上可能略逊一筹。

上机演练：练习使用 Vite 脚手架。

任务要求：使用 Vue 脚手架工具 Vite 创建一个简单的 Vue 项目，并在浏览器中显示"Hello, Vite!"。

参考练习步骤：

（1）安装 Node.js（确保版本不低于 12.0）。

（2）全局安装 Vite 脚手架工具。

（3）使用 Vite 创建一个新的 Vue 项目。

（4）进入项目目录，并运行开发服务器。

（5）修改项目的 main.js 文件，添加代码以在页面上显示"Hello, Vite!"。

（6）在浏览器中查看效果。

参考示例代码：

（1）安装 Node.js。访问 https://nodejs.org/下载并安装 Node.js。

（2）使用 Vite 创建一个 Vue 项目：

```
npm create vite@latest
```

> **提示** 之后需要填写项目名，这里的 my-vue-project 是项目名称，可以根据需要修改。

（3）进入项目目录，运行开发服务器：

```
cd my-vue-project
npm install
npm run dev
```

（4）修改项目的 main.js 文件，使其显示"Hello, Vite!"。打开 src/main.js 文件，将内容替换为以下代码：

```
import { createApp } from 'vue'
import App from './App.vue'
createApp(App).mount('#app')
```

（5）同时，打开 src/App.vue 文件，将内容替换为以下代码：

```
<template>
  <div id="app">
    <h1>Hello, Vite!</h1>
  </div>
</template>

<script>
export default {
  name: 'App',
}
</script>
```

（6）在浏览器中查看效果。打开浏览器，访问 http://localhost:5173/，你应该能看到"Hello, Vite!"的字样。

在本练习中，我们学习了如何使用 Vue 脚手架工具 Vite 创建一个简单的 Vue 项目，并在浏览器中显示 "Hello, Vite!"。通过本练习，相信读者对 Vite 脚手架的使用有了更深入的理解，已经能够在实际项目中灵活运用这些知识。

第 10 章

基于 Vue 3 的 UI 组件库 Element Plus

经过前面章节的学习，我们已经对 Vue 框架本身有了全面的了解。然而，在实际开发工作中，通常需要结合使用各种基于 Vue 框架开发的第三方模块来完成项目任务。例如，在 UI 展示方面，采用基于 Vue 的组件库可以快速构建功能丰富、外观精美的页面。本章将介绍一款名为 Element Plus 的前端 UI 框架，它是一个兼容 Vue 的 UI 框架，可以在 Vue 项目中无缝使用。

Element Plus 是 Vue 生态系统中非常流行的 UI 组件库，它为用户带来了统一的使用体验和明确的控制反馈。对于开发者来说，Element Plus 提供了丰富的样式和布局框架，极大地降低了页面开发的成本和复杂性。

在本章中，你将学习到以下内容：

- 如何将 Element Plus 框架集成到 Vue 项目中进行快速页面开发。
- Element Plus 中基础独立组件的应用。
- Element Plus 中布局与容器组件的应用。
- Element Plus 中表单与相关输入组件的应用。
- Element Plus 中列表与导航相关组件的应用。

10.1 Element Plus 入门

Element Plus 支持通过 CDN 直接引入，以便单独使用其提供的组件和样式。这种灵活的使用方式与 Vue 框架的渐进式风格非常相似。此外，我们还可以使用 npm 在 Vite 创建的模板工程中依赖 Element Plus 框架进行使用。本节将详细介绍 Element Plus 的这两种使用方式，并通过一些简单的组件示例来展示 Element Plus 的基本使用方法。

10.1.1 Element Plus 的安装与使用

Element Plus 支持使用 CDN 的方式进行引入，这使得在开发简单的静态页面时，我们可以方便地使用 CDN 方式引入 Vue 框架；同样，也可以使用相同的方式引入 Element Plus 框架。

接下来，新建一个名为 1.element.html 的测试文件，并编写如下示例代码：

【源码见附件代码/第 10 章/1.element.html】

```html
<!DOCTYPE html>
<html lang="en">
<head>
    <meta charset="UTF-8">
    <meta http-equiv="X-UA-Compatible" content="IE=edge">
    <meta name="viewport" content="width=device-width, initial-scale=1.0">
    <title>ElementUI</title>
    <!-- 引入 Vue -->
    <script src="https://unpkg.com/vue@3/dist/vue.global.js"></script>
</head>
<body>
    <div id="Application" style="text-align: center;">
        <h1>这里是模板的内容:{{count}}次单击</h1>
        <button v-on:click="clickButton">按钮</button>
    </div>
    <script>
        const {createApp, ref} = Vue
        const App = {
            setup() {
                const count = ref(0)
                const clickButton = () => {
                    count.value = count.value + 1
                }
                return {count, clickButton}
            }
        }
        createApp(App).mount("#Application")
    </script>
</body>
</html>
```

上面的示例代码看起来可能非常熟悉，因为我们在学习 Vue 基础知识时经常会遇到这样的计数器示例。运行上述代码后，页面上显示的标题和按钮都是原生的 HTML 元素，样式并不吸引人。接下来，我们将尝试为其添加 Element Plus 的样式，以提升页面美观度。

首先，在 head 标签中引入 Element Plus 框架，代码如下：

【源码见附件代码/第 10 章/1.element.html】

```html
<!-- 引入样式 -->
<link rel="stylesheet" href="https://unpkg.com/element-plus/dist/index.css" />
<!-- 引入组件库 -->
<script src="https://unpkg.com/element-plus"></script>
```

需要注意，这些 CDN 引入需要放在 Vue 的 CDN 引入后面。之后，在 JavaScript 代码中对创建的应用实例进行一些修改，使其挂载 Element Plus 相关的功能，代码如下：

【源码见附件代码/第 10 章/1.element.html】

```
// 创建 Vue 应用实例
let instance = createApp(App)
// 挂载使用 Element Plus 模块
instance.use(ElementPlus)
// 挂载应用实例
instance.mount("#Application")
```

调用 Vue 的 createApp 方法后，返回创建的应用实例，调用此实例的 use 方法来加载 ElementPlus 模块，之后就可以在 HTML 模板中直接使用 Element Plus 中内置的组件，修改 HTML 代码如下：

【源码见附件代码/第 10 章/1.element.html】

```
<div id="Application" style="text-align: center;">
    <div style="margin: 40px;"><el-tag>这里是模板的内容:{{count}}次单击</el-tag></div>
    <div><el-button v-on:click="clickButton">按钮</el-button></div>
</div>
```

el-tag 与 el-button 是 Element Plus 中提供的标签组件与按钮组件。运行代码，页面效果如图 10-1 所示。可以看到，组件美观了很多。

图 10-1　Element Plus 组件示例

上面演示了在独立的 HTML 文件中使用 Element Plus 框架。在完整的 Vue 工程中，使用 Element Plus 框架也非常方便。例如，使用 Vite 新建一个名为 2.element 的 Vue 工程，直接在创建好的 Vue 工程目录下执行如下命令即可：

```
npm install element-plus --save
```

 注意　　如果有权限问题，在上面的命令前添加 sudo 即可。执行完成后，可以看到工程下的 package.json 文件中指定依赖的部分已经被添加了 Element Plus 框架。

【源码见附件代码/第 10 章/2.element/package.json】

```
"dependencies": {
    "element-plus": "^2.7.2",
    "vue": "^3.4.21"
}
```

之后，修改工程的 main.js 文件来引入 Element Plus 模块，代码如下：

【源码见附件代码/第 10 章/2.element/src/main.js】

```
import { createApp } from 'vue'
import App from './App.vue'
// 引入 Element Plus 模块
import ElementPlus from 'element-plus'
import 'element-plus/dist/index.css'
// 挂载 ElementPlus 模块
const app = createApp(App)
app.use(ElementPlus)
app.mount('#app')
```

下面我们尝试修改工程中的 HelloWorld.vue，在其中使用 Element Plus 内置的组件。修改
HelloWorld.vue 文件中的 template 模板如下：

【源码见附件代码/第 10 章/2.element/src/components/HelloWorld.vue】

```
<template>
  <div class="hello">
    <h1>{{ msg }}</h1>
      <el-empty description="空空如也~~~"></el-empty>
  </div>
</template>
```

其中，el-empty 组件是一个空态页组件，用来展示无数据时的页面占位图。运行项目，效果如图 10-2
所示。

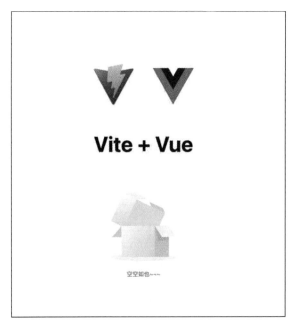

图 10-2　空态组件示例

10.1.2　按钮组件

Element Plus 中提供了 el-button 组件来创建按钮，el-button 组件中提供了很多属性来对按钮的样式进行定制。常用的属性列举如表 10-1 所示。

表10-1　el-button组件中的常用属性

属　　性	意　　义	值
size	设置按钮尺寸	default：中等尺寸 small：小尺寸 large：大尺寸
type	按钮类型，设置不同的类型会默认配置配套的按钮风格	primary：常规风格 success：成功风格 warning：警告风格 danger：危险风格 info：详情风格 text：文本风格
plain	是否采用描边风格的按钮	布尔值
round	是否为圆角按钮	布尔值
circle	是否为圆形按钮	布尔值
loading	是否为加载中按钮（附带一个 loading 指示器）	布尔值
disabled	是否为禁用状态	布尔值
autofocus	是否自动聚焦	布尔值
icon	设置图标名称	图标名字符串

下面通过代码实操一下表 10-1 列举的属性的用法。

size 属性枚举了 3 种按钮的尺寸，加上默认的尺寸，一共有 4 种可用。我们可以根据不同的场景为按钮选择合适的尺寸，各种尺寸按钮的代码示例如下：

【源码见附件代码/第 10 章/2.element/src/components/HelloWorld.vue】

```
<el-button>默认按钮</el-button>
<el-button size="large">大等按钮</el-button>
<el-button size="small">小型按钮</el-button>
```

渲染效果如图 10-3 所示。

图 10-3　不同尺寸的按钮组件

type 属性主要用于控制按钮的风格。el-button 组件默认提供了一组风格可供开发者选择，不同的风格适用于不同的业务场景，例如 danger 风格通常用来提示用户这个按钮的单击是一个相对危险的操作。示例代码如下：

【源码见附件代码/第 10 章/2.element/src/components/HelloWorld.vue】

```
<el-button type="primary">常规按钮</el-button>
<el-button type="success">成功按钮</el-button>
<el-button type="info">信息按钮</el-button>
<el-button type="warning">警告按钮</el-button>
<el-button type="danger">危险按钮</el-button>
```

效果如图 10-4 所示。

图 10-4   各种风格的按钮示例

plain 属性用于控制按钮是填充风格的还是描边风格的，round 属性用于控制按钮是否为圆角的，circle 属性用于设置是否为圆形按钮，loading 属性用于设置当前按钮是否为加载态的，disable 属性用于设置按钮是否为禁用的，示例代码如下：

【源码见附件代码/第 10 章/2.element/src/components/HelloWorld.vue】

```
<el-button type="primary" :plain="true">描边</el-button>
<el-button type="primary" :round="true">圆角</el-button>
<el-button type="primary" :circle="true">圆形</el-button>
<el-button type="primary" :disable="true">禁用</el-button>
<el-button type="primary" :loading="true">加载</el-button>
```

效果如图 10-5 所示。

图 10-5   按钮的各种配置属性

Element Plus 框架提供了很多内置图标可以直接使用。要使用这些图标，我们需要依赖 element-plus-icons 模块，运行如下指令安装：

```
npm install @element-plus/icons-vue --save
```

在使用这些图标前，我们需要进行全局注册，在 main.js 文件中添加如下代码：

【源码见附件代码/第 10 章/2.element/src/main,js】

```
// 引入图标
import * as ElementPlusIconsVue from '@element-plus/icons-vue'
const app = createApp(App)
// 遍历 ElementPlusIconsVue 中的所有组件进行注册
for (const [key, component] of Object.entries(ElementPlusIconsVue)) {
    // 向应用实例中全局注册图标组件
```

```
        app.component(key, component)
    }
```

之后，在使用 el-button 按钮组件时，可以通过设置其 icon 属性来使用图标按钮，示例如下：

【源码见附件代码/第 10 章/2.element/src/components/HelloWorld.vue】

```
<el-button type="primary" icon="Share"></el-button>
<el-button type="primary" icon="Delete"></el-button>
<el-button type="primary" icon="Search">图标在前</el-button>
<el-button type="primary">图标在后<el-icon class="el-icon--right"><Upload
/></el-icon></el-button>
```

效果如图 10-6 所示。

图 10-6　带图标的按钮

10.1.3　标签组件

从展示样式来看，Element Plus 中的标签组件与按钮组件非常相似。Element Plus 中使用 el-tag 组件来创建标签，其中可用的属性列举如表 10-2 所示。

表10-2　el-tag组件的可用属性

属　　性	意　　义	值
type	设置标签类型	success：成功风格 info：详情风格 warning：警告风格 danger：危险风格
size	标签的尺寸	default：中等尺寸 small：小尺寸 large：大尺寸
hit	是否描边	布尔值
color	标签的背景色	字符串
effect	主题	dark：暗黑主题 light：明亮主题 plain：通用主题
closable	标签是否可关闭	布尔值
disable-transitions	使用禁用渐变动画	布尔值
click	单击标签的触发事件	函数
close	单击标签上的关闭按钮的触发事件	函数

el-tag 组件的 type 属性和 size 属性的用法与 el-button 组件相同，这里不再赘述；hit 属性用来设置标签是否带描边；color 属性用来定制标签的背景颜色。示例代码如下：

【源码见附件代码/第 10 章/2.element/src/components/HelloWorld.vue 】

```
<el-tag>普通标签</el-tag>
<el-tag :hit="true">描边标签</el-tag>
<el-tag color="purple">紫色背景标签</el-tag>
```

效果如图 10-7 所示。

图 10-7   标签组件示例

closable 属性用来控制标签是否为可关闭的。通过设置这个属性，标签组件会自带删除按钮，在许多实际业务场景中，我们都需要灵活地进行标签的添加和删除，示例代码如下：

【代码片段 10-1   源码见附件代码/第 10 章/2.element/src/components/HelloWorld2.vue 】

```
<script setup>
import { ref } from 'vue'
// 默认展示的标签
const tags = ref(["男装","女装","帽子","鞋子"]);
 // 控制输入框是否展示
const show = ref(false);
// 与输入框进行数据绑定
const inputValue = ref("");
// 删除某个标签的方法，将其从数据源数组中移除
function closeTag(index) {
    tags.value.splice(index, 1);
}
// 显示输入框，新建标签时将输入框展示出来
function showInput() {
    show.value = true
}
// 确认输入，当输入框失去焦点时调用，向数据源列表中新增数据
function handleInputConfirm(){
    let inputValue = inputValue;
    if (inputValue.value) {
        tags.value.push(inputValue.value);
    }
    show.value = false;
    inputValue.value = '';
}

</script>

<template>
    <div>
      <template v-for="(tag,index) in tags" :key="tag">
        <el-tag :closable="true" @close="closeTag(index)">{{tag}}</el-tag>
        <span style="padding:10px"></span>
```

```
    </template>
    <el-input style="width: 90px"
            v-if="show"
            v-model="inputValue"
            @keyup.enter="handleInputConfirm"
            @blur="handleInputConfirm"
            size="small">
    </el-input>
    <el-button size="small" v-else @click="showInput">新建标签 +</el-button>
  </div>
</template>
```

运行上述代码,效果如图 10-8 所示。

图 10-8 动态编辑标签示例

当单击标签上的"关闭"按钮时,对应的标签会被删除,当单击"新建标签"按钮时,当前位置会展示出一个输入框,el-input 是 Element Plus 中提供的输入框组件。

关于标签组件,Element Plus 中还提供了一种类似于复选框的标签组件 el-check-tag,这个组件的使用非常简单,可通过设置其 checked 属性来控制是否选中,示例代码如下:

【源码见附件代码/第 10 章/2.element/src/components/HelloWorld2.vue】

```
<el-check-tag :checked="true">足球</el-check-tag>
<el-check-tag :checked="false">篮球</el-check-tag>
```

效果如图 10-9 所示。

图 10-9 el-check-tag 组件示例

10.1.4 空态图与加载占位图组件

当页面没有数据或页面正在加载数据时,通常需要一个空态图或占位图来提示用户。针对这两种场景,Element Plus 分别提供了 el-empty 与 el-skeleton 组件。

el-empty 用来定义空态图组件,当页面没有数据时,我们可以使用这个组件来进行占位提示。el-empty 组件中的可用属性列举如表 10-3 所示。

表10-3 el-empty组件中的可用属性

属 性	意 义	值
image	设置空态图所展示的图片,若不设置,则为默认图	字符串
image-size	设置图片展示的大小	数值
description	设置描述文本	字符串

用法示例如下：

【源码见附件代码/第 10 章/2.element/src/components/HelloWorld3.vue】

```
<el-empty description="设置空态图的描述文案" :image-size="400"></el-empty>
```

页面渲染效果如图 10-10 所示。

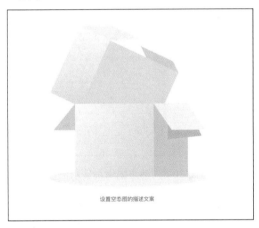

图 10-10   空态图组件的渲染样式

el-empty 组件还提供了许多插槽，使用这些插槽可以更加灵活地定制出所需要的空态图样式。示例代码如下：

【源码见附件代码/第 10 章/2.element/src/components/HelloWorld3.vue】

```
<el-empty>
  <!-- image 具名插槽用来替换默认的图片部分 -->
  <template v-slot:image>
    <div>这里是自定义图片位置</div>
  </template>
  <!-- description 具名插槽用来替换默认的描述部分 -->
  <template v-slot:description>
    <h3>自定义描述内容</h3>
  </template>
  <!-- 默认的插槽用来在空态图的尾部追加内容 -->
  <el-button>看看其他内容</el-button>
</el-empty>
```

如以上代码所示，el-empty 组件内实际上定义了 3 个插槽，默认的插槽可以向空态图组件的尾部追加元素，image 具名插槽用来完全自定义组件的图片部分，description 具名插槽用来完全自定义组件的描述部分。

在 Element Plus 中，数据加载的过程可以使用骨架屏来占位。使用骨架屏往往比单纯地使用一个加载动画的用户体验要好很多。el-skeleton 组件中常用的属性列举如表 10-4 所示。

表 10-4　el-skeleton 组件的常用属性

属　　性	意　　义	值
animated	是否使用动画	布尔值
count	渲染多少个骨架模板	数值
loading	是否展示真实的元素	布尔值
rows	骨架屏额外渲染的行数	整数
throttle	防抖属性，设置延迟渲染的时间	整数，单位为毫秒

示例代码如下：

【源码见附件代码/第 10 章/2.element/src/components/HelloWorld3.vue】

```
<el-skeleton :rows="10" :animated="true"></el-skeleton>
```

页面效果如图 10-11 所示。

图 10-11　骨架屏渲染效果

注意，rows 属性设置的行数是骨架屏中额外渲染的行数。在实际的页面展示效果中，渲染的行数比这个参数设置的数值多 1。配置 animated 参数为 true 时，可以使骨架屏展示成闪动的效果，加载过程更加逼真。

我们也可以完全自定义骨架屏的样式，使用 template 具名插槽即可。方便的是，Element Plus 提供了 el-skeleton-item 组件，这个组件通过设置不同的样式，可以非常灵活地定制出与实际要渲染的元素相似的骨架屏，示例代码如下：

【源码见附件代码/第 10 章/2.element/src/components/HelloWorld3.vue】

```
<el-skeleton :animated="true">
  <template #template>
    <!-- 定义标题骨架 -->
    <el-skeleton-item variant="h1" style="width: 100px; height: 30px; padding:0"/>
    <!-- 定义图片骨架 -->
    <el-skeleton-item variant="image" style="width: 240px; height: 240px; padding:0" />
    <!-- 定义段落骨架 -->
    <el-skeleton-item variant="p" style="width: 30%; padding:0; margin-top:20px"/>
    <el-skeleton-item variant="p" style="width: 90%; padding:0"/>
    <el-skeleton-item variant="p" style="width: 90%; padding:0"/>
  </template>
```

```
</el-skeleton>
```

渲染效果如图 10-12 所示。

图 10-12　自定义骨架屏布局样式

el-skeleton 组件中默认的插槽用来渲染真正的页面元素，通过组件的 loading 属性控制是展示加载中的占位元素还是真正的功能元素。例如，我们可以使用一个延时函数来模拟请求数据的过程，示例代码如下：

【源码见附件代码/第 10 章/2.element/src/components/HelloWorld3.vue 】

HTML 模板代码：

```
<el-skeleton :rows="1" :animated="true" :loading="loading">
  <h1>这里是真实的页面元素</h1>
  <p>{{msg}}</p>
</el-skeleton>
```

JavaScript 逻辑代码：

```
<script setup>
import { ref, onMounted } from 'vue'
const msg = ref("")
const loading = ref(true)
function getData() {
    msg.value = "这里是请求到的数据"
    loading.value = false
}
onMounted(()=>{
  // 模拟数据请求
  setTimeout(() => {
      getData()
  }, 3000);
})
</script>
```

最后需要注意，throttle 属性是 el-skeleton 组件提供的一个防抖属性，如果设置了这个属性，其骨架屏的渲染会被延迟。这在实际开发中非常有用。很多时候，我们的数据请求是非常快的，这样在页面加载时会出现骨架屏一闪而过的抖动现象，有了防抖处理，当数据的加载速度很快时，可以极大地提高用户体验。

10.1.5　图片与头像组件

针对加载图片的元素，Element Plus 提供了 el-image 组件，相比原生的 image 标签，这个组件封装了一些加载过程的回调以及处理相关占位图的插槽。el-image 组件的常用属性列举如表 10-5 所示。

表10-5　el-image组件的常用属性

属　　性	意　　义	值
fit	设置图片的适应方式	fill：拉伸充满 contain：缩放到完整展示 cover：简单覆盖 none：不进行任何拉伸处理 scale-down：缩放处理
hide-on-click-modal	开启预览功能时，是否可以通过单击遮罩来关闭预览	布尔值
lazy	是否开启懒加载	布尔值
preview-src-list	设置图片预览功能	数组
src	图片资源地址	字符串
load	图片加载成功后的回调	函数
error	图片加载失败后的回调	函数

示例代码如下：

【源码见附件代码/第 10 章/2.element/src/components/HelloWorld4.vue】

```
<el-image style="width:500px" src="http://huishao.cc/img/head-img.png"></el-image>
```

el-image 组件本身的使用比较简单，通常使用 el-image 组件是为了方便添加图片加载中或加载失败时的占位元素，使用 placeholder 插槽来设置加载中的占位内容，使用 error 插槽来设置加载失败的占位内容，示例代码如下：

【源码见附件代码/第 10 章/2.element/src/components/HelloWorld4.vue】

```
<el-image style="width:500px" src="http://huishao.cc/img/head-img.png">
  <template #placeholder>
    <h1>加载中...</h1>
  </template>
  <template #error>
    <h1>加载失败</h1>
  </template>
</el-image>
```

el-avatar 组件是 Element Plus 提供的一个更加面向应用的图片组件，它专门用于展示头像类的元素，示例代码如下：

【源码见附件代码/第 10 章/2.element/src/components/HelloWorld4.vue】

```
<!-- 使用文本类型的头像 -->
```

```
    <el-avatar style="margin:20px">用户</el-avatar>
    <!-- 使用图标类型的头像 -->
    <el-avatar style="margin:20px"><el-icon><User/></el-icon></el-avatar>
    <!-- 使用图片类型的头像 -->
    <el-avatar style="margin:20px" :size="100"
src="http://huishao.cc/img/avatar.jpg"></el-avatar>
    <el-avatar style="margin:20px" src="http://huishao.cc/img/avatar.jpg"></el-avatar>
    <el-avatar style="margin:20px" shape="square"
src="http://huishao.cc/img/avatar.jpg"></el-avatar>
```

el-avatar 组件支持使用文本、图标和图片来进行头像的渲染，同时也可以设置 shape 属性来定义头像的形状，支持圆形和方形。上面示例代码的运行效果如图 10-13 所示。

图 10-13　头像组件效果示例

同样，对于 el-avatar 组件，我们也可以使用默认插槽来完全自定义头像内容。在 Element Plus 框架中，大部分组件都非常灵活，除默认提供的一套样式外，也支持开发者完全对其进行定制。

10.2　表单类组件

表单类组件一般只可以进行用户交互，可以根据用户的操作而改变页面逻辑的相关组件。Element Plus 对常用的交互组件都有封装，例如单选框、多选框、选择列表、开关等。

10.2.1　单选框与多选框

在 Element Plus 中，使用 el-radio 组件来定义单选框。el-radio 组件支持多种样式，使用起来非常简单。el-radio 的常规用法示例如下：

【源码见附件代码/第 10 章/2.element/src/components/HelloWorld5.vue】

```
<el-radio v-model="radio" value="0">男</el-radio>
<el-radio v-model="radio" value="1">女</el-radio>
```

同属一组的单选框的 v-model 需要绑定到相同的组件属性上，上面代码中的 radio 是定义在当前组件内的属性，当选中某个选项时，属性对应的值为单选框 label 所设置的值。效果如图 10-14 所示。

图 10-14　单选框组件示例

当选项比较多时，我们也可以直接使用 el-radio-group 组件来进行包装，之后只需要对
el-radio-group 组件进行数据绑定即可，示例代码如下：

【源码见附件代码/第 10 章/2.element/src/components/HelloWorld5.vue】

```
<el-radio-group v-model="radio2">
  <el-radio value="1">选项 1</el-radio>
  <el-radio value="2">选项 2</el-radio>
  <el-radio value="3">选项 3</el-radio>
  <el-radio value="4">选项 4</el-radio>
</el-radio-group>
```

除 el-radio 可以创建单选框外，Element Plus 还提供了 el-radio-button 组件来创建按钮样式的单
选组件，示例代码如下：

【源码见附件代码/第 10 章/2.element/src/components/HelloWorld5.vue】

```
<el-radio-group v-model="city">
  <el-radio-button value="1">北京</el-radio-button>
  <el-radio-button value="2">上海</el-radio-button>
  <el-radio-button value="3">广州</el-radio-button>
  <el-radio-button value="4">深圳</el-radio-button>
</el-radio-group>
```

效果如图 10-15 所示。

图 10-15　按钮样式的单选组件

el-radio 组件的常用属性列举如表 10-6 所示。

表10-6　el-radio组件的常用属性

属　　性	意　　义	值
disabled	是否禁用	布尔值
border	是否显示描边	布尔值
change	选择内容发生变化时的触发事件	函数

el-radio-group 组件的常用属性列举如表 10-7 所示。

表10-7　el-radio-group组件常用属性

属　　性	意　　义	值
disabled	是否禁用	布尔值
text-color	设置按钮样式的选择组件的文本颜色	字符串
fill	按钮样式的选择组件的填充颜色	字符串
change	选择内容发生变化时的触发事件	函数

多选框组件使用 el-checkbox 创建，其用法与单选框类似，基础的用法示例如下：

【源码见附件代码/第 10 章/2.element/src/components/HelloWorld5.vue】

```
<el-checkbox value="1" v-model="checkBox">A</el-checkbox>
<el-checkbox value="2" v-model="checkBox">B</el-checkbox>
<el-checkbox value="3" v-model="checkBox">C</el-checkbox>
<el-checkbox value="4" v-model="checkBox">D</el-checkbox>
```

渲染效果如图 10-16 所示。

图 10-16　复选框组件示例

注意，上面的示例代码运行后，Vue 在控制台会输出警告信息。更标准的用法与单选框类似，将一组复选框使用 el-checkbox-group 组件进行包装，并且可以通过设置 min 和 max 属性来设置最少/最多可以选择多少选项，示例代码如下：

【源码见附件代码/第 10 章/2.element/src/components/HelloWorld5.vue】

```
<el-checkbox-group v-model="checkBox2" :min="1" :max="3">
    <el-checkbox value="1">A</el-checkbox>
    <el-checkbox value="2">B</el-checkbox>
    <el-checkbox value="3">C</el-checkbox>
    <el-checkbox value="4">D</el-checkbox>
</el-checkbox-group>
```

对应地，Element Plus 也提供了 el-checkbox-button 组件用于创建按钮样式的复选框，其用法与单选框类似，我们可以通过编写实际代码来测试与学习其用法，这里不再赘述。

10.2.2　标准输入框组件

在 Element Plus 框架中，输入框是一种非常复杂的 UI 组件，el-input 组件提供了非常多的属性供开发者进行定制。输入框一般用来展示用户的输入内容，可以使用 v-model 来对其进行数据绑定。el-input 组件的常用属性列举如表 10-8 所示。

表10-8　el-input组件的常用属性

属　　性	意　　义	值
type	输入框的类型	text：文本框 textarea：文本区域
maxlength	设置最大文本长度	数值
minlength	设置最小文本长度	数值
show-word-limit	是否显示输入字数统计	布尔值
placeholder	输入框默认的提示文本	字符串
clearable	是否展示清空按钮	布尔值

（续表）

属　　性	意　　义	值
show-password	是否展示密码保护按钮	布尔值
disabled	是否禁用此输入框	布尔值
size	设置尺寸	default：中等尺寸 small：小尺寸 large：大尺寸
prefix-icon	输入框前缀图标	字符串
suffix-icon	输入框尾部图标	字符串

autosize	是否自适应内容高度	当设置为布尔值时，是否自动适应
		当设置为如下格式对象时进行行数限制：
		{
		minRows：控制展示的最小行数
		maxRows：控制展示的最大行数
		}

autocomplete	是否自动补全	布尔值
resize	设置能否被用户拖拽缩放	none：进行缩放 both：支持在水平和竖直方向缩放 horizontal：支持在水平方向缩放 vertical：支持在竖直方向缩放
autofocus	是否自动获取焦点	布尔值
label	输入框关联的标签文案	字符串
blur	输入框失去焦点时触发	函数
focus	输入框获取焦点时触发	函数
change	输入框失去焦点或用户按 Enter 键时触发	函数
input	在输入的值发生变化时触发	函数
clear	在用户单击输入框的清空按钮后触发	函数

输入框的基础使用方法示例如下：

【源码见附件代码/第 10 章/2.element/src/components/HelloWorld6.vue】

```
<el-input v-model="value"
placeholder="请输入内容"
:disabled="false"
:show-password="true"
:clearable="true"
prefix-icon="Search"
type="text"></el-input>
```

代码运行效果如图 10-17 所示。

图 10-17　输入框样式示例

el-input 组件内部也封装了许多有用的插槽，使用插槽可以为输入框定制前置内容、后置内容或者图标。插槽名称列举如表 10-9 所示。

表10-9   el-input组件内部封装的插槽

名　　称	说　　明
prefix	输入框头部内容，一般为图标
suffix	输入框尾部内容，一般为图标
prepend	输入框前置内容
append	输入框后置内容

前置内容和后置内容在有些场景下非常实用，示例代码如下：

【源码见附件代码/第 10 章/2.element/src/components/HelloWorld6.vue】

```
<el-input v-model="value2" type="text">
  <template #prepend>Http://</template>
  <template #append>.com</template>
</el-input>
```

效果如图 10-18 所示。

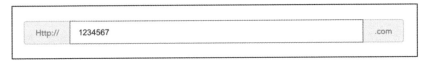

图 10-18   为输入框增加前置和后置内容

10.2.3   带推荐列表的输入框组件

你一定遇到过这样一种场景：当激活某个输入框时，它会自动弹出推荐列表供用户进行选择。在 Element Plus 框架中提供了 el-autocomplete 组件来支持这种场景。el-autocomplete 组件的常用属性列举如表 10-10 所示。

表10-10   el-autocomplete组件的常用属性

属　　性	意　　义	值
placeholder	输入框的占位文本	字符串
disabled	设置是否禁用	布尔值
debounce	获取输入建议的防抖动延迟	数值，单位为毫秒
placement	弹出建议菜单的位置	top top-start top-end bottom bottom-start bottom-end

属　　性	意　　义	值
fetch-suggestions	当需要从网络请求建议数据时，设置此函数	函数类型为 Function(queryString, callback)，当获取建议数据后，使用 callback 参数进行返回
trigger-on-focus	是否在输入框获取焦点时自动显示建议列表	布尔值
prefix-icon	头部图标	字符串
suffix-icon	尾部图标	字符串
hide-loading	是否隐藏加载时的 loading 图标	布尔值
highlight-first-item	是否对建议列表中的第一项进行高亮处理	布尔值
value-key	建议列表用来展示的对象键名	字符串，默认为 value
select	单击选中建议项时触发	函数
change	输入框中的值发生变化时触发	函数

示例代码如下：

【源码见附件代码/第 10 章/2.element/src/components/HelloWorld6.vue】

```
<el-autocomplete v-model="value3"
    :fetch-suggestions="queryData"
    placeholder="请输入内容"
    @select="selected"
    :highlight-first-item="true"
></el-autocomplete>
```

对应的 JavaScript 逻辑代码如下：

【代码片段 10-2　源码见附件代码/第 10 章/2.element/src/components/HelloWorld6.vue】

```
<script setup>
import {ref} from 'vue'
const value3 = ref("")
// 定义方法，模拟获取输入框的自动提示补全数据
function queryData(queryString, callback) {
    // queryString 参数为当前输入框输入的数据，调用 callback 回调将补全数据返回
    let array = []
    if (queryString.length > 0) {
        // 将当前输入的内容作为自动提示的第一个选项
        array.push({value:queryString})
    }
    // 追加一些测试数据
    array.push(...[{value:"衣服"},{value:"裤子"},{value:"帽子"},{value:"鞋子"}])
    callback(array)
}
// 选中某个选项后，进行 alert 提示
function selected(obj) {
    alert(obj.value)
```

```
    }
</script>
```

运行代码，效果如图 10-19 所示。

图 10-19   提供建议列表的输入框

注意，如以上代码所示，在 queryData 函数中调用 callback 回调时需要传递一组数据，此数组中的数据都是 JavaScript 对象，在渲染列表时，默认会取对象的 value 属性的值作为列表中渲染的值，我们也可以自定义这个要取的键名，配置组件的 value-key 属性即可。

el-input 组件支持的属性和插槽，el-autocomplete 组件也都是支持的，可以通过 prefix、suffix、prepend 和 append 这些插槽来对 el-autocomplete 组件中的输入框进行定制。

10.2.4 数字输入框

数字输入框专门用来输入数值，我们在电商网站进行购物时，经常会遇到此类输入框，例如商品数量的选择、商品尺寸的选择等。Element Plus 中使用 el-input-number 来创建数字输入框，其常用属性列举如表 10-11 所示。

表 10-11   el-input-number 组件的常用属性

属　　性	意　　义	值
min	设置允许输入的最小值	数值
max	设置允许输入的最大值	数值
step	设置步长	数值
step-strictly	设置是否只能输入步长倍数的值	布尔值
precision	数值精度	数值
size	计数器尺寸	large default small
disabled	是否禁用输入框	布尔值
controls	是否使用控制按钮	布尔值
controls-position	设置控制按钮的位置	right
placeholder	设置输入框的默认提示文案	字符串
change	输入框的值发生变化时触发	函数
blur	输入框失去焦点时触发	函数
focus	输入框获得焦点时触发	函数

一个简单的数字输入框示例如下：

【源码见附件代码/第 10 章/2.element/src/components/HelloWorld6.vue】

```
<el-input-number :min="1" :max="10" :step="1" v-model="num"></el-input-number>
```

效果如图 10-20 所示。

图 10-20　数字输入框示例

10.2.5　选择列表

选择列表组件是一种常用的用户交互元素，它可以提供一组选项供用户进行选择，支持单选，也支持多选。Element Plus 使用 el-select 来创建选择列表组件。el-select 组件的功能非常丰富，其常用属性列举如表 10-12 所示。

表 10-12　el-select 组件的常用属性

属　　性	意　　义	值
multiple	是否支持多选	布尔值
disabled	是否禁用	布尔值
size	输入框尺寸	large small default
clearable	是否可清空选项	布尔值
collapse-tags	多选时，是否将选中的值以文字的形式展示	布尔值
multiple-limit	设置多选时最多可选择的项目数	数值，若设置为 0，则不进行限制
placeholder	输入框的占位文案	字符串
filterable	是否支持搜索	布尔值
allow-create	是否允许用户创建新的条目	布尔值
filter-method	搜索方法	函数
remote	是否为远程搜索	布尔值
remote-method	远程搜索方法	函数
loading	是否正在从远程获取数据	布尔值
loading-text	数据加载时需要	字符串
no-match-text	控制当未搜索到结果时选择框显示的文案	字符串
no-data-text	选项为空时显示的文字	字符串
automatic-dropdown	对于不支持搜索的选择框，当获取到焦点时是否自动下拉展开	布尔值
clear-icon	自定义清空图标	字符串
change	选中值发生变化时触发的事件	函数
visible-change	下拉框出现/隐藏时触发的事件	函数
remove-tag	多选模式下，移除标签时触发的事件	函数

（续表）

属 性	意 义	值
clear	用户单击"清空"按钮后触发的事件	函数
blur	选择框失去焦点时触发的事件	函数
focus	选择框获取焦点时触发的事件	函数

示例代码如下：

【源码见附件代码/第 10 章/2.element/src/components/HelloWorld7.vue】

```
<el-select :multiple="true" :clearable="true" v-model="value">
  <el-option v-for="item in options"
  :value="item.value"
  :label="item.label"
  :key="item.value">
  </el-option>
</el-select>
```

对应的 JavaScript 代码如下：

```
<script setup>
import {ref} from 'vue'
const value = ref([])
const options = ref([{
    value: '选项 1',
    label: '足球'
}, {
    value: '选项 2',
    label: '篮球'
}, {
    value: '选项 3',
    label: '排球'
}, {
    value: '选项 4',
    label: '乒乓球'
}, {
    value: '选项 5',
    label: '排球'
}])
</script>
```

代码运行效果如图 10-21 所示。

图 10-21   选择列表组件示例

如以上代码所示，选择列表组件中选项的定义是通过 el-option 组件来完成的，此组件的可配置属性有 value、label 和 disabled。其中 value 通常设置为选项的值，label 设置为选项的文案，disabled 控制选项是否禁用。

选择列表也支持进行分组，我们可以将同类的选项进行归并，示例代码如下：

【源码见附件代码/第 10 章/2.element/src/components/HelloWorld7.vue】

```
<el-select :multiple="true" :clearable="true2" v-model="value">
  <el-option-group v-for="group in options2"
  :key="group.label"
  :label="group.label">
    <el-option v-for="item in group.options"
    :value="item.value"
    :label="item.label"
    :key="item.value">
    </el-option>
  </el-option-group>
</el-select>
```

对应渲染组件的数据结构如下：

```
const options2 = [{
  label:"球类",
  options:[{
    value: '选项1',
    label: '足球'
  }, {
    value: '选项2',
    label: '篮球',
    disabled: true
  }, {
    value: '选项3',
    label: '排球'
  }, {
    value: '选项4',
    label: '乒乓球'
  }]
},{
  label:"休闲",
  options:[{
    value: '选项5',
    label: '散步'
  }, {
    value: '选项6',
    label: '游泳',
  }]
}]
```

代码运行效果如图 10-22 所示。

图 10-22　对选择列表进行分组

关于选择列表组件的搜索相关功能，这里不再演示。在实际使用时，只需要实现对应的搜索函数来返回搜索的结果列表即可。

10.2.6　多级列表组件

el-select 组件创建的选择列表都是单列的，在实际应用场景中，我们通常需要使用多级选择列表，Element Plus 框架中提供了 el-cascader 组件来提供支持。

当数据集成有清晰的层级结构时，可以通过使用 el-cascader 组件来让用户逐级查看和选择选项。el-cascader 组件的使用很简单，常用属性列举如表 10-13 所示。

表10-13　el-cascader组件的常用属性

属　　性	意　　义	值
options	可选项的数据源	数组
props	配置对象，后面会介绍如何配置	对象
size	设置尺寸	large small default
placeholder	设置输入框的占位文本	字符串
disabled	设置是否禁用	布尔值
clearable	设置是否支持清空选项	布尔值
show-all-levels	设置输入框中是否展示完整的选中路径	布尔值
collapse-tags	设置多选模式下是否隐藏标签	布尔值
separator	设置选项分隔符	字符串
filterable	设置是否支持搜索	布尔值
filter-method	自定义搜索函数	函数
debounce	防抖间隔	数值，单位为毫秒
before-filter	调用搜索函数前的回调	函数
change	当选中项发生变化时回调的函数	函数
expand-change	当展开的列表发生变化时回调的函数	函数
blur	当输入框失去焦点时回调的函数	函数

（续表）

属　　性	意　　义	值
focus	当输入框获得焦点时回调的函数	函数
visible-change	下拉菜单出现/隐藏时回调的函数	函数
remove-tag	在多选模式下，移除标签时回调的函数	函数

在表 10-13 列出的属性列表中，props 属性需要设置为一个配置对象，此配置对象可以对选择列表是否可多选、子菜单的展开方式等进行设置。props 对象的可配置键及意义如表 10-14 所示。

表10-14　props对象的可配置键及意义

键	意　　义	值
expandTrigger	设置子菜单的展开方式	click：单击展开 hover：鼠标触碰展开
multiple	是否支持多选	布尔值
emitPath	当选中的选项发生变化时，是否返回此选项的完整路径数组	布尔值
lazy	是否对数据懒加载	布尔值
lazyLoad	懒加载时的动态数据获取函数	函数
value	指定选项的值为数据源对象中的某个属性	字符串，默认值为'value'
label	指定标签渲染的文本为数据源对象中的某个属性	字符串，默认值为'label'
children	指定选项的子列表为数据源对象中的某个属性	字符串，默认为'children'

下面的代码将演示多级列表组件的基本使用方法，我们首先准备一组测试的数据源数据。

【源码见附件代码/第 10 章/2.element/src/components/HelloWorld7.vue】

```
const datas = [
  {
    value: "父1",
    label: "运动",
    children: [
      {
        value: "子1",
        label: "足球",
      },
      {
        value: "子2",
        label: "篮球",
      },
    ],
  },
  {
    value: "父2",
    label: "休闲",
    children: [
      {
        value: "子1",
```

```
      label: "游戏",
    },
    {
      value: "子 2",
      label: "魔方",
    },
  ],
  },
]
```

编写 template 结构代码如下：

```
<el-cascader
  v-model="value"
  :options="datas"
  :props="{ expandTrigger: 'hover' }"
></el-cascader>
```

运行上述代码，效果如图 10-23 所示。

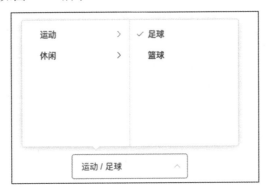

图 10-23   多级选择列表示例

10.3   开关与滑块组件

开关是很常见的一种页面元素，有开和关两种状态来支持用户交互。在 Element Plus 中，使用 el-switch 来创建开关组件。开关组件的状态只有两种，如果需要使用连续状态的组件，则可以使用 el-slider 组件，这个组件能够渲染出进度条与滑块，用户可以方便地对进度进行调节。

10.3.1   开关组件

el-switch 组件支持开发者对开关颜色、背景颜色等进行定制，常用属性列举如表 10-15 所示。

表 10-15   el-switch 组件的常用属性

属　　性	意　　义	值
disabled	设置是否禁用	布尔值
loading	设置是否加载中	布尔值
width	设置按钮的宽度	数值

（续表）

属　　　性	意　　　义	值
active-text	设置开关打开时的文字描述	字符串
inactive-text	设置开关关闭时的文字描述	字符串
active-value	设置开关打开时的值	布尔值/字符串/数值
inactive-value	设置开关关闭时的值	布尔值/字符串/数值
active-color	设置开关打开时的背景色	字符串
inactive-color	设置开关关闭时的背景色	字符串
validate-event	改变开关状态时，是否触发表单校验	布尔值
before-change	开关状态变化之前调用的函数	函数
Change	开关状态发生变化后调用的函数	函数

下面的代码将演示几种基础的标签样式：

【源码见附件代码/第 10 章/2.element/src/components/HelloWorld8.vue】

```
<div id="div">
<el-switch
   v-model="switch1"
   active-text="会员"
   inactive-text="非会员"
   active-color="#00FF00"
   inactive-color="#FF0000"
 ></el-switch>
</div>
<div id="div">
  <el-switch
   v-model="switch2"
   active-text="加载中"
   :loading="true"
  ></el-switch>
</div>
<div id="div">
  <el-switch
   v-model="switch3"
   inactive-text="禁用"
   :disabled="true"
  ></el-switch>
</div>
```

代码运行效果如图 10-24 所示。

图 10-24 开关组件示例

10.3.2 滑块组件

当页面元素有多种状态时，我们可以尝试使用滑块组件来实现。滑块组件既支持承载连续变化的值，也支持承载离散变化的值。同时，滑块组件还支持结合输入框一起使用，可谓非常强大。el-slider 组件的常用属性列举如表 10-16 所示。

表 10-16 el-slider 组件的常用属性

属　　性	意　　义	值
min	设置滑块的最小值	数值
max	设置滑块的最大值	数值
disabled	设置是否禁用滑块	布尔值
step	设置滑块步长	数值
show-input	设置是否显示输入框	布尔值
show-input-controls	设置显示的输入框是否有控制按钮	布尔值
input-size	设置输入框尺寸	large small default
show-stops	是否显示间断点	布尔值
show-tooltip	是否显示刻度提示	布尔值
format-tooltip	对刻度信息进行格式化	函数
range	设置是否为范围选择模式	布尔值
vertical	设置是否为竖向模式	布尔值
height	设置竖向模式时滑块组件的高度	字符串
marks	设置标记	对象
change	滑块组件的值发生变化时调用的函数，只在鼠标拖动结束触发	函数
input	滑块组件的值发生变化时调用的函数，鼠标拖动过程中也会触发	函数

滑块组件默认的取值范围为 0~100，我们几乎无须设置任何额外属性，就可以对滑块组件进行使用，例如：

【源码见附件代码/第 10 章/2.element/src/components/HelloWorld8.vue】

```
<el-slider v-model="sliderValue"></el-slider>
```

组件的渲染效果如图 10-25 所示。

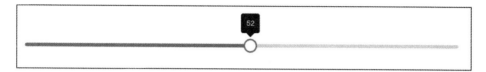

图 10-25　滑块组件示例

可以看到，当我们对滑块进行拖动时，当前的值会显示在滑块上方，对于显示的文案，我们可以通过 format-tooltip 属性来进行定制。例如，要进行百分比显示，示例代码如下：

```
<el-slider v-model="sliderValue" :format-tooltip="format"></el-slider>
```

format 函数实现如下：

```
format(value) {
  return `${value}%`;
}
```

如果滑块组件可选中的值为离散的，我们可以通过 step 属性来进行控制，在上面代码的基础上，若只允许选择以 10%为间隔的值，示例代码如下：

```
<el-slider
  v-model="sliderValue"
  :format-tooltip="format"
  :step="10"
  :show-stops="true"
></el-slider>
```

效果如图 10-26 所示。

图 10-26　离散值的滑块组件示例

如果设置了 show-input 属性的值为 true，则页面还会渲染出一个输入框，输入框中输入的值与滑块组件的值之间是联动的，如图 10-27 所示。

图 10-27　带输入框的滑块组件示例

el-slider 组件也支持进行范围选择，当我们需要让用户选中一段范围时，可以设置其 range 属性为 true，效果如图 10-28 所示。

图 10-28　支持范围选择的滑块组件示例

最后，我们再来看一下 el-slider 组件的 marks 属性，这个属性可以为滑块的进度条配置一组标记，对于一些重要节点，还可以使用标记进行突出展示。示例代码如下：

【源码见附件代码/第 10 章/2.element/src/components/HelloWorld8.vue】

```
<el-slider v-model="sliderValue" :marks="marks"></el-slider>
```

marks 数据配置如下：

```
const marks = {
  0: "起点",
  50: "半程啦！",
  90: {
    style: {
      color: "#ff0000",
    },
    label: "就到终点啦",
  }
}
```

运行代码，效果如图 10-29 所示。

图 10-29　为滑块组件添加标记示例

10.4　选择器组件

选择器组件的使用场景与选择列表类似，只是其场景更加定制化。Element Plus 中提供了时间日期、颜色相关的选择器，在需要的场景中可以直接使用。

10.4.1　时间选择器

el-time-picker 用来创建时间选择器，可以方便地供用户选择一个时间点或时间范围。el-time-picker 中的常用属性列举如表 10-17 所示。

表 10-17　el-time-picker 组件的常用属性

属　　性	意　　义	值
readonly	设置是否只读	布尔值
disabled	设置是否禁用	布尔值
clearable	设置是否清晰显示按钮	布尔值

（续表）

属　　性	意　　义	值
size	设置输入框尺寸	large small default
placeholder	设置占位内容	字符串
start-placeholder	在范围选择模式下，设置起始时间的占位内容	字符串
end-placeholder	在范围选择模式下，设置结束时间的占位内容	字符串
is-range	设置是否为范围选择模式	布尔值
arrow-control	设置是否使用箭头进行时间选择	布尔值
align	设置对齐方式	left center right
range-separator	设置范围选择时的分隔符	字符串
format	显示在输入框中的时间格式	字符串，默认为 HH:mm:ss
default-value	设置选择器打开时默认显示的时间	时间对象
prefix-icon	设置头部图标	字符串
clear-icon	自定义清空图标	字符串
disabledHours	禁止选择某些小时	函数
disabledMinutes	禁止选择某些分钟	函数
disabledSeconds	禁止选择某些秒	函数
change	用户选择的值发生变化时触发	函数
blur	输入框失去焦点时触发	函数
focus	输入框获取焦点时触发	函数

下面的代码将演示 el-time-picker 组件的基本使用方法。

【源码见附件代码/第 10 章/2.element/src/components/HelloWorld9.vue】

```
<el-time-picker
  :is-range="true"
  v-model="time"
  range-separator="~"
  :arrow-control="true"
  start-placeholder="开始时间"
  end-placeholder="结束时间"
>
</el-time-picker>
```

效果如图 10-30 所示。

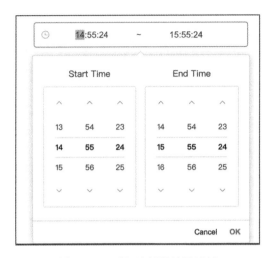

图 10-30   时间选择器效果示例

注意，el-time-picker 创建的时间选择器的样式是表格类型的，Element Plus 框架中还提供了一个 el-time-select 组件，这个组件渲染出的选择器是列表样式的。

10.4.2   日期选择器

el-time-picker 提供了对时间选择的支持，如果还要选择日期，可以使用 el-date-picker 组件。此组件会渲染出一个日历视图，用户可以在日历视图上方便地进行日期选择。el-data-picker 组件的常用属性列举如表 10-18 所示。

表 10-18   el-data-picker 组件的常用属性

属　　性	意　　义	值
readonly	设置是否只读	布尔值
disabled	设置是否禁用	布尔值
editable	设置文本框是否可编辑	布尔值
clearable	设置是否清晰显示按钮	布尔值
size	设置输入框组件的尺寸	large small default
placeholder	设置输入框的占位内容	字符串
start-placeholder	在范围选择模式下，设置起始日期的占位内容	字符串
end-placeholder	在范围选择模式下，设置结束日期的占位内容	字符串
type	日历的类型	year month date dates week datetime datetimerange daterange monthrange

（续表）

属　　性	意　　义	值
format	日期的格式	字符串，默认为 YYYY-MM-DD
range-separator	设置分隔符	字符串
default-value	设置默认日期	Date 对象
prefix-icon	设置头部图标	字符串
clear-icon	自定义清空图标	字符串
validate-event	输入时是否触发表单的校验	布尔值
disabledDate	设置需要禁用的日期	函数
change	用户选择的日期发生变化时触发的函数	函数
blur	输入框失去焦点时触发的函数	函数
focus	输入框获取焦点时触发的函数	函数

el-data-picker 组件的简单用法示例如下：

【源码见附件代码/第 10 章/2.element/src/components/HelloWorld9.vue】

```
<el-date-picker
  v-model="date"
  type="daterange"
  range-separator="至"
  start-placeholder="开始日期"
  end-placeholder="结束日期"
  >
</el-date-picker>
```

运行代码，页面效果如图 10-31 所示。

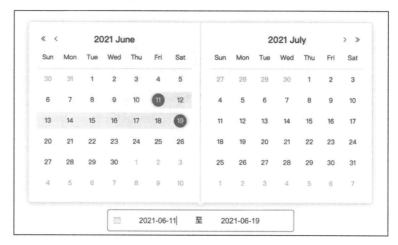

图 10-31　日期选择器组件示例

注意，当 el-data-picker 组件的 type 属性设置为 datatime 时，它同时支持选择日期和时间，使用非常方便。

10.4.3　颜色选择器

颜色选择器能够提供一个调色板组件，用户可以方便地在调色板上进行颜色的选择。在一些场景下，如果页面支持用户进行颜色定制，可以使用颜色选择器组件。颜色选择器使用 el-color-picker 创建，常用属性列举如表 10-19 所示。

表 10-19　el-color-picker 组件的常用属性

属　　性	意　　义	值
disabled	设置是否禁用	布尔值
size	设置尺寸	large small default
show-alpha	设置是否支持透明度选择	布尔值
color-format	设置颜色格式	hsl hsv hex rgb
predefine	设置预定义颜色	数组

颜色选择器的简单使用示例如下：

【源码见附件代码/第 10 章/2.element/src/components/HelloWorld9.vue】

```
<el-color-picker :show-alpha="true" v-model="color"></el-color-picker>
```

效果如图 10-32 所示。

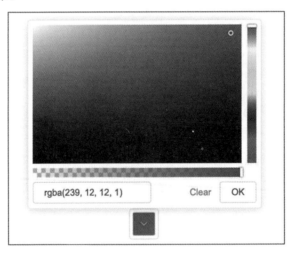

图 10-32　颜色选择器示例

10.5　提示类组件

Element Plus 框架中提供了许多提示类的组件，这类组件在实际开发中应用非常频繁。当我们需要对某些用户的操作做出提示时，就可以使用这类组件。Element Plus 框架中提供的提示类组件交互非常友好，主要包括警告组件、加载提示组件、消息提醒组件、通知和弹窗组件等。

10.5.1　警告组件

警告组件用来在页面上展示重要的提示信息，页面产生错误、用户交互处理产生失败等场景都可以使用警告组件来提示用户。警告组件使用 el-alert 创建，有 4 种类型，分别可以使用在操作成功提示、普通信息提示、行为警告提示和操作错误提示场景下。

el-alert 警告组件的常用属性列举如表 10-20 所示。

表 10-20　el-alert 警告组件的常用属性

属　　性	意　　义	值
title	设置标题	字符串
type	设置类型	success warning info error
description	设置描述文案	字符串
closeable	设置是否可以关闭提示	布尔值
center	设置文本是否居中显示	布尔值
close-text	自定义关闭按钮的文本	字符串
show-icon	设置是否显示图标	布尔值
effect	设置主题	light dark
close	关闭提示时触发的事件	函数

下面的代码将演示不同类型的警告提示样式。

【源码见附件代码/第 10 章/2.element/src/components/HelloWorld10.vue】

```
<el-alert title="成功提示的文案" type="success"> </el-alert>
<br />
<el-alert title="消息提示的文案" type="info"> </el-alert>
<br />
<el-alert title="警告提示的文案" type="warning"> </el-alert>
<br />
<el-alert title="错误提示的文案" type="error"> </el-alert>
```

效果如图 10-33 所示。单击提示栏上的"关闭"按钮，提示栏会自动被消除。

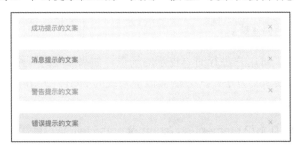

图 10-33　警告提示组件示例

注意，el-alert 是一种常驻的提示组件，除非用户手动单击"关闭"按钮，否则提示框不会自动关闭，如果需要使用悬浮式的提示组件，Element Plus 中也提供了相关的方法，我们在 10.5.2 节再介绍。

10.5.2　消息提示

Element Plus 中提供了主动触发消息提示的方法，当触发消息提示时，页面顶部会出现一个提示栏，展示 3 秒后自动消失。简单示例如下：

【源码见附件代码/第 10 章/2.element/src/components/HelloWorld10.vue】

```
<el-button @click="popTip">弹出信息提示</el-button>
```

实现 popTip 方法如下：

```
import { ElMessage } from 'element-plus'
function popTip() {
    ElMessage({
        message: "提示内容",
        type: "warning",
    });
}
```

ELMessage 是 Element Plus 中内置的方法，将其引入后可以直接使用。此方法的可配置参数列举如表 10-21 所示。

表 10-21　ELMessage 方法的可配置参数

参　数　名	意　义	值
message	设置提示的消息文字	字符串或 VNode
type	设置提示组件的类型	success warning info error
duration	设置展示时间	数值，单位为毫秒，默认为 3000
showClose	是否展示关闭按钮	布尔值
center	设置文字是否居中	布尔值
onClose	提示栏关闭时回调的函数	函数
offset	设置出现提示栏的位置距离窗口顶部的偏移量	数值

ELMessage 方法适用于对用户进行简单提示的场景，如果需要进行用户交互，则 Element Plus 中提供了另一个 ELMessageBox 方法，此方法类似于系统的 alert、confirm 和 prompt 方法，可以进行用户交互。示例代码如下：

【源码见附件代码/第 10 章/2.element/src/components/HelloWorld10.vue】

```
function popAlert() {
    ElMessageBox({
```

```
            title: "提示",
            message: "详细的提示内容",
            type: "warning",
            showCancelButton: true,
            showConfirmButton: true,
            showInput: true,
        });
    }
```

运行代码，效果如图 10-34 所示。

图 10-34　提示弹窗示例

ELMessageBox 方法的可配置参数列举如表 10-22 所示。

表 10-22　ELMessageBox 方法的可配置常用参数

参　数　名	意　义	值
title	设置提示框标题	字符串
message	设置提示框展示的信息	字符串
type	设置提示框类型	success info warning error
callback	用户交互的回调，当用户单击提示框上的按钮时触发	函数
showClose	设置是否展示关闭按钮	布尔值
beforeClose	提示框关闭前的回调	函数
lockScroll	是否在提示框出现时将页面滚动锁定	布尔值
showCancelButton	设置是否显示取消按钮	布尔值
showConfirmButton	设置是否显示确认按钮	布尔值
cancelButtonText	自定义取消按钮的文本	字符串
confirmButtonText	自定义确认按钮的文本	字符串
closeOnClickModal	设置是否可以通过单击遮罩关闭当前的提示框	布尔值
closeOnPressEscape	设置是否可以通过按 ESC 键来关闭当前提示框	布尔值
showInput	设置是否展示输入框	布尔值
inputPlaceholder	设置输入框的占位文案	字符串

（续表）

参 数 名	意 义	值
inputValue	设置输入框的初始文案	字符串
inputValidator	设置输入框的校验方法	函数
inputErrorMessage	设置校验不通过时展示的文案	字符串
center	设置布局是否居中	布尔值
roundButton	设置是否使用圆角按钮	布尔值

10.5.3 通知组件

通知用来全局地进行系统提示，可以像消息提醒一样出现一定时间后自动关闭，也可以像提示栏那样常驻，只有用户手动才能关闭。在 Vue 组件中，可以直接调用方法 EINotification 来触发通知，常用的参数定义列举如表 10-23 所示。

表 10-23 EINotification 方法常用的参数定义

参 数 名	意 义	值
title	设置通知的标题	字符串
message	设置通知的内容	字符串
type	设置通知的样式	success warning info error
duration	设置通知的显示时间	数值，若设置为 0，则不会自动消失
position	设置通知的弹出位置	top-right top-left bottom-right bottom-left
showClose	设置是否展示关闭按钮	布尔值
onClose	通知关闭时回调的函数	函数
onClick	单击通知时回调的函数	函数
offset	设置通知距离页面边缘的偏移量	数值

示例代码如下：

【源码见附件代码/第 10 章/2.element/src/components/HelloWorld10.vue】

```
function notify() {
    EINotification({
        title: "通知标题",
        message: "通知内容",
        type: "success",
        duration: 3000,
        position: "top-right",
    });
}
```

页面效果如图 10-35 所示。

图 10-35　通知组件示例

10.6　数据承载相关组件

前面我们学习了很多轻量美观的 UI 组件，本节将介绍更多专门用来承载数据的组件，例如表格组件、导航组件、卡片和折叠面板组件等。使用这些组件来组织页面数据非常方便。

10.6.1　表格组件

表格组件能够承载大量的数据信息。因此，在实际开发中，需要展示大量数据的页面都会使用到表格组件。在 Element Plus 中，使用 el-table 与 el-table-column 组件来构建表格。首先，编写如下示例代码：

【源码见附件代码/第 10 章/2.element/src/components/HelloWorld11.vue】

```
<el-table :data="tableData">
  <el-table-column prop="name" label="姓名"></el-table-column>
  <el-table-column prop="age" label="年龄"></el-table-column>
  <el-table-column prop="subject" label="科目"></el-table-column>
</el-table>
```

tableData 数据结构如下：

```
const tableData = [
  {
    name: "小王",
    age: 29,
    subject: "Java",
  },
  {
    name: "小李",
    age: 30,
    subject: "C++",
  },
  {
    name: "小张",
    age: 28,
    subject: "JavaScript",
```

```
    },
  ]
```

其中，el-table-column 用来定义表格中的每一列，其 prop 属性设置此列要渲染的数据对应表格数据中的键名，label 属性设置列头信息，代码运行效果如图 10-36 所示。

姓名	年龄	科目
小王	29	Java
小李	30	C++
小张	28	JavaScript

图 10-36　表格组件示例

el-table 和 el-table-column 组件提供了非常多的属性供开发者进行定制，列举如下。

el-table 组件的常用属性表 10-24 所示。

表 10-24　el-table 组件的常用属性

属　性	意　义	值
data	设置列表的数据源	数组
height	设置表格的高度，如果设置了这个属性，表格头会被固定	数值
max-height	设置表格的最大高度	数值
stripe	设置表格是否有斑马纹，即相邻的行有颜色差异	布尔值
border	设置表格是否有边框	布尔值
size	设置表格的尺寸	large small default
fit	设置列的宽度是否自适应	布尔值
show-header	设置是否显示表头	布尔值
highlight-current-row	设置是否高亮显示当前行	布尔值
row-class-name	用来设置行的 class 属性，需要设置为回调函数	Function({row, rowIndex})可以指定不同的行使用不同的 className，返回字符串
row-style	用来设置行的 style 属性，需要设置为回调函数	Function({row, rowIndex}) 可以指定不同的行使用不同的 style，返回样式对象
cell-class-name	用来设置具体单元格的 className	Function({row,column,rowIndex,columnIndex})
cell-style	用来设置具体单元格的 style 属性	Function({row,column,rowIndex,columnIndex})
header-row-class-name	设置表头行的 className	Function({row, rowIndex})
header-row-style	设置表头行的 style 属性	Function({row, rowIndex})
header-cell-class-name	设置表头单元格的 className	Function({row,column,rowIndex,columnIndex})
header-cell-style	设置表头单元格的 style 属性	Function({row,column,rowIndex,columnIndex})
row-key	用来设置行的 key 值	Function(row)
empty-text	设置空数据时展示的占位内容	字符串
default-expand-all	设置是否默认展开所有行	布尔值

（续表）

属　　性	意　　义	值
expand-row-keys	设置要默认展开的行	数组
default-sort	设置排序方式	ascending：升序 descending：降序
show-summary	是否在表格尾部显示合计行	布尔值
sum-text	设置合计行第一列的文本	字符串
summary-method	用来定义合计方法	Function({ columns, data })
span-method	用来定义合并行或列的方法	Function({ row, column, rowIndex, columnIndex })
lazy	是否对子节点进行懒加载	布尔值
load	数据懒加载方法	函数
tree-props	渲染嵌套数据的配置选项	对象
select	选中某行数据时回调的函数	函数
select-all	全选后回调的函数	函数
selection-change	选择项发生变化时回调的函数	函数
cell-mouse-enter	鼠标覆盖到单元格时回调的函数	函数
cell-mouse-leave	鼠标离开单元格时回调的函数	函数
cell-click	当某个单元格被单击时回调的函数	函数
cell-dblclick	当某个单元格被双击时回调的函数	函数
row-click	当某一行被单击时回调的函数	函数
row-contextmenu	当某一行被右击时回调的函数	函数
row-dblclick	当某一行被双击时回调的函数	函数
header-click	表头被单击时回调的函数	函数
header-contextmenu	表头被右击时回调的函数	函数
sort-change	排序发生变化时回调的函数	函数
filter-change	筛选条件发生变化时回调的函数	函数
current-change	表格当前行发生变化时回调的函数	函数
header-dragend	拖动表头改变列宽度时回调的函数	函数
expand-change	当某一行展开会关闭时回调的函数	函数

　　通过表 10-24 中的属性列表可以看到，el-table 组件非常强大，除能够渲染常规的表格外，还支持行列合并、合计、行展开、多选、排序和筛选等，这些功能很多需要结合 el-table-column 来使用。el-table-column 组件的常用属性列举如表 10-25 所示。

表 10-25　el-table-column 组件的常用属性

属　　性	意　　义	值
type	设置当前列的类型，默认无类型，则为常规的数据列	selection：多选类型 index：标号类型 expand：展开类型
index	自定义索引	Function(index)
column-key	设置列的 key 值，用来进行筛选	字符串
label	设置显示的标题	字符串
prop	设置此列对应的数据字段	字符串
width	设置列的宽度	字符串
min-width	设置列的最小宽度	字符串
fixed	设置此列是否固定，默认不固定	left：固定左侧 right：固定右侧
render-header	使用函数来渲染列的标题部分	Function({ column, $index })
sortable	设置对应列是否可排序	布尔值
sort-method	自定义数据排序的方法	函数
sort-by	设置以哪个字段进行排序	字符串
resizable	设置是否可以通过拖动来改变此列的宽度	布尔值
filter-method	自定义过滤数据的方法	函数

10.6.2　导航菜单组件

导航组件为页面提供导航功能的菜单，导航组件一般出现在页面的顶部或侧面，单击导航组件上不同的栏目页面会对应跳转到指定的页面。在 Element Plus 中，使用 el-menu、el-sub-menu 与 el-menu-item 来定义导航组件。

下面的示例代码将演示顶部导航的基本使用方法。

【源码见附件代码/第 10 章/2.element/src/components/HelloWorld11.vue】

```
<el-menu mode="horizontal">
  <el-menu-item index="1">首页</el-menu-item>
  <el-sub-menu index="2">
    <template #title>广场</template>
    <el-menu-item index="2-1">音乐</el-menu-item>
    <el-menu-item index="2-2">视频</el-menu-item>
    <el-menu-item index="2-3">游戏</el-menu-item>
    <el-sub-menu index="2-4">
      <template #title>体育</template>
      <el-menu-item index="2-4-1">篮球</el-menu-item>
      <el-menu-item index="2-4-2">足球</el-menu-item>
      <el-menu-item index="2-4-3">排球</el-menu-item>
    </el-sub-menu>
  </el-sub-menu>
  <el-menu-item index="3" :disabled="true">个人中心</el-menu-item>
  <el-menu-item index="4">设置</el-menu-item>
</el-menu>
```

如以上代码所示，el-sub-menu 的 title 插槽用来定义子菜单的标题，其内部可以继续嵌套子菜单组件，el-menu 组件的 mode 属性可以设置导航的布局方式为水平或竖直。运行上述代码，效果如图 10-37 所示。

图 10-37　导航组件示例

el-menu 组件非常简洁，提供的可配置属性不多，列举如表 10-26 所示。

表 10-26　el-menu 组件的可配置属性

属　　性	意　　义	值
mode	设置菜单模式	vertical：竖直 horizontal：水平
collapse	是否水平折叠收起菜单，只在 vertical 模式下有效	布尔值
background-color	设置菜单的背景色	字符串
text-color	设置菜单的文字颜色	字符串
active-text-color	设置当前菜单激活时的文字颜色	字符串
default-active	设置默认激活的菜单	字符串
default-openeds	设置默认展开的子菜单，需要设置为子菜单 index 的列表	数组
unique-opened	是否只保持一个子菜单展开	布尔值
menu-trigger	设置子菜单展开的触发方式，只在 horizontal 模式下有效	hover：鼠标覆盖展开 click：鼠标单击展开
router	是否使用路由模式	布尔值
collapse-transition	是否开启折叠动画	布尔值
select	选中某个菜单项时回调的函数	函数
open	子菜单展开时回调的函数	函数
close	子菜单收起时回调的函数	函数

el-sub-menu 组件的常用属性列举如表 10-27 所示。

表10-27　el-sub-menu组件的常用属性

属　　性	意　　义	值
index	唯一标识	字符串
show-timeout	设置展开子菜单的延时	数值，单位为毫秒
hide-timeout	设置收起子菜单的延时	数值，单位为毫秒
disabled	设置是否禁用	布尔值

el-menu-item 组件的常用属性列举如表 10-28 所示。

表10-28　el-menu-item组件的常用属性

属　　性	意　　义	值
index	唯一标识	字符串
route	路由对象	对象
disabled	设置是否禁用	布尔值

导航组件最重要的作用是进行页面管理，通常我们会结合路由组件进行使用，通过导航与路由，页面的跳转管理会非常简单方便。

10.6.3　标签页组件

标签组件用来将页面分割成几个部分，单击不同的标签可以对页面内容进行切换。使用 el-tabs 创建标签页组件的示例代码如下：

【源码见附件代码/第 10 章/2.element/src/components/HelloWorld11.vue 】

```
<el-tabs type="border-card">
  <el-tab-pane label="页面 1" name="1">页面 1</el-tab-pane>
  <el-tab-pane label="页面 2" name="2">页面 2</el-tab-pane>
  <el-tab-pane label="页面 3" name="3">页面 3</el-tab-pane>
  <el-tab-pane label="页面 4" name="4">页面 4</el-tab-pane>
</el-tabs>
```

代码运行效果如图 10-38 所示，单击不同的标签将会切换不同的内容。

图 10-38　标签页组件示例

el-tabs 组件的常用属性列表如表 10-29 所示。

表 10-29　el-tabs 组件的常用属性

属　　性	意　　义	值
closable	设置标签是否可关闭	布尔值
addable	标签是否可增加	布尔值
editable	标签是否可编辑（增加和删除）	布尔值
tab-position	标签栏所在的位置	top right bottom left
stretch	设置标签是否自动撑开	布尔值
before-leave	当标签即将切换时回调的函数	函数

（续表）

属　　性	意　　义	值
tab-click	当某个标签被选中时回调的函数	函数
tab-remove	当某个标签被移除时回调的函数	函数
tab-add	单击新增标签按钮时回调的函数	函数
edit	单击 Tab 的新增或移除按钮时回调的函数	函数

el-tab-pane 用来定义具体的每个标签卡，常用属性列举如表 10-30 所示。

表 10-30　el-tab-pane 组件的常用属性

属　　性	意　　义	值
label	设置标签卡的标题	字符串
disabled	设置当前标签卡是否禁用	布尔值
name	与标签卡绑定的 value 数据	字符串
closable	设置此标签卡	布尔值
lazy	设置标签是否延迟渲染	布尔值

对于 el-tab-pane 组件，可以通过其内部的 label 插槽来自定义标题内容。

10.6.4　抽屉组件

抽屉组件是一种全局的弹窗组件，在流行的网页应用中非常常见。当用户打开抽屉组件时，会从页面的边缘滑出一个内容面板，我们可以灵活地定制内容面板的内容来实现产品的需求。示例代码如下：

【源码见附件代码/第 10 章/2.element/src/components/HelloWorld11.vue】

```
<div style="margin:300px">
  <el-button @click="drawer = true" type="primary">
    点我打开抽屉
  </el-button>
</div>
<el-drawer
  title="抽屉面板的标题"
  v-model="drawer"
  direction="ltr">
  抽屉面板的内容
</el-drawer>
```

注意，不要忘记在组件的 data 选项中定义 drawer 属性控制抽屉的开关。在上述代码中，我们使用按钮控制抽屉的打开，el-drawer 组件的 direction 属性可以设置抽屉的打开方向。运行代码，效果如图 10-39 所示。

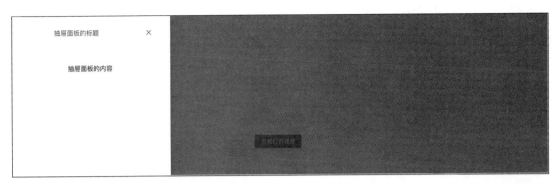

图 10-39   抽屉组件示例

10.6.5   布局容器组件

布局容器用来方便、快速地搭建页面的基本结构。通过观察当前流行的网站页面，可以发现，它们从布局结构上都是十分相似的。一般都是由头部模块、尾部模块、侧栏模块和主内容模块构成。

在 Element Plus 中，使用 el-container 创建布局容器，其内部的子元素一般包括 el-header、el-aside、el-main 或 el-footer。其中，el-header 定义头部模块，el-aside 定义侧边栏模块，el-main 定义主内容模块，el-footer 定义尾部模块。

el-container 组件可配置的属性只有一个，如表 10-31 所示。

表 10-31   el-container 组件可配置的属性

属　　性	意　　义	值
direction	设置子元素的排列方式	horizontal：水平 vertical：竖直

el-header 组件和 el-footer 组件默认会水平撑满页面，可以设置其渲染高度，如表 10-32 所示。

表 10-32   设置渲染高度的属性

属　　性	意　　义	值
height	设置高度	字符串

el-aside 组件的默认高度会撑满页面，可以设置其宽度，如表 10-33 所示。

表10-33   el-aside组件设置高度的属性

属　　性	意　　义	值
width	设置宽度	字符串

示例代码如下：

【源码见附件代码/第 10 章/2.element/src/components/HelloWorld11.vue】

```
<el-container>
  <el-header height="80px" style="background-color:gray">Header</el-header>
  <el-container>
    <el-aside width="200px" style="background-color:red">Aside</el-aside>
```

```
    <el-container>
      <el-main>
        <div style="height:300px;background-color:#f1f1f1">内容</div>
      </el-main>
      <el-footer height="80px" style="background-color:gray">Footer</el-footer>
    </el-container>
  </el-container>
</el-container>
```

运行效果如图 10-40 所示。

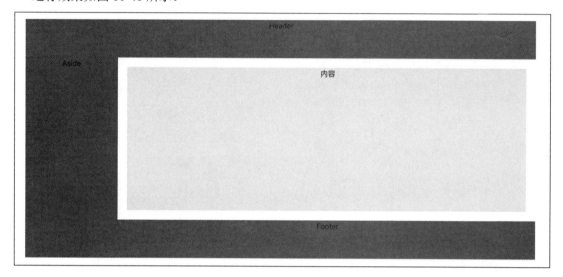

图 10-40　布局容器示例

10.7　动手练习：教务系统学生表

本章内容较为丰富，涵盖多个 UI 组件及其众多配置属性。如果你已经跟随学习到了这里，首先要祝贺你，因为你已经掌握了足够的知识来应对大多数网站页面开发的需求。本节将通过构建一个简单的学生列表页面来实际应用之前学习到的表格组件、容器组件、导航组件等。

我们希望实现的页面设计如下：页面由三部分组成。首先是顶部的标题栏，用于展示当前页面的名称。其次是左侧的侧边栏，用于选择年级和班级。中间的内容区域进一步分为两个部分，上半部分是标题区，显示一些控制按钮，例如"新增学生信息"和"搜索学生信息"；下半部分则展示当前班级的完整学生列表，包括学生的姓名、年龄、性别以及信息添加的日期。页面布局的草图如图 10-41 所示。

图 10-41　页面布局草图

使用 Vite 脚手架工具新建一个名为 3.educational_admin 的工程。使用 npm 工具安装 element-plus 模块，同时不要忘记在 main.js 文件中引入 Element Plus 模块以及对应的 CSS 样式表。在模板工程的 HelloWorld.vue 文件中编写 HTML 模板代码如下：

【源码见附件代码/第 10 章/3.educational_admin/src/components/HelloWorld.vue】

```
<template>
  <el-container>
    <el-header height="80px" style="padding:0">
      <div class="header">教务系统学生管理</div>
    </el-header>
    <el-container>
      <el-aside width="200px">
        <el-menu class="aside" @select="selectFunc"
default-active="1" :unique-opened="true">
          <el-sub-menu index="1">
            <template #title>
              <span>七年级</span>
            </template>
            <el-menu-item index="1">1 班</el-menu-item>
            <el-menu-item index="2">2 班</el-menu-item>
            <el-menu-item index="3">3 班</el-menu-item>
          </el-sub-menu>
          <el-sub-menu index="2">
            <template #title>
              <span>八年级</span>
            </template>
            <el-menu-item index="4">1 班</el-menu-item>
            <el-menu-item index="5">2 班</el-menu-item>
            <el-menu-item index="6">3 班</el-menu-item>
          </el-sub-menu>
          <el-sub-menu index="3">
            <template #title>
              <span>九年级</span>
            </template>
            <el-menu-item index="7">1 班</el-menu-item>
            <el-menu-item index="8">2 班</el-menu-item>
            <el-menu-item index="9">3 班</el-menu-item>
          </el-sub-menu>
        </el-menu>
      </el-aside>
      <el-container>
        <el-header height="80px" style="padding:0;margin:0">
          <el-container class="subHeader">
            <div class="desc">{{desc}}</div>
            <el-button style="width:100px;height:30px;margin:20px">新增记录
</el-button>
          </el-container>
        </el-header>
        <el-main style="margin:0;padding:0">
```

```
                <div class="content">
                    <el-table :data="stus">
                        <el-table-column
                        prop="name"
                        label="姓名">
                        </el-table-column>
                        <el-table-column
                        prop="age"
                        label="年龄">
                        </el-table-column>
                        <el-table-column
                        prop="sex"
                        label="性别">
                        </el-table-column>
                        <el-table-column
                        prop="date"
                        label="录入日期">
                        </el-table-column>
                    </el-table>
                </div>
            </el-main>
            <el-footer height="30px" class="footer">Vue 框架搭建, Element Plus 提供组件支持
</el-footer>
        </el-container>
      </el-container>
    </el-container>
  </template>
```

上述代码已完成页面基本结构的搭建。为了进一步提升页面的视觉效果，使其看起来更加协调和美观，以下是补充的 CSS 代码：

【源码见附件代码/第 10 章/3.educational_admin/src/components/HelloWorld.vue】

```
<style scoped>
.header {
    font-size: 30px;
    line-height: 80px;
    background-color: #f1f1f1;
}
.aside {
    background-color: wheat;
    height: 600px;
}
.subHeader {
    background-color:cornflowerblue;
}
.desc {
    font-size: 25px;
    line-height: 80px;
    color: white;
```

```
    width: 800px;
}
.content {
    height: 410px;
}
.footer {
    background-color:dimgrey;
    color: white;
    font-size: 17px;
    line-height: 30px;
}
</style>
```

最后，完成核心的 JavaScript 逻辑代码，提供一些测试数据并实现菜单的交互逻辑，代码如下：

【源码见附件代码/第 10 章/3.educational_admin/src/components/HelloWorld.vue】

```
<script setup>
import { ref } from 'vue'
const desc = ref("七年级 1 班学生统计")
const stus = ref([
    {
        name:"小王",
        age:14,
        sex:"男",
        date:"2020 年 8 月 15 日"
    },{
        name:"小张",
        age:15,
        sex:"男",
        date:"2020 年 5 月 15 日"
    },{
        name:"小秋",
        age:15,
        sex:"女",
        date:"2020 年 8 月 15 日"
    }
])
function selectFunc(index) {
    let strs = ["七","八","九"]
    let rank = strs[Math.floor((index-1) / 3)]
    desc.value = `${rank}年级${((index-1) % 3) + 1}班学生统计`
}
</script>
```

最终，页面的运行效果如图 10-42 所示。

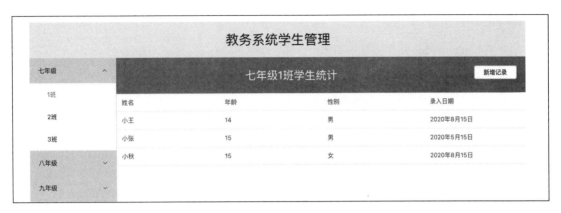

教务系统学生管理			
七年级1班学生统计			新增记录
姓名	年龄	性别	录入日期
小王	14	男	2020年8月15日
小张	15	男	2020年5月15日
小秋	15	女	2020年8月15日

图 10-42　实战效果示例

Vue 结合 Element Plus 进行页面的搭建，就是如此简单便捷。

10.8　小结与上机演练

本章介绍了许多实用的页面组件。要想熟练运用这些组件搭建页面，大量的练习是不可或缺的。建议读者在网上找几个感兴趣的网页，并尝试使用 Vue + Element Plus 进行模仿实现，这将为你带来极大的收获。现在，尝试通过解答下列问题来检验你本章的学习成果吧！

练习：请思考，我们为什么需要使用 Element Plus 框架？

> 提示　Vue 是一个前端开发框架，而前端开发的核心是用户界面。Element Plus 提供了大量标准化的 UI 组件，并具有很高的定制灵活性，这可以显著降低前端页面的开发成本和工作量。

上机演练：使用 Vue 结合 Element Plus 进行页面搭建。

任务需求：

利用 Vue 和 Element Plus 构建一个简单的用户管理系统页面，该页面需要包含用户列表展示、用户添加和用户删除功能。

参考练习步骤：

（1）利用 Vite 脚手架工具创建一个新的 Vue 项目。

（2）安装 Element Plus 并在项目中进行引入。

（3）开发一个用户列表组件，用于展示用户数据。

（4）实现用户添加功能。

（5）实现用户删除功能。

（6）在主页面中整合上述组件，并完成用户管理功能的开发。

参考示例代码：

（1）使用 vite 脚手架工具并创建一个新的 Vue 项目：

```
npm create vite@latest
```

```
cd my-project
```

（2）安装 Element Plus 并在项目中引入：

```
npm install element-plus --save
```

（3）在 src/main.js 文件中引入 Element Plus：

```
import { createApp } from 'vue'
import ElementPlus from 'element-plus'
import 'element-plus/dist/index.css'
import App from './App.vue'

const app = createApp(App)
app.use(ElementPlus)
app.mount('#app')
```

（4）创建一个用户列表组件（UserList.vue）：

```
<script setup>
import { ref } from 'vue'
const users = ref([
    { name: '张三', age: 20 },
    { name: '李四', age: 25 },
])

function deleteUser(user) {
    // 删除用户的逻辑
}

function addUser() {
    // 添加用户的逻辑
}

</script>
<template>
    <el-button @click="addUser">添加用户</el-button>
    <el-table :data="users">
      <el-table-column prop="name" label="姓名"></el-table-column>
      <el-table-column prop="age" label="年龄"></el-table-column>
      <el-table-column label="操作">
        <template #default="{ $index }">
          <el-button @click="deleteUser($index)">删除</el-button>
        </template>
      </el-table-column>
    </el-table>
</template>
```

（5）实现添加用户功能：

```
function addUser() {
    // 添加用户的逻辑
    users.value.push({name: '新用户', age: 30})
```

```
}
```

（6）实现删除用户功能：

```
function deleteUser(index) {
   users.value.splice(index, 1)
}
```

（7）在主页面（App.vue）中引入以上组件，并实现用户管理功能：

```
<template>
  <div id="app">
    <user-list></user-list>
  </div>
</template>

<script>
import UserList from './components/UserList.vue'
</script>
```

在本练习中，我们学习了如何使用 Vue 和 Element Plus 搭建一个简单的用户管理系统页面。该系统包括用户列表展示、用户添加和用户删除等核心功能。具体学习内容包括：使用 Vite 脚手架工具创建一个新的 Vue 项目、安装 Element Plus 并在项目中引入、开发用户列表组件以展示用户数据、实现用户添加功能、实现用户删除功能、在主页面中整合这些组件，并完成用户管理功能的开发。通过本练习，读者将对 Vue 结合 Element Plus 进行页面搭建有更深入的理解，并能够在实际项目中灵活运用这些知识。

第 11 章

基于 Vue 的
网络框架 Axios 的应用

11

　　互联网应用的开发与网络紧密相连,毕竟我们通过浏览器访问的每个网页都需要依赖网络来传输数据。在开发独立的网站应用时,网页本身及其渲染所需的数据通常是分开传输的。首先,浏览器会根据用户输入的网址获取静态的网页文件以及所需的脚本代码等资源,接着这些脚本代码将负责后续的数据获取逻辑。特别是在 Vue 应用中,我们经常使用 Axios 库来处理网络数据请求。

在本章中,你将学习到以下内容:

- 如何利用互联网上的接口数据构建自己的应用。
- vue-axios 模块的安装和基本的数据请求方法。
- vue-axios 的高级配置与进阶用法。
- 集成网络功能的 Vue 应用的基本开发技巧。

11.1 使用 vue-axios 请求天气数据

　　本节将探讨如何利用互联网上丰富的免费 API 资源来开发实用的日常小工具应用。实际上,互联网上提供了大量免费的资源,我们可以基于这些资源开发各种有趣的应用,如新闻推荐、天气预报、问答机器人等。作为示例,本节将重点介绍如何使用 vue-axios 获取天气预报数据。我们将详细介绍如何利用这一技术栈从 API 中获取并展示实时天气信息,从而让我们的项目更加丰富和实用。

11.1.1 使用互联网上免费的数据服务

　　互联网上众多的第三方 API 接口为开发个人小工具应用提供了极大的便利,同时也为编程技能的学习和测试提供了优秀的平台。"聚合数据"作为这些服务中的佼佼者，以其出色的数据服务在众多领域中突显其优势。它不仅提供了丰富多样的数据接口服务，而且其数据的广度和深度都非常令人印象深刻。利用"聚合数据"提供的服务，我们可以轻松访问并整合各类数据，进而推动个人或商业项目的发展。其官方网址为：

```
https://www.juhe.cn
```

要使用"聚合数据"提供的接口服务，首先需要在 "聚合数据" 网站上注册成为会员。注册过程完全免费，且提供的免费 API 接口服务足以满足我们后续学习和使用的需求。注册会员的网址为：

```
https://www.juhe.cn/register
```

在注册页面，我们需要填写一些基本的信息，可以选择使用电子邮箱或手机号注册。使用电子邮箱注册时的页面如图 11-1 所示。

图 11-1　注册"聚合数据"会员

注意，在注册前务必阅读《聚合用户服务协议》与《聚合隐私协议》，并且填写真实有效的邮箱地址，要真正完成注册过程，需要登录邮箱进行验证。

注册成功后，还需要通过实名认证才能使用"聚合数据"提供的接口服务，在个人中心的实名认证页面，根据提示提供对应的身份认证信息，等待审核通过即可。

下面我们查找一款感兴趣的 API 接口服务，如图 11-2 所示。

图 11-2   选择感兴趣的 API 接口服务

以天气预报服务为例，申请使用后，可以在"个人中心"→"数据中心"→"我的 API"栏目中看到此数据服务，需要记录其中的请求 Key，后面我们在调用此接口服务时需要使用到，如图 11-3 所示。

图 11-3   获取接口服务的 Key 值

之后，进入"天气预报"服务的详情页，在详情页会提供此接口服务的接口地址、请求方式，请求参数说明和返回参数说明等信息，我们需要根据这些信息来进行应用的开发，如图 11-4 所示。

图 11-4　接口文档示例

现在，尝试使用终端进行接口的请求测试，在终端输入如下指令：

```
curl
http://apis.juhe.cn/simpleWeather/query\?city\=%E8%8B%8F%E5%B7%9E\&key\=cffe158caf3fe63a
a2959767aXXXXX
```

注意，其中的参数 key 对应的值为我们前面记录的应用的 Key 值，city 对应的是要查询的城市的名称，需要对其进行 urlencode 编码。如果终端正确输出了我们请求的天气预报信息，则恭喜你，已经成功做完准备工作，可以进行后面的学习了。

11.1.2　使用 vue-axios 进行数据请求

Axios 本身是一个基于 promise 的 HTTP 客户端工具，vue-axios 是针对 Vue 对 Axios 进行了一层简单的包装。在 Vue 应用中，使用其进行网络数据的请求非常简单。使用 Vite 脚手架新建一个名为 1.axios_demo 的示例工程。

首先，在项目工程下执行如下指令进行 vue-axios 模块的安装：

```
npm install --save axios vue-axios
```

安装完成后，可以检查一下 package.json 文件中是否已经添加了 vue-axios 的依赖。还记得我们使用 Element Plus 框架时的步骤吗，使用 vue-axios 与其类似，首先需要在 main.js 文件中对其进行导入和注册，代码如下：

【源码见附件代码/第 11 章/1.axios_demo/src/main.js】

```
// 导入 vue-axios 模块
```

```
import VueAxios from 'vue-axios'
import axios from 'axios';
// 导入自定义的根组件
import App from './App.vue'
// 挂载根组件
const app = createApp(App)
// 注册 axios
app.use(VueAxios, axios)
app.mount('#app')
```

注意，要在导入我们自定义的组件之前进行 vue-axios 模块的导入。之后，我们可以以任意一个组件为例，在其 setup 中编写如下代码进行请求测试：

【代码片段 11-1　源码见附件代码/第 11 章/1.axios_demo/src/component/HelloWorld.vue】

```
<script setup>
import { onMounted, getCurrentInstance } from 'vue'
// 获取挂载到应用中的 Axios 实例
let axios = getCurrentInstance().appContext.app.axios
// 组件挂载时执行
onMounted(()=>{
  let api =
"http://apis.juhe.cn/simpleWeather/query?city=%E8%8B%8F%E5%B7%9E&key=cffe158caf3fe63aa29
59767a503xxxx"
      // 发起 Get 请求
    axios.get(api).then((response)=>{
      // 将请求结果打印出来
      console.log(response)
    })
})

</script>
```

运行代码，打开浏览器的控制台，你会发现请求并没有按照我们的预期方式成功完成，控制台会输出如下信息：

```
Access to XMLHttpRequest at
'http://apis.juhe.cn/simpleWeather/query?city=%E8%8B%8F%E5%B7%9E&key=cffe158caf3fe63aa29
59767a503bxxx' from origin 'http://192.168.34.13:8080' has been blocked by CORS policy: No
'Access-Control-Allow-Origin' header is present on the requested resource.
```

出现此问题的原因在于产生了跨域请求，在 Vite 创建的项目中更改全局配置即可解决此问题。使用 Vite 创建的工程默认会在根目录下生成一个名为 vite.config.js 的文件（如果不存在，直接创建即可），在其中编写如下配置项：

【源码见附件代码/第 11 章/1.axios_demo/vite.config.js】

```
import { defineConfig } from 'vite'
import vue from '@vitejs/plugin-vue'


// https://vitejs.dev/config/
export default defineConfig({
```

```
    // 这里是默认生成的，不用关心
    plugins: [vue()],
    // 配置服务器
    server: {
      proxy: {
        // 对以/myApi 开头的请求进行代理
        '/myApi': {
          // 将请求目标指定到接口服务地址
          target: 'http://apis.juhe.cn/',
          // 设置允许跨域
          changeOrigin: true,
          // 重写路径，将/myApi 即之前的内容清除
          rewrite: (path) => path.replace(/^\/myApi/, '')
        }
      }
    }
  }))
```

修改请求数据的测试代码如下：

【源码见附件代码/第 11 章/1.axios_demo/src/component/HelloWorld.vue】

```
mounted () {
    let city = "上海"
    city = encodeURI(city)
    let api = `/simpleWeather/query?city=${city}&key=cffe158caf3fe63aa2959767a503xxxx`
    this.axios.get("/myApi" + api).then((response)=>{
        console.log(response.data)
    })
}
```

如以上代码所示，我们将请求的 API 接口前的地址强制替换成了字符串"/myApi"，这样请求就能进入我们配置的代理逻辑中，实现跨域请求。还有一点需要注意，我们要请求的城市是上海，真正发起请求时，需要对城市进行 URI 编码。重新运行 Vue 项目，在浏览器控制台可以看到，我们已经能够正常访问接口服务了，如图 11-5 所示。

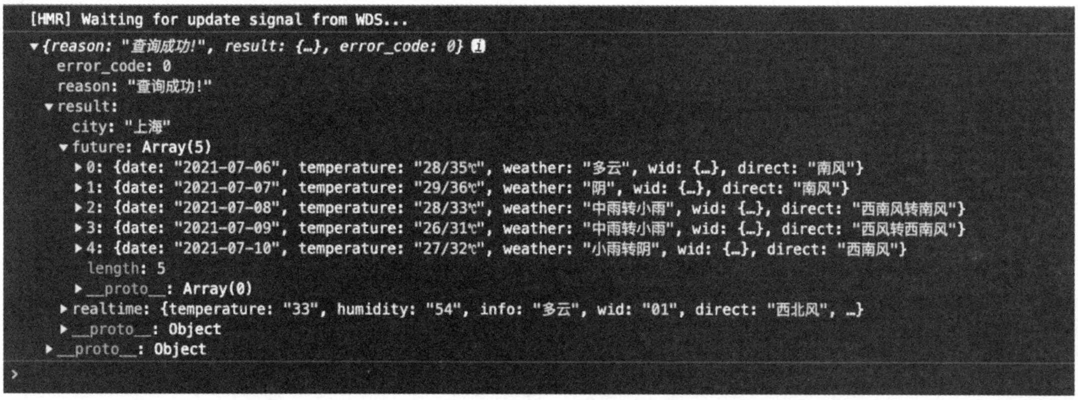

图 11-5　请求到了天气预报数据

通过实例代码可以看到,使用 vue-axios 进行数据的请求非常简单,在组件内部直接使用 axios.get 方法即可发起 GET 请求。当然,也可以使用 axios.post 方法来发起 POST 请求,此方法会返回 Pormise 对象,后续可以获取到请求成功后的数据或失败的原因。11.2 节将介绍更多 Axios 中提供的功能接口。

11.2   Axios 实用功能介绍

本节将介绍 Axios 中提供的功能接口,这些 API 接口可以帮助开发者快速地对请求进行配置的处理。

11.2.1   通过配置的方式进行数据请求

Axios 中提供了许多快捷的请求方法,在 11.1 节中,我们编写的请求示例代码中使用的就是 Axios 提供的快捷方法。如果要直接进行 GET 请求,使用如下方法即可:

```
axios.get(url[, config])
```

其中,url 参数是要请求的接口;config 参数是选填的,用来配置请求的额外选项。与此方法类似,Axios 中还提供了下面的常用快捷方法:

```
// 快捷发起 POST 请求,data 设置请求的参数
axios.post(url[, data[, config]])
// 快捷发起 DELETE 请求
axios.delete(url[, config])
// 快捷发起 HEAD 请求
axios.head(url[, config])
// 快捷发起 OPTIONS 请求
axios.options(url[, config])
// 快捷发起 PUT 请求
axios.put(url[, data[, config]])
// 快捷发起 PATCH 请求
axios.patch(url[, data[, config]])
```

除使用这些快捷方法外,我们也可以完全通过自己的配置来进行数据请求,示例代码如下:

```
let city = "上海"
city = encodeURI(city)
let api = `/simpleWeather/query?city=${city}&key=cffe158caf3fe63aa2959767a503xxxx`
axios({
    method:'get',
    url:"/myApi" + api,
}).then((response)=>{
    console.log(response.data)
})
```

通过这种配置的方式进行的数据请求效果与使用快捷方法一致。注意,在配置时必须设置请求的 method 方法。

通常,在同一个项目中,使用到的请求很多配置都是相同的,对于这种情况,可以创建一个新

的 Axios 请求实例，之后所有的请求都使用这个实例来发起，实例本身的配置会与快捷方法的配置合并，这样既能够复用大多数相似的配置，又可以实现某些请求的定制化，示例代码如下：

【源码见附件代码/第 11 章/1.axios_demo/src/component/HelloWorld.vue】

```
// 统一配置 URL 前缀、超时时间和自定义的 header
const instance = axios.create({
    baseURL: '/myApi',
    timeout: 1000,
    headers: {'X-Custom-Header': 'custom'}
});
let city = "上海"
city = encodeURI(city)
let api = `/simpleWeather/query?city=${city}&key=cffe158caf3fe63aa2959767a503xxxx`
instance.get(api).then((response)=>{
    console.log(response.data)
})
```

如果需要让某些配置作用于所有请求，即需要重设 Axios 的默认配置，则可以使用 Axios 的 defaults 属性进行配置，例如：

```
axios.defaults.baseURL = '/myApi'
let city = "上海"
city = encodeURI(city)
let api = `/simpleWeather/query?city=${city}&key=cffe158caf3fe63aa2959767a503xxxx`
axios.get(api).then((response)=>{
    console.log(response.data);
})
```

在对请求配置进行合并时，会按照一定的优先级进行选择，优先级排序如下：

axios 默认配置 < defaults 属性配置 < 请求时的 config 参数配置

11.2.2　请求的配置与响应数据结构

在 Axios 中，无论我们使用配置的方式进行数据请求还是使用快捷方法进行数据请求，都可以传一个配置对象来对请求进行配置，此配置对象可配置的参数非常丰富，列举如表 11-1 所示。

表 11-1　配置对象可配置的参数

参　　数	意　　义	值
url	设置请求的接口 URL	字符串
method	设置请求方法	字符串，默认为'get'
baseURL	设置请求的接口前缀，会拼接在 URL 之前	字符串
transformRequest	用来拦截请求，在发起请求前进行数据的修改	函数，此函数会传入(data, headers)两个参数，将修改后的 data 进行返回即可
transformResponse	用来拦截请求回执，在收到请求回执后调用	函数，此函数会传入(data)作为参数，将修改后的 data 进行返回即可
headers	自定义请求头数	对象

（续表）

参　　数	意　　义	值
paramsSerializer	自定义参数的序列化方法	函数
data	设置请求体要发送的数据	字符、对象、数组等
timeout	设置请求的超时时间	数值，单位为毫秒，若设置为 0，则永不超时
withCredentials	设置跨域请求时是否需要凭证	布尔值
auth	设置用户信息	对象
responseType	设置响应数据的数据类型	字符串，默认为 'json'
responseEncoding	设置响应数据的编码方式	字符串，默认为 'utf8'
maxContentLength	设置允许响应的最大字节数	数值
maxBodyLength	设置请求内容的最大字节数	数值
validateStatus	自定义请求结束的状态，是成功或失败	函数，会传入请求到的(status)状态码作为参数，需要返回布尔值决定请求是否成功

通过表 11-1 列出的配置属性，基本可以满足各种场景下的数据请求需求。当一个请求被发出后，Axios 会返回一个 Promise 对象，通过此 Promise 对象可以异步地等待数据返回，Axios 返回的数据是一个包装好的对象，其中包装的属性列举如表 11-2 所示。

表 11-2　包装的属性

属　　性	意　　义	值
Data	接口服务返回的响应数据	对象
status	接口服务返回的 HTTP 状态码	数值
statusText	接口服务返回的 HTTP 状态信息	字符串
headers	响应头数据	对象
config	Axios 设置的请求配置信息	对象
request	请求实例	对象

读者可以尝试在浏览器中打印这些数据，观察一下这些数据中的信息。

11.2.3　拦截器的使用

拦截器的功能在于允许开发者在请求发起前或请求完成后进行拦截，从而在这些时机添加一些定制化的逻辑。举一个很简单的例子，在请求发送前，需要激活页面的 Loading 特效，在请求完成后移除 Loading 特效，同时，如果请求的结果是异常的，可能还需要进行弹窗提示，而这些逻辑对于项目中的大部分请求来说可能都是通用的，这时就可以使用拦截器。

要在请求的开始阶段进行拦截，示例代码如下：

【源码见附件代码/第 11 章/1.axios_demo/src/component/HelloWorld.vue】

```
axios.interceptors.request.use((config)=>{
    alert("请求将要开始")
    return config
},(error)=>{
```

```
    alert("请求出现错误")
    return Promise.reject(error)
})
axios.get(api).then((response)=>{
    console.log(response.data);
})
```

运行上述代码，在请求开始前会有弹窗提示。

我们也可以在请求完成后进行拦截，示例代码如下：

```
axios.interceptors.response.use((response)=>{
    alert(response.status)
    return response
},(error)=>{
    return Promise.reject(error)
})
```

在拦截器中，我们也可以对响应数据进行修改，将修改后的数据返回到请求调用处使用。

注意，请求拦截器的添加是和 Axios 请求实例绑定的，后续此实例发起的请求都会被拦截器拦截，但是我们可以使用如下方式在不需要拦截器的时候将其移除：

```
let i = axios.interceptors.request.use((config)=>{
    alert("请求将要开始")
    return config
},(error)=>{
    alert("请求出现错误")
    return Promise.reject(error)
})
// 移除拦截器
axios.interceptors.request.eject(i)
```

11.3 动手练习：天气预报应用

本节将利用聚合数据提供的天气预报接口服务，尝试开发一款天气预报网页应用。如果之前观察过天气预报接口返回的数据结构，你会发现它包含两部分数据：一部分是当前的天气信息，另一部分是未来几天的天气预报。在设计页面时，我们同样可以将其划分为两个模块，分别用于展示当日的天气状况和未来几日的天气预报。

接下来，我们将介绍该项目的具体开发流程。

首先，使用 Vite 脚手架工具创建一个名为 2_weather_demo 的示例工程。在该工程中，我们将引入基础的 Element Plus 和 vue-axios 模块。项目的最终依赖关系如下：

【源码见附件代码/第 11 章/2.weather_demo/package.json】

```
  "dependencies": {
    "@element-plus/icons-vue": "^2.3.1",
    "axios": "^1.6.8",
    "element-plus": "^2.7.2",
    "vue": "^3.4.21",
```

```
    "vue-axios": "^3.5.2"
  }
```

在 main.js 文件中对需要使用的模块进行注册，代码如下：

【源码见附件代码/第 11 章/2.weather_demo/src/main.js】

```
// 模块引入
import { createApp } from 'vue'
import App from './App.vue'
import VueAxios from 'vue-axios'
import axios from 'axios';
import ElementPlus from 'element-plus'
import 'element-plus/dist/index.css'
import * as ElementPlusIconsVue from '@element-plus/icons-vue'
const app = createApp(App)
// 注册 Element Plus 图标组件
for (const [key, component] of Object.entries(ElementPlusIconsVue)) {
    // 向应用实例中全局注册图标组件
    app.component(key, component)
}
// 注册 Element
app.use(ElementPlus)
// 注册 Axios
app.use(VueAxios, axios)
app.mount('#app')
```

然后，在 component 中创建一个名为 WeatherDemo.vue 的组件文件，编写 HTML 模板代码如下：

【源码见附件代码/第 11 章/2.weather_demo/src/component/WeatherDemo.vue】

```
<template>
    <el-container class="container">
        <el-header>
            <el-input placeholder="请输入" class="input" v-model="city">
                <template #prepend>城市名: </template>
            </el-input>
        </el-header>
        <el-main class="main">
            <div class="today">
                今天:
                <span>{{this.todayData.weather ?? this.plc}}
{{this.todayData.temperature ?? this.plc}}</span>
                <span style="margin-left:20px">{{this.todayData.direct ??
this.plc}}</span>
                <span style="margin-left:100px">{{this.todayData.date}}</span>
            </div>
            <div class="real">
                <span class="temp">{{this.realtime.temperature ?? this.plc}}° </span>
                <span class="realInfo">{{this.realtime.info ?? this.plc}}</span>
                <span class="realInfo" style="margin-left:20px">{{this.realtime.direct ??
this.plc}}</span>
```

```
        <span class="realInfo" style="margin-left:20px">{{this.realtime.power ??
this.plc}}</span>
            </div>
            <div class="real">
                <span class="realInfo">空气质量:{{this.realtime.aqi ?? this.plc}}° </span>
                <span class="realInfo" style="margin-left:20px">湿度:
{{this.realtime.humidity ?? this.plc}}</span>
            </div>
            <div class="future">
                <div class="header">5 日天气预报</div>
                <el-table :data="futureData" style="margin-top:30px">
                    <el-table-column prop="date" label="日期"></el-table-column>
                    <el-table-column prop="temperature" label="温度"></el-table-column>
                    <el-table-column prop="weather" label="天气"></el-table-column>
                    <el-table-column prop="direct" label="风向"></el-table-column>
                </el-table>
            </div>
        </el-main>
    </el-container>
</template>
```

如以上示例代码所示，从布局结构上，页面分为头部和主体两部分。头部布局了一个输入框，用来输入要查询天气的城市名称；主体又分为上下两部分，上面部分展示当前的天气信息，下面部分为一个列表，展示未来几天的天气信息。

实现简单的 CSS 样式代码如下：

【源码见附件代码/第 11 章/2.weather_demo/src/component/WeatherDemo.vue】

```
<style>
.container {
    background: linear-gradient(rgb(13, 104, 188), rgb(54, 131, 195));
}
.input {
    width: 300px;
    margin-top: 20px;
}
.today {
    font-size: 20px;
    color: white;
}
.temp {
    font-size: 79px;
    color: white;
}
.realInfo {
    color: white;
}
.future {
    margin-top: 40px;
}
```

```
.header {
    color: white;
    font-size: 27px;
}
</style>
```

天气预报组件的 JavaScript 逻辑代码非常简单，我们只需要监听用户输入的城市名，进行接口请求，当接口数据返回后，用其来动态地渲染页面即可，示例代码如下：

【代码片段 11-2　源码见附件代码/第 11 章/2.weather_demo/src/component/WeatherDemo.vue】

```
<script setup>
import { onMounted, getCurrentInstance, ref, watch} from 'vue'

const city = ref("上海")
const weatherData = ref({})
const todayData = ref({})
const plc = ref("暂无数据")
const realtime = ref({})
const futureData = ref([])
const requestData = () => {
    let c = encodeURI(city.value)
    let api = `/simpleWeather/query?city=${c}&key=cffe158caf3fe63aa2959767a503bbfe`
    axios.get(api).then((response)=>{
        weatherData.value = response.data
        todayData.value = weatherData.value.result.future[0]
        realtime.value = weatherData.value.result.realtime
        futureData.value = weatherData.value.result.future
        console.log(response.data)
    })
}
let axios = getCurrentInstance().appContext.app.axios

// 组件挂载时，进行默认数据的初始化
onMounted(() => {
    axios.defaults.baseURL = '/myApi'
    requestData()
})

 // 当用户输入的城市发生变化后，调用接口进行数据请求
watch(city, ()=>{
    requestData()
})
</script>
```

注意，如果遇到请求跨域问题，可以参照 11.2 节的解决方案处理。至此，一个功能完整的实用天气预报应用就开发完成了。可以看到，使用 Vue 及其生态内的其他 UI 支持模块、网络支持模块等开发一款应用程序非常方便。你可以将 App.vue 中工程模板自动生成的代码删掉，将默认的 HelloWorld 组件替换成 WeacherDemo 组件，运行编写好的组件代码，效果如图 11-6 所示。

图 11-6　天气预报应用页面效果

11.4　小结与上机演练

本章详细介绍了基于 Vue 的网络请求框架 Axios，并带领大家通过一个简单的实战项目练习了 Vue 应用开发中的网络功能实现方法。相信在网络技术的支持下，您可以利用 Vue 开发出更多富有创意且实用的应用程序。现在，尝试通过解答下列问题来检验你本章的学习成果吧！

练习： 尝试利用互联网上提供的免费 API 接口，制作一个展示新闻的小应用。

提示　可以使用 Axios 来请求数据，并利用 Vue 的数据绑定技术将接口数据渲染到页面上。

上机演练： 深入应用 Vue 的网络框架 Axios。

任务需求：

开发一个基于 Vue 的网络应用，该应用能够使用 Axios 库从外部 API 获取数据，并在页面上展示这些数据。为了简化任务，我们将开发一个应用，它从"豆瓣电影"的 API 中获取电影信息，并在网页上进行展示。

参考练习步骤：

（1）创建一个新的 Vue 项目，并确保 Axios 已经安装并配置好。

（2）在 Vue 组件中，使用 Axios 从"豆瓣电影"的 API 获取电影数据。

（3）在 Vue 组件的模板中展示获取到的电影数据。

参考示例代码：

```
<template>
  <div>
    <h1>热门电影</h1>
    <ul>
      <li v-for="movie in movies" :key="movie.id">
        {{ movie.title }} - {{ movie.rating.average }}分
      </li>
    </ul>
  </div>
</template>


<script setup>
import axios from 'axios';      // 导入 Axios 库
import {ref} from 'vue'
cosnt movies = ref([]),         // 用于存储电影数据的容器

// 从"豆瓣电影"获取电影数据
axios.get('https://api.douban.com/v2/movie/in_theaters').then(()=>{
    movies.value = response.data.subjects; // 将获取到的数据存储到movies中
})
</script>
```

由于"豆瓣电影"的 API 需要注册一个账号，并且获取一个 key 才能使用，因此在实际编码时，需要将上述代码中的 URL 替换为实际申请到的 API 地址。同时，返回的数据结构可能会根据实际的 API 响应有所不同，因此读者可能需要根据实际情况调整 this.movies = response.data.subjects;这一行的代码来正确地提取和存储数据。

在本练习中，我们学习了如何基于 Vue 的网络框架 Axios 的应用，具体包括：创建一个新的 Vue 项目并确保 Axios 已经安装和配置，在 Vue 组件中，使用 Axios 从"豆瓣电影"的 API 获取电影数据，在 Vue 组件的模板中，将获取到的电影数据显示出来。通过本练习，相信读者对基于 Vue 的网络框架 Axios 的应用有了更深入的理解，并且能够在实际项目中灵活运用这些知识。

第 12 章

Vue 路由管理

路由管理是处理页面切换或跳转的关键机制。Vue 非常适合开发单页面应用，这种开发模式并不是指应用只包含一个用户界面，而是指在开发层面上采用的一种架构方法，即整个应用只有一个主入口，不同的功能页面通过组件切换来呈现。尽管我们可以利用 Vue 的动态组件特性来执行组件切换，但这种方式在管理和长期维护上显得尤为烦琐。幸运的是，Vue 提供了专门的路由管理工具——Vue Router，它使我们能够更加高效、自然地管理功能页面。

在本章中，你将学习到以下内容：

- Vue Router 模块的安装及其基本使用方法。
- 动态路由和嵌套路由的配置方法。
- 路由间传递参数的技巧。
- 为路由设置导航守卫的方法。
- Vue Router 的高级应用技巧。

12.1 Vue Router 的安装与简单使用

Vue Router 是 Vue 的官方路由管理工具，它与 Vue 框架深度整合，为开发单页面应用提供了强大的支撑。Vue Router 的主要功能包括：

- 支持嵌套路由，允许我们以模块化的方式配置和管理路由。
- 提供路由参数、查询字符串以及通配符的支持，使得路由配置更加灵活和强大。
- 内置视图过渡效果，让页面转换更加流畅和自然。
- 能够精准地控制导航，例如进行条件性的导航或确认导航离开等操作。

本节将带领读者安装 Vue Router 模块，并初步体验其丰富的功能。

12.1.1　Vue Router 的安装

Vue Router 的安装与 Vue 框架本身相似，支持多种引入方式，既可以通过 CDN 直接引入，也可以使用 NPM 进行安装。在本小节的示例中，我们选择以 Vite 创建的项目作为演示平台，并采用 NPM 的方式来安装 Vue Router。

如果你需要使用 CDN 的方式引入，地址如下：

```
https://unpkg.com/vue-router@4
```

使用 Vite 创建一个名为 1.router_demo 的示例项目工程，使用终端在项目根目录下执行如下指令来安装 Vue Router 模块：

```
npm install vue-router@4 --save
```

稍等片刻，安装完成后，在项目的 package.json 文件中会自动添加 Vue Router 的依赖，例如：

【源码见附件代码/第 12 章/1.router_demo/package.json】

```
"dependencies": {
  "vue": "^3.4.21",
  "vue-router": "^4.3.2"
}
```

注意，你安装的 Vue Router 版本并不要求与书中所述完全一致，但应确保是 4.x.x 系列的版本。不同大版本的 Vue Router 在模块接口和功能上可能存在较大的差异。

完成上述步骤后，我们就可以开始尝试 Vue Router 的基本使用了。

12.1.2　一个简单的 Vue Router 的使用示例

路由的主要作用是进行页面管理。在实际应用中，我们的操作其实非常直接：将预定义的 Vue 组件与特定的路由关联起来，并通过路由控制何时以及在何处渲染这些组件。

首先，创建两个简单的示例组件。在项目的 components 文件夹下，新建两个文件：DemoOne.vue 和 DemoTwo.vue。以下是这两个组件的示例代码：

【源码见附件代码/第 12 章/1.router_demo/src/components/DemoOne.vue】

DemoOne.vue：

```
<template>
    <h1>示例页面 1</h1>
</template>
```

【源码见附件代码/第 12 章/1.router_demo/src/components/DemoTwo.vue】

DemoTwo.vue：

```
<template>
    <h1>示例页面 2</h1>
</template>
```

DemoOne 和 DemoTwo 这两个组件作为示例，设计得十分简洁。下面对 App.vue 文件进行修改：

【源码见附件代码/第 12 章/1.router_demo/src/App.vue】

```
<template>
    <h1>HelloWorld</h1>
    <p>
      <!-- route-link 是路由跳转组件，用 to 来指定要跳转的路由 -->
      <router-link to="/demo1">页面一</router-link>
      <br/>
      <router-link to="/demo2">页面二</router-link>
    </p>
    <!-- router-view 是路由的页面出口，路由匹配到的组件会渲染在此   -->
    <router-view></router-view>
</template>
```

如以上代码所示，router-link 组件是一个自定义的链接组件，它比常规的 a 标签要强大很多，它允许在不重新加载页面的情况下更改页面的 URL。router-view 用来渲染与当前 URL 对应的组件，我们可以将其放在任何位置，例如带顶部导航栏的应用，其页面主体内容部分就可以放置为 router-view 组件，通过导航栏上按钮的切换来替换内容组件。

修改项目中的 main.js 文件，在其中进行路由的定义与注册，示例代码如下：

【源码见附件代码/第 12 章/1.router_demo/src/main.js】

```
// 导入 Vue 框架中的 createApp 方法
import { createApp } from 'vue'
// 导入 Vue Router 模块中的 createRouter 和 createWebHashHistory 方法
import { createRouter, createWebHashHistory } from 'vue-router'
// 导入自定义的根组件
import App from './App.vue'
// 导入路由需要用到的自定义组件
import Demo1 from './components/DemoOne.vue'
import Demo2 from './components/DemoTwo.vue'
// 挂载根组件
const app = createApp(App)
// 定义路由
const routes = [
  { path: '/demo1', component: Demo1 },
  { path: '/demo2', component: Demo2 },
]
// 创建路由对象
const router = createRouter({
  history: createWebHashHistory(),
  routes: routes
})
// 注册路由
app.use(router)
// 进行应用挂载
app.mount('#app')
```

运行上述代码，单击页面中的两个切换按钮，可以看到对应的内容组件也会发生切换，如图 12-1所示。

图 12-1　Vue Router 体验

12.2　带参数的动态路由

我们已经探索了如何通过不同的路由来匹配不同的组件，以实现页面之间的切换。然而，在某些场景下，我们需要将具有相同类型的多个路由指向同一个组件，并通过路由参数来决定组件具体的渲染内容。以"用户中心"为例，不同用户的页面展示信息各不相同。这时，可以通过为路由附加参数来满足这一需求。

12.2.1　路由参数匹配

我们先编写一个示例的用户中心组件。此组件非常简单，直接通过解析路由中的参数来显示当前用户的昵称和编号。在工程的 components 文件夹下，新建一个名为 UserDemo.vue 的文件，在其中编写如下代码：

【源码见附件代码/第 12 章/1.router_demo/src/components/UserDemo.vue】

```
<template>
    <h1>姓名：{{$route.params.username}}</h1>
    <h2>id:{{$route.params.id}}</h2>
</template>
```

如以上代码所示，在组件内部的模板中，可以使用$route 属性获取全局的路由对象，路由中定义的参数可以从此对象的 params 属性中获取到。在 main.js 中定义路由如下：

【源码见附件代码/第 12 章/1.router_demo/src/main.js】

```
import User from './components/UserDemo.vue'
const routes = [
    { path: '/user/:username/:id', component:User }
]
```

在定义路由的路径 path 时，使用冒号来标记参数，如以上代码中定义的路由路径，username 和 id 都是路由的参数，以下路径会被自动匹配：

```
/user/小王/8888
```

其中，"小王"会被解析到路由的 username 属性，8888 会被解析到路由的 id 属性。

现在，运行 Vue 工程，尝试在浏览器中输入如下格式的地址：

```
http://localhost:5173/#/user/小王/8888
```

你会看到，页面的加载效果如图 12-2 所示。

图 12-2　解析路由中的参数

　　注意，在使用带参数的路由时，对应相同组件的路由在进行导航切换时，相同的组件并不会被销毁再创建，这种复用机制使得页面的加载效率更高。但这也表明，在进行页面切换时，组件的生命周期方法不会被再次调用，如果我们需要通过路由参数来请求数据，之后渲染页面，需要特别注意，不能在生命周期方法中实现数据请求逻辑。例如，修改 App.vue 组件的模板代码如下：

【源码见附件代码/第 12 章/1.router_demo/src/App.vue】

```
<template>
    <h1>HelloWorld</h1>
    <p>
      <router-link to="/user/小王/8888">小王</router-link>
      <br/>
      <router-link to="/user/小李/6666">小李</router-link>
    </p>
    <router-view></router-view>
</template>
```

修改 UserDemo.vue 代码如下：

【源码见附件代码/第 12 章/1.router_demo/src/components/UserDemo.vue】

```
<script setup>
import {onMounted} from 'vue'
import { useRouter, useRoute } from 'vue-router'
const route = useRoute()
onMounted(() => {
    alert('组件加载，请求数据。路由参数为 name:${route.params.username}
id:${route.params.id}')
    })
</script>
<template>
    <h1>姓名：{{$route.params.username}}</h1>
    <h2>id:{{$route.params.id}}</h2>
</template>
```

我们模拟在组件挂载时根据路由参数来进行数据的请求，运行代码可以看到，单击页面上的链接进行组件切换时，User 组件中显示的用户名称的用户编号都会实时刷新，但是 alert 弹窗只有在 User 组件第一次加载时才会弹出，后续不会再弹。对于这种场景，我们可以采用导航守卫的方式来处理，每次路由参数有更新，都会回调守卫函数，修改 UserDemo.vue 组件中的 JavaScript 代码如下：

【源码见附件代码/第 12 章/1.router_demo/src/components/UserDemo.vue】

```
<script setup>
import { useRouter, useRoute, onBeforeRouteUpdate } from 'vue-router'
const route = useRoute()
onBeforeRouteUpdate((to, from) => {
    console.log(to,from)
    alert('组件加载，请求数据。路由参数为 name:${to.params.username} id:${to.params.id}')
})
</script>
```

再次运行代码，当同一个路由的参数发生变化时，也会有 alert 弹出提示。onBeforeRouteUpdate 函数可以注册一个路由守卫，在路由将要更新时调用，路由守卫会传入两个参数，to 是更新后的路由对象，from 是更新前的路由对象。

12.2.2 路由匹配的语法规则

在进行路由参数匹配时，Vue Router 允许参数内部使用正则表达式来进行匹配。首先，我们来看一个例子。在 12.2.1 节中，我们提供了 UserDemo 组件进行路由示范，将其修改如下：

【源码见附件代码/第 12 章/1.router_demo/src/components/UserDemo.vue】

```
<template>
    <h1>中户中心</h1>
    <h1>姓名：{{$route.params.username}}</h1>
</template>
```

同时，在 components 文件夹下新建一个名为 UserSetting.vue 的文件，在其中编写如下代码：

【源码见附件代码/第 12 章/1.router_demo/src/components/UserSetting.vue】

```
<template>
    <h1>用户设置</h1>
    <h2>id:{{$route.params.id}}</h2>
</template>
```

我们将 UserDemo 组件作为用户中心页面来使用，而把 UserSetting 组件作为用户设置页面来使用，这两个页面所需要的参数不同，用户中心页面需要用户名参数，用户设置页面需要用户编号参数。我们可以在 main.js 文件中定义路由如下：

【源码见附件代码/第 12 章/1.router_demo/src/main.js】

```
const routes = [
    { path: '/user/:username', component:User },
    { path: '/user/:id', component:UserSetting }
]
```

你会发现，上述代码中定义的两个路由除参数名不同外，其格式完全一样。这种情况下，我们是无法访问用户设置页面的，所有符合 UserSetting 组件的路由规则同时也会符合 User 组件。为了解决这一问题，最简单的方式是加一个静态的前缀路径，例如：

```
const routes = [
    { path: '/user/info/:username', component:User },
    { path: '/user/setting/:id', component:UserSetting }
]
```

这是一个好方法，但并不是唯一的方法。对于本示例来说，用户中心页面和用户设置页面所需要的参数类型有明显的差异，假设用户编号必须是数值，而用户名不能是纯数字，我们可以通过正则约束来实现将不同类型的参数匹配到对应的路由组件，示例代码如下：

```
const routes = [
    { path: '/user/:username', component:User },
    { path: '/user/:id(\\d+)', component:UserSetting }
]
```

这样，"/user/6666"这样的路由就会匹配到 UserSetting 组件，而"/user/小王"这样的路由就会匹配到 User 组件。

在正则表达式中，"*"符号用于匹配前一个字符的 0 次或多次出现，"+"符号用于匹配前一个字符的 1 次或多次出现。在路由定义中使用这些符号，可以创建具有多级动态参数的路由。例如，在 components 文件夹下新建一个名为 CategoryDemo.vue 的示例组件，并编写如下代码：

【源码见附件代码/第 12 章/1.router_demo/src/components/CategoryDemo.vue】

```
<template>
    <h1>类别</h1>
    <h2>{{$route.params.cat}}</h2>
</template>
```

在 main.js 中增加如下路由定义：

```
{ path: '/category/:cat*', component:CategoryDemo}
```

注意，别忘记在 main.js 文件中对 CategoryDemo 组件进行引入。当我们采用多级匹配的方式来定义路由时，路由中传递的参数会自动转换成一个数组，例如路由"/category/一级/二级/三级"可以匹配到上面定义的路由，匹配成功后，cat 参数为一个数组，其中的数据为["一级","二级","三级"]。

有时，页面组件并不需要接收所有参数，以用户中心页面为例，当提供了用户名参数时，页面需要渲染用户登录后的状态；而如果没有提供用户名参数，则可能需要渲染用户未登录的状态。在这种情况下，我们可以将 username 参数定义为可选。配置示例如下：

```
{ path: '/user/:username?', component:User }
```

参数被定义为可选后，路由中不包含此参数时也可以正常匹配到指定的组件。

12.2.3　路由的嵌套

前面我们定义了很多路由，但是真正渲染路由的地方只有一个，即只有一个 `<router-view></router-view>` 出口，这类路由实际上都是顶级路由。在实际开发中，我们的项目可能非常复杂，除根组件中需要路由外，一些子组件中可能也需要路由，Vue Router 提供了嵌套路由技术来支持这类场景。

以之前创建的 UserDemo 组件为例，假设该组件中有一部分用于展示用户的好友列表，这部分同样可以使用组件来实现。首先，在 components 文件夹下新建一个名为 FriendsDemo.vue 的文件，并编写以下代码：

【源码见附件代码/第 12 章/1.router_demo/src/components/FriendsDemo.vue】

```
<template>
    <h1>好友列表</h1>
    <h1>好友人数：{{$route.params.count}}</h1>
</template>
```

Friends 组件只会在用户中心使用，我们可以将其作为一个子路由进行定义。首先，修改 UserDemo.vue 代码如下：

【源码见附件代码/第 12 章/1.router_demo/src/components/UserDemo.vue】

```
<template>
    <h1>中户中心</h1>
    <h1>姓名：{{$route.params.username}}</h1>
    <router-view></router-view>
</template>
```

注意，UserDemo 组件本身也是由路由管理的，我们在 User 组件内部使用的 <router-view></router-view>标签实际上定义的是二级路由的页面出口。在 main.js 中定义二级路由如下：

【源码见附件代码/第 12 章/1.router_demo/src/main.js】

```
const routes = [
  {
    path: '/user/:username?',
    component:User,
    children:[
      {
        path: 'friends/:count',
        component: FriendsDemo
      }
    ]
  }
]
```

注意，在定义路由时，不要忘记在 main.js 中引入此组件。之前我们在定义路由时，只使用了 path 属性和 component 属性，其实每个路由对象本身也可以定义子路由对象，理论上讲，我们可以根据自己的需要来定义路由嵌套的层数，通过路由的嵌套，可以更好地对路由进行分层管理。如以上代码所示，当我们访问如下路径时，页面效果如图 12-3 所示。

```
/user/小王/friends/6
```

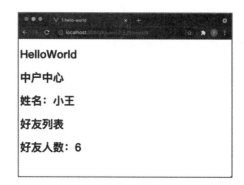

图 12-3　路由嵌套示例

12.3　页面导航

导航通常指的是在不同页面之间的跳转和切换操作。<router-link>组件是 Vue Router 中用于实现导航的组件之一。我们可以通过设置其 to 属性来指定目标路由。除使用<router-link>组件外，还有其他方法可以实现路由控制。任何可以添加交互行为的组件都可以用来进行路由管理。本节将介绍如何通过编程方式使用函数来实现路由跳转。

12.3.1　使用路由方法

当我们成功地向 Vue 应用注册路由后，在任何 Vue 实例中，都可以直接访问路由管理对象。通过调用路由对象的 push 方法可以向 history 栈中添加一个新的记录。也就是说，用户可以通过浏览器的返回按钮返回上一个路由 URL。

首先，修改 App.vue 文件代码如下：

【源码见附件代码/第 12 章/1.router_demo/src/App.vue】

```
<script setup>
import { useRouter } from 'vue-router'
const router = useRouter()
function toUser() {
   router.push({
     path:"/user/小王"
   })
}
</script>
<template>
   <h1>HelloWorld</h1>
   <p>
    <el-button type="primary" @click="toUser">中户中心</el-button>
   </p>
   <router-view></router-view>
</template>
```

如以上代码所示，我们使用按钮组件代替之前的 router-link 组件，在按钮的单击方法中进行路由的跳转操作。push 方法可以接收一个对象，对象中通过 path 属性配置其 URL 路径。push 方法也支持直接传入一个字符串作为 URL 路径，代码如下：

```
router.push("/user/小王")
```

我们也可以通过路由名加参数的方式让 Vue Router 自动生成 URL，要使用这种方法进行路由跳转，在定义路由的时候需要对路由进行命名，代码如下：

```
const routes = [
  {
    path: '/user/:username?',
    name: 'user',
    component:User
  }
]
```

之后，可以使用如下方式进行路由跳转：

```
router.push({
  name: 'user',
  params: {
    username:'小王'
  }
})
```

如果路由需要规范的 URL Query 参数，可以通过 query 属性进行设置，示例代码如下：

```
// 会被处理成 /user?name=xixi
router.push({
  path: '/user',
  query: {
    name:'xixi'
  }
})
```

注意，在调用 push 方法配置路由对象时，如果设置了 path 属性，则 params 属性会被自动忽略。push 方法本身也会返回一个 Pormise 对象，我们可以用其来处理路由跳转成功之后的逻辑，示例代码如下：

```
router.push({
  name: 'user',
  params: {
    username:'小王'
  }
}).then(()=>{
  // 组件切换完成后的逻辑
})
```

12.3.2　导航历史控制

当我们使用 router-link 组件或 push 方法切换页面时，新的路由实际上会被放入 history 导航栈中，用户可以灵活地使用浏览器的前进和后退功能在导航栈路由中进行切换。对于有些场景，我们不希望导航栈中的路由增加，这时可以配置 replace 参数或直接调用 replace 方法来进行路由跳转，这种方式跳转的页面会直接替换当前的页面，即跳转前页面的路由从导航栈中删除。

```
router.push({
    path: '/user/小王',
    replace: true
})
router.replace({
    path: '/user/小王'
})
```

Vue Router 还提供了一个方法，让我们可以灵活地选择跳转到导航栈中的某个位置，示例代码如下：

```
// 跳转到后 1 个记录
router.go(1)
// 跳转到后 3 个记录
router.go(3)
// 跳转到前 1 个记录
router.go(-1)
```

12.4　关于路由的命名

在定义路由配置时，除指定 path 外，我们还可以通过设置 name 属性来为路由命名。为路由分配一个名称可以带来显著的优势，尤其是相比于直接使用 path 进行页面跳转，使用名称可以避免硬编码 URL，并且它还能自动处理参数编码等相关问题。

12.4.1　使用名称进行路由切换

与使用 path 路径进行路由切换类似，router-link 组件和 push 方法都可以根据名称进行路由切换。以前面编写的代码为例，定义用户中心的名称为 user，使用如下方法可以直接进行切换：

```
router.push({
    name: 'user',
    params:{
      username:"小王"
    }
})
```

使用 router-link 组件切换示例如下：

```
<router-link :to="{ name: 'user', params: { username: '小王' }}">小王</router-link>
```

12.4.2　路由视图命名

路由视图命名是指对 router-view 组件进行命名，router-view 组件用来定义路由组件的出口。前面讲过，路由支持嵌套，router-view 可以进行嵌套。通过嵌套，允许 Vue 应用中出现多个 router-view 组件。但是，对于有些场景，我们可能需要同级展示多个路由视图，例如顶部导航区和主内容区两部分都需要使用路由组件，这时就需要同级使用 router-view 组件，要定义同级的每个 router-view 要展示的组件，可以对其进行命名。

修改 App.vue 文件，将页面的布局分为头部和内容主体两部分，示例代码如下：

【源码见附件代码/第 12 章/1.router_demo/src/App.vue】

```
<template>
  <el-container>
    <el-header height="80px">
      <router-view name="topBar"></router-view>
    </el-header>
    <el-main>
      <router-view name="main"></router-view>
    </el-main>
  </el-container>
</template>
```

在 mian.js 文件中定义一个新的路由，设置如下：

【源码见附件代码/第 12 章/1.router_demo/src/main.js】

```
const routes = [
  {
    path: '/home/:username/:id',
    components: {
      topBar: User,
      main: UserSetting
    }
  }
]
```

之前我们定义路由时，一个路径只对应一个组件，其实也可以通过 components 来设置一组组件，components 需要设为一个对象，其中的键表示页面中路由视图的名称，值为要渲染的组件。在上面的例子中，页面的头部会被渲染为 User 组件，主体部分会被渲染为 UserSetting 组件，如图 12-4 所示。

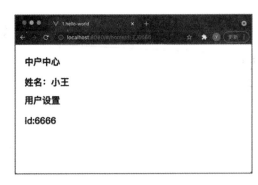

图 12-4　进行路由视图的命名

注意，对于没有命名的 router-view 组件，其名字会被默认分配为 default，如果编写组件模板如下：

```
<template>
```

```
    <el-container>
      <el-header height="80px">
        <router-view name="topBar"></router-view>
      </el-header>
      <el-main>
        <router-view></router-view>
      </el-main>
    </el-container>
</template>
```

使用如下方式定义路由效果是一样的:

```
const routes = [
  {
    path: '/home/:username/:id',
    components: {
      topBar: User,
      default: UserSetting
    }
  }
]
```

> **提示**　在嵌套的子路由中，也可以使用视图命名路由，对于结构复杂的页面，我们可以先将其按照模块进行拆分，梳理清楚路由的组织关系再进行开发。

12.4.3　使用别名

别名提供了一种路由路径映射的方式。也就是说，我们可以自由地将组件映射到任意路径上，而不受到嵌套结构的限制。

首先，我们可以尝试为一个简单的一级路由设置别名，修改用户设置页面的路由定义如下:

```
const routes = [
  { path: '/user/:id(\\d+)', component:UserSetting, alias: '/setting/:id' }
]
```

下面两个路径的页面渲染效果将完全一样:

```
http://localhost:8080/#/setting/6666/
http://localhost:8080/#/user/6666/
```

注意，别名和重定向并不完全一样，别名不会改变用户在浏览器中输入的路径本身，对于多级嵌套的路由来说，我们可以使用别名在路径上对其进行简化。如果原路由有参数配置，一定要注意别名也需要对应地包含这些参数。在为路由配置别名时，alias 属性可以直接设置为别名字符串，也可以设置为数组，同时配置一组别名，例如:

```
const routes = [
  { path: '/user/:id(\\d+)', component:UserSetting, alias: ['/setting/:id', '/s/:id'] }
]
```

12.4.4　路由重定向

重定向也是通过路由配置来完成的，与别名的区别在于，重定向会将当前路由映射到另一个路由上，页面的 URL 会发生变化。例如，当用户访问路由'/d/1'时，需要要页面渲染'/demo1'路由对应的组件，配置方式如下：

```
const routes = [
  { path: '/demo1', component: Demo1 },
  { path: '/d/1', redirect: '/demo1'},
]
```

redirect 也支持配置为路由对象，设置对象的 name 属性可以直接指定命名路由，例如：

```
const routes = [
  { path: '/demo1', component: Demo1, name:'Demo' },
  { path: '/d/1', redirect: {name : 'Demo'}}
]
```

上面示例代码中都是采用静态的方式配置路由重定向的，在实际开发中，通常会采用动态的方式配置重定向。例如，对于需要用户登录才能访问的页面，当未登录的用户访问此路由时，我们自动将其重定向到登录页面。下面的示例代码模拟了这一过程：

```
const routes = [
  { path: '/demo1', component: Demo1, name:'Demo' },
  { path: '/demo2', component: Demo2 },
  { path: '/d', redirect: to => {
    console.log(to) // to 是目标路由对象
    // 随机数模拟登录状态
    let login = Math.random() > 0.5
    if (login) {
      return { path:'/demo1'}
    } else {
      return { path:'/demo2'}
    }
  }
}
]
```

12.5　关于路由传参

通过前面的学习，我们对 Vue Router 的基本使用已经有了初步的认识。我们知道，在执行路由跳转时，可以通过参数传递来处理后续逻辑。在过去，我们习惯使用$route.params 来获取传递的参数，尽管这种方式有效，但它让组件与路由配置紧密耦合，影响了组件的复用性。本节将探讨一种更为灵活的路由传参方式——使用属性的方式进行参数传递。

还记得我们编写的用户设置页面是如何获取路由传递的 id 参数的吗？代码如下：

```
<template>
  <h1>用户设置</h1>
  <h2>id:{{$route.params.id}}</h2>
```

```
</template>
<script>
</script>
```

由于在组件的模板内部之前使用了 $route 属性，这导致该组件的通用性大大降低。首先，将其所有耦合路由的地方去除掉，修改如下：

```
<script setup>
defineProps(["id"])
</script>
<template>
    <h1>用户设置</h1>
    <h2>id:{{id}}</h2>
</template>
```

现在，UserSetting 组件能够通过外部传递的属性来实现内部逻辑，后面我们需要做的只是将路由的传参映射到外部属性上。Vue Router 默认支持这一功能。路由配置方式如下：

```
const routes = [
  { path: '/user/:id(\\d+)', component:UserSetting, props:true }
]
```

在定义路由时，将 props 设置为 true，则路由中传递的参数会自动映射到组件定义的外部属性，使用十分方便。

对于有多个页面出口的同级命名视图，我们需要对每个视图的 props 单独进行设置，示例如下：

```
const routes = [
  {
    path: '/home/:username/:id',
    components: {
      topBar: User,
      default: UserSetting,
    },
    props: {topBar:true, default:true}
  }
]
```

如果组件内部需要的参数与路由本身并没有直接关系，我们也可以将 props 设置为对象，此时 props 设置的数据将原样传递给组件的外部属性，例如：

```
const routes = [
  { path: '/user/:id(\\d+)', component:UserSetting, props:{id:'000'} },
]
```

如以上代码所示，此时路由中的参数将被弃用，组件中获取到的 id 属性值将固定为"000"。

props 还有一种更便捷的使用方式，可以直接将其设置为一个函数，函数返回要传递到组件的外部属性对象，这种方式动态性很好，示例代码如下：

```
const routes = [
  { path: '/user/:id(\\d+)', component:UserSetting, props:route => {
    return {
      id:route.params.id,
```

```
    other:'other'
    }
  }}
]
```

12.6 路由导航守卫

关于导航守卫，我们之前已经有所接触。顾名思义，导航守卫的主要作用是在执行路由跳转时，决定是否允许或阻止这次跳转。在 Vue Router 中，有多种方法可以用来定义导航守卫。

12.6.1 定义全局的导航守卫

在 main.js 文件中，前面使用 createRouter 方法来创建路由实例，此路由实例可以使用 beforeEach 方法来注册全局的前置导航守卫，之后当有导航跳转触发时，都会被此导航守卫所捕获，示例代码如下：

```
const router = createRouter({
  history: createWebHashHistory(),
  routes: routes // 我们定义的路由配置对象
})
router.beforeEach((to, from) => {
  console.log(to)     // 将要跳转到的路由对象
  console.log(from)   // 当前将要离开的路由对象
  return false        // 返回 true 表示允许此次跳转，返回 false 表示禁止此次跳转    .
})
app.use(router)
```

当注册的 beforeEach 方法返回的是布尔值时，该布尔值用来决定是否允许此次导航跳转，如以上代码所示，所有的路由跳转都将被禁止。

更常见的情况是，在 beforeEach 方法中返回一个路由配置对象，以此来决定要跳转到的页面。这种方法提供了更高的灵活性。例如，我们可以将登录状态的校验逻辑集成到全局前置守卫中，这使得流程更加方便和一致。以下是一个示例：

```
const routes = [
  { path: '/user/:id(\\d+)',name:'setting', component:UserSetting, props:true},
]
const router = createRouter({
  history: createWebHashHistory(),
  routes: routes        // 我们定义的路由配置对象
})
router.beforeEach((to, from) => {
  console.log(to)      // 将要跳转到的路由对象
  console.log(from)    // 当前将要离开的路由对象
  if (to.name != 'setting') {                        // 防止无限循环
    return {name:'setting',params:{id:"000"}}        // 返回要跳转到的路由
  }
})
```

与定义全局前置守卫类似，我们也可以注册全局的导航后置回调。与前置守卫不同的是，后置回调不会改变导航本身，但是其对页面的分析和监控十分有用。示例代码如下：

```
const router = createRouter({
  history: createWebHashHistory(),
  routes: routes // 我们定义的路由配置对象
})
router.afterEach((to, from, failure) => {
  console.log("跳转结束")
  console.log(to)
  console.log(from)
  console.log(failure)
})
```

路由实例的 afterEach 方法中设置的回调函数除接收 to 参数和 from 参数外，还会接收一个 failure 参数，通过它开发者可以对导航的异常信息进行记录。

12.6.2　为特定的路由注册导航守卫

如果只有特定的场景需要在页面跳转过程中实现相关逻辑，我们可以为指定的路由注册导航守卫。有两种注册方式，一种是在配置路由时进行定义，另一种是在组件中进行定义。

在对导航进行配置时，可以直接为其设置 beforeEnter 属性，示例代码如下：

```
const routes = [
{
  path: '/demo1', component: Demo1, name: 'Demo', beforeEnter: router => {
    console.log(router)
    return false
  }
}
]
```

如以上代码所示，当用户访问"/demo1"路由对应的组件时，都会被拒绝掉。注意，beforeEnter 设置的守卫只有在进入路由时会触发，路由的参数变化并不会触发此守卫。

在编写组件时，我们也可以实现一些方法来为组件定制守卫函数，示例代码如下：

【源码见附件代码/第 12 章/1.router_demo/src/components/DemoOne.vue】

```
<script setup>
import { onBeforeRouteUpdate, onBeforeRouteLeave } from 'vue-router'
onBeforeRouteUpdate((to, from) => {
    console.log(to, from, "路由参数有更新时的守卫")
})
onBeforeRouteLeave((to, from) => {
    console.log(to, from, "离开页面")
})
</script>
<template>
    <h1>示例页面 1</h1>
</template>
```

　　注意，在组合式 API 中并不支持 beforeRouterEnter 导航前置守卫，如果要实现相关的需求，只能在路由定义时设置 beforeEnter 回调。在这个函数中，我们可以进行拦截操作，也可以进行重定向操作。需要注意，此方法只有在第一次切换此组件时会被调用，路由参数的变化不会重复调用此方法。beforeRouteUpdate 方法在当前路由发生变化时会被调用，例如路由参数的变化等都可以在此方法中捕获到。beforeRouteLeave 方法会在当前页面即将离开时被调用。

　　下面总结一下 Vue Router 导航跳转的全过程。

步骤01 导航被触发，可以通过 router-link 组件触发，也可以通过 push 等方法或直接改变 URL 触发。

步骤02 在将要失活的组件中调用 beforeRouteLeave 守卫函数。

步骤03 调用全局注册的 beforeEach 守卫。

步骤04 如果当前使用的组件没有变化，则调用组件内的 beforeRouteUpdate 守卫。

步骤05 调用在定义路由时配置的 beforeEnter 守卫函数。

步骤06 解析异步路由组件。

步骤07 导航被确认。

步骤08 调用全局注册的 afterEach 守卫。

步骤09 触发 DOM 更新，页面进行更新。

12.7　动态路由

　　到目前为止，我们使用的所有路由都是采用静态配置的方式定义的。也就是说，先在 main.js 中完成路由的配置，再在项目中进行使用。但某些情况下，我们可能需要在运行的过程中动态地添加或删除路由，Vue Router 中也提供了方法支持动态地对路由进行操作。

　　在 Vue Router 中，动态操作路由的方法主要有两个：addRoute 和 removeRoute，addRoute 用来动态添加一条路由；对应地，removeRoute 用来动态地删除一条路由。首先，修改 DemoOne.vue 文件如下：

```
<template>
  <h1>示例页面 1</h1>
  <el-button type="primary" @click="click">跳转 Demo2</el-button>
</template>
<script setup>
import { useRouter } from 'vue-router'
import Demo2 from "./DemoTwo.vue"
let router = useRouter()
// 动态添加一个路由
router.addRoute({
    path: "/new/demo2",
    component: Demo2
})
// 跳转到新动态增加的路由
function click() {
    router.push("/new/demo2")
}
</script>
```

我们在 DemoOne 组件中布局了一个按钮元素，在 DemoOne 组件创建完成后，使用 addRoute 方法动态添加了一条路由，当单击页面上的按钮时，切换到 DemoTwo 组件。

可以尝试一下，如果直接在浏览器中访问"/new/demo2"页面，则会报错，因为此时注册的路由列表中并没有此项路由记录，但是如果先访问"/demo1"页面，再单击页面上的按钮进行路由跳转，则能够正常跳转。

在下面几种场景下会触发路由的删除。

当使用 addRoute 方法动态地添加路由时，如果添加了重名的路由，旧的就会被删除，例如：

```
router.addRoute({
  path: "/demo2",
  component: Demo2,
  name:"Demo2"
});
// 后添加的路由会覆盖前面的
router.addRoute({
  path: "/d2",
  component: Demo2,
  name:"Demo2"
});
```

上述代码中路径为"/demo2"的路由将会被删除。

另外，在调用 addRoute 方法时，其实会返回一个删除回调，我们可以通过执行此删除回调来直接删除所添加的路由，代码如下：

```
let call = router.addRoute({
  path: "/demo2",
  component: Demo2,
  name: "Demo2",
});
// 直接移除此路由
call();
```

另外，对于命名过的路由，也可以通过名称将路由删除，示例代码如下：

```
router.addRoute({
  path: "/demo2",
  component: Demo2,
  name: "Demo2",
});
router.removeRoute("Demo2");
```

注意，当路由被删除时，其所有的别名和子路由也会同步被删除。在 Vue Router 中，还提供了方法来获取现有的路由，例如：

```
// 根据名称获取某个路由是否存在
console.log(router.hasRoute("Demo2"));
// 获取所有已注册的路由对象
console.log(router.getRoutes());
```

其中，hasRouter 方法用来检查当前已经注册的路由中是否包含某个路由，getRoutes 方法用来获取包含所有路由的列表。

12.8 动手练习：实现一个多页面单页应用程序

本节将创建一个简单的 Vue 应用，使用 Vue Router 来实现一个具有多个页面的单页应用程序。这个应用将包括以下页面：

- 首页（Home）。
- 关于我们（About）。
- 产品列表（Products）。
- 产品详情（Product Detail）。

下面介绍该项目的实现过程。

步骤01 创建 Vue 项目。使用 Vite 创建 Vue 项目：

```
npm create vite@latest
cd my-vue-app
```

步骤02 安装 Vue Router。

执行以下命令：

```
npm install vue-router@4 --save
```

步骤03 设置 Vue Router。在 src 目录下创建 router/index.js：

```
// src/router/index.js
import Products from '../components/Products.vue';
import ProductDetail from '../components/ProductDetail.vue';

const routes = [
  // 定义路由规则
  { path: '/', component: Home, name: 'Home' },
  { path: '/about', component: About, name: 'About' },
  { path: '/products', component: Products, name: 'Products' },
  { path: '/product/:id', component: ProductDetail, name: 'ProductDetail' },
];

const router = createRouter({
  history: createWebHistory(),
  routes,
});

export default router;
```

步骤04 配置 Vue 应用。在 src/main.js 中使用 Vue Router：

```
// src/main.js
import { createApp } from 'vue';
import App from './components/Home.vue';
```

```
import router from './router';
const app = createApp(App);
app.use(router);
app.mount('#app');
```

步骤 05 创建页面组件。在 src/components 目录下创建以下组件。

Home.vue：

```
<template>
  <div>
    <h1>Home Page</h1>
    <!-- 使用 router-link 实现导航 -->
    <router-link to="/about">About</router-link>
    <router-link to="/products">Products</router-link>
  </div>
</template>
```

About.vue：

```
<template>
  <div>
    <h1>About Us</h1>
    <!-- 返回首页 -->
    <router-link to="/">Home</router-link>
  </div>
</template>
```

Products.vue：

```
<script setup>
import {ref} from 'vue'

// 假设的产品数据
const products = ref([
    { id: 1, name: 'Product 1' },
    { id: 2, name: 'Product 2' },
])

</script>
<template>
    <div>
      <h1>Products</h1>
      <router-link to="/">Home</router-link>
      <!-- 假设有一个产品列表 -->
      <ul>
        <li v-for="product in products" :key="product.id">
          <router-link :to="`/product/${product.id}`">{{ product.name }}</router-link>
        </li>
      </ul>
    </div>
  </template>
```

ProductDetail.vue:

```
<script setup>
import {computed, ref} from 'vue'
import {useRoute} from 'vue-router'
const route = useRoute()
const product = computed(() => {
    // 根据路由参数获取产品详情
    const id = route.params.id;
    return products.value.find(p => p.id == id);
})

// 假设的产品数据
const products = ref([
    { id: '1', name: 'Amazing Product 1' },
    { id: '2', name: 'Fantastic Product 2' },
])
</script>
<template>
    <div>
      <h1>Product Detail</h1>
      <router-link to="/products">Back to Products</router-link>
      <!-- 显示产品详情 -->
      <div v-if="product">
        <h2>{{ product.name }}</h2>
        <!-- 更多产品详情 -->
      </div>
    </div>
</template>
```

步骤 06 修改 App.vue 文件：

```
<template>
  <router-view></router-view>
</template>
```

本项目学习了 Vue 的基础用法、组件化开发、路由配置以及页面间的数据传递。每个页面组件都有清晰的注释，可以帮助读者理解代码的功能和目的，掌握 Vue Router 在实际项目中的应用。

12.9 小结与上机演练

本章详细介绍了 Vue Router 模块的使用方法。路由技术在实际项目开发中应用广泛，随着网页应用的功能日益增强，前端代码也变得越来越复杂。因此，如何高效且清晰地根据业务模块组织代码变得至关重要。路由是一种非常优秀的页面组织方式，它允许我们将页面按照组件的方式进行拆分。在这种方式下，每个组件只关注其内部的业务逻辑，而组件间的交互和跳转则通过路由来实现。

通过本章的学习，相信你已经具备了开发大型前端应用的基础能力。现在，尝试通过回答以下问题来检验你对本章内容的掌握情况吧！

练习：在实际的应用开发中，单一页面的应用较为罕见，页面间的组织与管理显得尤为重要。那么，你能简述路由管理在前端开发中解决了哪些问题吗？

提示　可以从解耦和模块化等方面进行分析。

上机演练：使用 Vue Router 创建一个 Vue 应用。

任务需求：

创建一个基于 Vue 的应用，并使用 Vite 脚手架进行构建，同时集成 Vue Router 来管理应用的路由。通过此练习，你将学会如何安装和使用 Vue Router，以及如何定义路由和链接至这些路由。

参考练习步骤：

（1）使用 Vite 创建一个新的 Vue 项目。

（2）安装 Vue Router 并将其集成到项目中。

（3）定义两个组件：Home 和 About。

（4）配置 Vue Router 以包含两个路由，每个路由指向一个组件。

（5）在 App.vue 中使用<router-link>和<router-view>来实现导航和组件显示。

（6）运行项目，观察并测试路由的功能。

参考示例代码：

首先，确保你已经安装了 Node.js 和 npm。然后，按照以下步骤操作：

```
# 1. 使用 npm 创建一个新的 Vue Vite 项目
npm create vite@latest
# 2. 进入项目目录并安装 Vue Router
cd my-vue-app
npm install vue-router@next

# 3. 创建 Home 和 About 组件，目录结构如下
src/components/Home.vue
src/components/About.vue
```

在 src/components/Home.vue 中，代码如下：

```
<template>
  <div>
    <h1>Home</h1>
    <router-link to="/about">Go to About</router-link>
  </div>
</template>
```

在 src/components/About.vue 中，代码如下：

```
<template>
  <div>
```

```
    <h1>About</h1>
    <router-link to="/">Go to Home</router-link>
  </div>
</template>
```

接下来，配置 Vue Router：

```
// src/router/index.js
import { createRouter, createWebHistory } from 'vue-router'
import Home from '../components/Home.vue'
import About from '../components/About.vue'

const routes = [
  { path: '/', component: Home },
  { path: '/about', component: About }
]

const router = createRouter({
  history: createWebHistory(),
  routes
})

export default router
```

最后，更新 src/main.js 以使用路由：

```
import { createApp } from 'vue'
import App from './App.vue'
import router from './router'

createApp(App).use(router).mount('#app')
```

在 src/App.vue 中添加<router-view>，代码如下：

```
<template>
  <div id="app">
    <nav>
      <router-link to="/">Home</router-link>
      <router-link to="/about">About</router-link>
    </nav>
    <router-view/>
  </div>
</template>
```

运行项目：

```
npm run dev
```

现在，应该能够看到自己的应用在浏览器中运行，并且可以通过导航链接访问 Home 和 About 页面。

在本练习中，我们学习了如何使用 Vue Router 创建一个 Vue 应用。具体步骤包括：使用 Vite 创建一个新的 Vue 项目，安装 Vue Router 并将其集成到项目中，定义两个组件：Home 和 About，配置 Vue Router 以包含两个路由，每个路由分别指向一个组件。在 App.vue 中，我们使用了<router-link>和<router-view>来导航和显示组件。最后，运行项目，并观察及测试路由的功能。通过本练习，相信读者对使用 Vue Router 创建 Vue 应用有了更深入的理解，并能够在实际项目中灵活运用这些知识。

第 13 章

Vue 状态管理

Vue 框架本身就具备状态管理的能力。在我们开发 Vue 应用时，驱动视图渲染的数据正是通过状态来管理的。本章将重点讨论基于 Vue 的状态管理框架 Pinia。Pinia 是一个专为 Vue 设计的状态管理库，它集中存储并管理应用的所有组件状态，确保状态数据能够按照预期的方式进行变化。

然而，并非所有 Vue 应用的开发都需要使用 Pinia 来进行状态管理。对于规模较小、结构简单的 Vue 应用，使用 Vue 自身的状态管理功能通常已足够。但是，对于复杂度高、组件众多的 Vue 应用，组件间的交互可能会使得状态管理变得更加复杂，这时 Pinia 的帮助就显得尤为重要。

在本章中，你将学习到以下内容：

- Pinia 框架的安装与简单使用方法。
- 多组件共享状态的管理方法。
- 多组件驱动同一状态的方法。

13.1 了解 Pinia 框架的精髓

Pinia 采用了集中式管理方法，负责维护和控制所有组件的状态。这与 Vue 本身的"独立式"状态管理方式形成了鲜明对比，后者允许每个组件独立管理自己的状态。在 Pinia 出现之前，Vuex 是 Vue 官方提供的状态管理库。然而，随着 Vue 3.x 的推出和组合式 API 的普及，Vuex 的使用逐渐显得不那么方便。因此，Pinia 应运而生。Pinia 最初就是为了与组合式 API 配合使用而设计的 Vue 状态管理工具。与 Vuex 相比，Pinia 对使用 Vue 3.x 的用户更为友好，同时它也兼容非组合式 API，支持 Vue 2.x 版本。

在深入介绍 Pinia 之前，我们需要先理解状态管理的必要性。Vue 作为一个响应式前端开发框架，页面上的元素内容可以通过数据驱动的方式进行更新。在 Vue 组件内实现元素的响应性，只需将要绑定到元素中的数据定义为响应式。一旦数据发生变化，模板内的相应元素就会自动刷新。

尽管 Vue 内置的状态管理在组件级别非常高效，但在跨组件状态同步方面却存在一些局限性。

首先，Vue 中的数据流是单向的，即从父组件传向子组件的参数是只读的，子组件无法直接修改这些参数并反馈给父组件。我们通常需要通过回调函数或全局状态管理来实现状态共享。此外，同级组件之间的状态共享也相对困难，如果多个组件都尝试修改同一状态，可能会导致难以追踪的异常。

Pinia 框架极大地简化了跨组件状态共享的过程，并能够跟踪状态的更改，从而便于开发阶段的调试。本节将简要介绍 Pinia 的应用，并在后续的开发过程中利用它来管理用户登录数据等状态信息。

此外，可追溯性是软件开发需求的极为重要的特性之一。程序执行的可追溯性不仅可以帮助开发者进行调试和测试，还能精确控制软件的运行行为。

13.1.1　理解状态管理

我们先从一个简单的示例组件来理解状态管理。使用 Vite 工具新建一个名为 1.pinia-demo 的项目工程。为了方便测试，我们将默认生成的部分代码先清理掉，修改 App.vue 文件如下：

【源码见附件代码/第 13 章/1.pinia_demo/src/App.vue】

```
<script setup>
import HelloWorld from './components/HelloWorld.vue'
</script>
<template>
  <HelloWorld />
</template>
```

修改 HelloWorld.vue 文件如下：

【源码见附件代码/第 13 章/1.pinia_demo/src/components/HelloWorld.vue】

```
<script setup>
import {ref} from 'vue'
// 简单的计数器功能
const count = ref(0)
function increment() {
  count.value ++
}
</script>
<template>
  <h1>计数器 1:{{ count }}</h1>
  <button @click="increment">增加</button>
</template>
```

上述示例代码展示了一个简单的页面，页面上呈现了一个按钮组件和一个显示计数的文本标题。用户每次单击按钮时，标题中的计数便会递增。深入分析这段代码，我们可以认识到在 Vue 应用中，组件状态管理包含以下几个关键组成部分。

1. 状态数据

状态数据指的是在 setup 函数中定义的数据，这些数据通过 ref 方法被封装成响应式，从而能够驱动视图的更新。

2. 视图

视图是指 template 部分所定义的模板内容，它通过声明式语法把状态映射到界面元素上。

3. 动作

动作指那些会引发状态变化的行为，即代码中 setup 函数内定义的方法，这些方法用于修改状态数据，状态数据的变更最终促使视图重新渲染。

这三部分的紧密协作构成了 Vue 状态管理的核心机制。总体而言，在此状态管理模式中，数据流动是单向且封闭的：视图触发动作，动作改变状态，状态刷新视图。这个过程如图 13-1 所示。

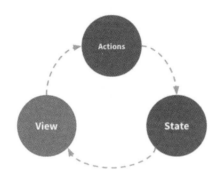

图 13-1　单向数据流使用图

单向数据流的状态管理模式以其简洁性著称，对于组件数量较少的简单 Vue 应用而言，这种模式的效率非常高。然而，在涉及多组件且交互复杂的场景中，采用该方式进行状态管理便显得尤为棘手。让我们深入思考以下两个问题：

- 问题 1：多个组件如何依赖同一状态？
- 问题 2：多个组件如何共同触发一个状态的变更？

针对问题 1，如果使用前面提到的状态管理方法，其实现将颇为困难。对于嵌套关系中的多个组件，我们或许还能通过逐层传递值的方式来共享状态，但面对横向同级的多个组件时，共享同一状态则变得异常艰难。

对于问题 2，若不同的组件需要更改为同一状态，最直截了当的做法是将触发权交给上层组件，对于深层嵌套的组件结构而言，这就意味着需要层层向上传递事件，直至顶层统一处理状态更新，这种做法无疑会大幅提升代码维护的难度。

Pinia 正是为解决这类挑战而生的。在 Pinia 框架下，我们可以将需要跨组件共享的状态提取出来，以全局单例模式进行集中管理。这种模式使得无论视图位于视图树的哪个层级，都能直接访问这些共享状态，同时也能便捷地触发修改操作来动态更新这些共享状态。

13.1.2　安装与体验 Pinia

与前面我们使用过的模块的安装方式类似，使用 npm 可以非常方便地为工程安装 Pinia 模块，命令如下：

```
npm install pinia --save
```

在安装过程中，如果有权限相关的错误产生，可以在命令前添加 sudo。安装完成后，即可在工程的 package.json 文件中看到相关的依赖配置以及所安装的 **Pinia** 的版本，代码如下：

```
"dependencies": {
    "pinia": "^2.1.7",
    "vue": "^3.4.21"
}
```

使用 Pinia 模块的功能之前，需要先将其挂载到 Vue 应用实例上，修改 main.ts 中的代码如下：

【 源码见附件代码/第 13 章/1.pinia_demo/src/main.js 】

```
// 导入部分
import { createApp } from 'vue'
import './style.css'
import App from './App.vue'
import { createPinia } from 'pinia'
// 创建应用实例
let app = createApp(App)
// 挂载 Pinia
app.use(createPinia())
createApp(App).mount('#app')
```

下面我们尝试体验一下 Pinia 状态管理的基本功能。首先仿照 HelloWorld 组件来创建一个新的组件，并将其命名为 HelloWorld2.vue，其功能也是一个简单的计数器，代码如下：

【 源码见附件代码/第 13 章/1.pinia_demo/src/components/HelloWorld2.vue 】

```
<script setup>
import {ref} from 'vue'
// 简单的计数器功能
const count = ref(0)
function increment() {
  count.value ++
}
</script>
<template>
  <h1>计数器 2:{{ count }}</h1>
  <button @click="increment">增加</button>
</template>
```

修改 App.vue 文件如下：

【 源码见附件代码/第 13 章/1.pinia_demo/src/App.vue 】

```
<script setup>
import HelloWorld from './components/HelloWorld.vue'
import HelloWorld2 from './components/HelloWorld2.vue'
</script>
<template>
  <HelloWorld />
```

```
  <HelloWorld2 />
</template>
```

运行此 Vue 工程，在页面上可以看到两个计数器，如图 13-2 所示。

图 13-2   示例工程运行效果

此时，这两个计数器组件是相互独立的，即单击第 1 个按钮只会增加第 1 个计数器的值，单击第 2 个按钮只会增加第 2 个计数器的值。如果我们需要让这两个计数器共享一个状态，且同时操作此状态，就需要 Pinia 出马了。

Pinia 框架的核心在于其 Store，也就是仓库。我们可以将 Store 视为一个专门的容器，它负责存储和管理应用中需要被多个组件共享的状态。Pinia 中的 Store 具有极高的灵活性，其中存储的状态是响应式的。这意味着当 Store 中的状态数据发生变化时，这些变化会自动反映到相应的组件视图上。更为关键的是，Store 中的状态数据不允许开发者直接修改。改变 Store 中状态数据的唯一途径是提交 action 操作。这种严格的管理机制使得追踪每个状态的变化过程变得更加便捷，从而有助于应用的调试过程。

现在，我们来使用 Pinia 对上述代码进行改写。在项目的 src 文件夹下，新建一个名为 CounterState.ts 的文件，并编写以下代码：

【代码片段 13-1   源码见附件代码/第 13 章/1.pinia_demo/src/CounterState.js 】

```
import { defineStore } from "pinia";
// 定义一个状态仓库 counter
export default defineStore('counter', {
    // 定义需要使用的状态数据
    state: () => {
        return {
            count: 0
        }
    }
})
```

在上述代码中，使用 Pinia 中的 defineStore 函数创建了一个 Store 实例，Store 可以理解为"仓库"，即存储状态数据的地方。其中，defineStore 函数的第 1 个参数设置了当前 Store 的名称，第 2 个参数是一个配置对象，通过 state 配置项来定义具体的状态数据，Store 中定义的状态数据是具有响应性的，可以直接使用。修改 HelloWorld 和 HelloWorld2 组件的代码如下：

【源码见附件代码/第 13 章/1.pinia_demo/src/components/HelloWorld.vue】

```
<script setup>
import counter from '../CounterState'
const store = counter()</script>
<template>
    <h1 @click="store.count++">Pinia 计数器 1:{{ store.count }}</h1>
</template>
```

【源码见附件代码/第 13 章/1.pinia_demo/src/components/HelloWorld2.vue】

```
<script setup>
import counter from '../CounterState'
const store = counter()</script>
<template>
    <h1 @click="store.count++">Pinia 计数器 2:{{ store.count }}</h1>
</template>
```

如以上代码所示，获取到 Store 实例后，直接通过状态名来使用状态即可。运行工程，可以看到两个计数器组件的值已经可以实时同步了。

使用 Pinia 进行状态管理的关键步骤是定义 Store。在定义 Store 时，除 state 配置项外，我们还会遇到 getters 和 actions。state 用于声明状态数据，而 getters 可用于创建派生状态或计算属性。actions 则承担着提供逻辑操作的职责，它使得状态的修改过程得以集中处理。接下来，我们将深入探讨这些配置项的具体应用。

13.2 Pinia 中的一些核心概念

本节主要讨论 Pinia 中的 4 个核心概念：Store、State、Getters 和 Actions。

13.2.1 Pinia 中的 Store

使用 Pinia 的核心在于定义"状态仓库"Store，在定义 Store 时，我们可以对要使用的状态数据进行定义，Pinia 框架中提供了 defineStore 方法来生成 Store 实例。如前面的代码所示，定义一个 Store 非常简单：

【源码见附件代码/第 13 章/1.pinia_demo/src/CounterState.js】

```
const userInfoStore = defineStore('userInfo', {
    //...
})
```

defineStore 方法有两个参数，第 1 个参数为 Store 的名称，它需要是唯一的，第 2 个参数为配置对象或 setup 方法，13.1 节中的示例代码采用了配置对象的方式定义 Store，后续我们将采用 setup 方法的方式来定义 Store，例如：

【代码片段 13-2　源码见附件代码/第 13 章/1.pinia_demo/src/CounterState.js】

```
import {ref} from 'vue'
export const userInfoStore = defineStore('userInfo', () => {
    // setup 方法的用法一致
    const name = ref("nick")
    const age = ref(15)
    function incrementAge() {
        age.value += 1
    }
    return {name, age, incrementAge}
})
```

在使用时，只要引入此 Store 对象，接口创建出引用实例，对其内部的状态数据和动作方法可以直接调用，代码如下：

【源码见附件代码/第 13 章/1.pinia_demo/src/components/HelloWorld.vue】

```
<script setup>
import {userInfoStore} from '../CounterState'
const userInfo = userInfoStore()
</script>
<template>
  <h1 @click="userInfo.incrementAge">
    name: {{ userInfo.name }}, age: {{ userInfo.age }}
  </h1>
</template>
```

13.2.2　Pinia 中的 State

state 指的是状态数据，在 Pinia 中，支持通过选项式 API 或组合式 API 来定义状态。如果选择使用选项式 API 进行定义，在配置对象中设置 state 选项即可。此选项是一个函数，其返回所需的状态数据。值得注意的是，使用选项式 API 返回的状态数据无须通过 ref 等方法包装，它默认具备响应式特性。而使用组合式 API 则更为直接，类似于编写 Vue 组件的过程，在 setup 方法中声明并返回所需的状态数据。

对于在 Store 中定义的状态，我们可以直接访问，包括读取和修改。但需注意，Pinia 不允许在 Store 使用过程中动态添加新的状态。所有需要的状态数据必须在定义 Store 时就明确指定。

除直接访问状态数据进行修改外，还可以使用 $patch 方法来批量更新多个状态。例如：

【源码见附件代码/第 13 章/1.pinia_demo/src/components/HelloWorld.vue】

```
<script setup>
import {userInfoStore} from '../CounterState'
const userInfo = userInfoStore()
</script>
<template>
  <h1 @click="userInfo.incrementAge">
    name: {{ userInfo.name }}, age: {{ userInfo.age }}
  </h1>
  <button @click="userInfo.$patch({
```

```
    name:'Jaki',
    age: 30
  })">修改用户信息</button>
</template>
```

在上面的例子中,调用$patch 方法传入了一个对象,将要修改的状态数据在此对象中指定即可。$patch 方法支持通过一个函数来修改当前状态数据。

如果需要订阅 Store 中状态数据的变化来实现某些业务逻辑,可以使用$subscribe 方法来增加状态订阅,例如:

【源码见附件代码/第 13 章/1.pinia_demo/src/components/HelloWorld.vue】

```
<script setup>
import {userInfoStore} from '../CounterState'
const userInfo = userInfoStore()
userInfo.$subscribe((mutation, state)=>{
  console.log(mutatuin)
  // 当前的状态
  console.log(state)
})
</script>
```

无论是直接访问还是使用$patch 方法产生的状态变更,都会执行$subscribe 注册的订阅回调,此回调中的 mutation 参数封装了当次变更的信息,包括的字段如表 13-1 所示。

表13-1　mutation参数包括的字段

字　　段	值	意　　义
type	direct:直接访问。 patch object:$patch 对象修改。 patch function:$patch 函数修改	当次变更的类型
storeId	—	Store 的名字
payload	—	$patch 方法所携带的数据

13.2.3　Pinia 中的 Getters

与 Vue 组件中定义计算属性的方式类似,Pinia 中的 Store 也支持定义"计算状态"。在 Vue 中,计算属性通常体现为 Getter 方法,它让我们能够对数据进行处理后再使用。对于 Pinia 而言,提供的状态数据可能并不总是直接适用于页面渲染,例如某些数值数据在展示时可能需要添加单位。通常,这些计算过程是通用的,即需要被多个组件共享,若每个使用该状态数据的组件都重复实现相同的计算逻辑,则会显得冗余。Pinia 允许我们在定义 Store 时,为其添加特定的计算属性,即 Getter 方法,从而避免代码重复,提升维护性和效率。

以组合式 API 为例,使用 Vue 中的 computed 函数来定义"计算状态",代码如下:

【代码片段 13-3　源码见附件代码/第 13 章/1.pinia_demo/src/CounterState.js】

```
const userInfoStore = defineStore('userInfo', () => {
    // setup 方法的用法一致
    const name = ref("nick")
```

```
    const age = ref(15)
    function incrementAge() {
        age.value += 1
    }
    const ageString = computed(()=>{
        return age.value + '岁'
    })
    return {name, age, incrementAge, ageString}
})
export {userInfoStore}
```

Store 中的计算状态的使用与正常状态数据完全一致。

13.2.4　Pinia 中的 Actions

在 Pinia 中，另一个至关重要的概念是 Action。在 Store 中，我们可以定义一系列操作函数，这些函数通常封装了对状态数据的修改行为。这样做允许我们将复杂的状态变更逻辑集中在 Store 内部，从而提升程序的可扩展性和可维护性。Pinia 中的 Action 具备一项强大功能，即支持订阅。通过对 Store 中的 Action 进行订阅，我们能够监听方法的调用情况以及调用结果，这为状态管理的精细化控制提供了极大的便利。例如：

【代码片段 13-4　源码见附件代码/第 13 章/1.pinia_demo/src/components/HelloWorld.vue】

```
<script setup>
import {userInfoStore} from '../CounterState'
const userInfo = userInfoStore()
// 添加 Action 订阅
userInfo.$onAction((action)=>{
  // 动作的名称
  console.log(action.name)
  // 当前 Store 实例
  console.log(action.store)
  // 方法执行的参数
  console.log(action.args)
  // 方法成功完整执行后的回调钩子
  let afterCallback = action.after
  // 方法有异常抛出的回调钩子
  let errorCallback = action.onError
  console.log("方法执行开始前...")
  // 注册完成的回调
  afterCallback(()=>{
    console.log("方法执行完成")
  })
  // 注册异常回调
  errorCallback(()=>{
    console.log("方法执行异常")
  })
})
</script>
<template>
```

```
    <h1 @click="userInfo.incrementAge">
      name: {{ userInfo.name }}, age: {{ userInfo.age }}, ageString:
{{ userInfo.ageString }}
    </h1>
  </template>
```

使用$onAction 添加行为的订阅时，其注册的回调函数的 action 参数中包含如表 13-2 所示的数据。

表13-2　action参数中包含的数据

字　段	值	意　义
name	—	当前所调用的 action 的名字
store	—	当前的 Store 实例对象
args	—	参数列表
after	—	一个用来注册 Action 成功执行回调的函数
onError	—	一个用来注册 Action 出现异常回调的函数

13.3　Pinia 插件

在 Pinia 中，插件是一种极其强大的功能。它提供了 API，允许开发者向 Store 中添加新的状态和行为，同时还能拦截和额外处理 Store 自身的操作。通过使用插件，开发者能够封装具有高聚合性和复用性的逻辑，随后轻松地将这些逻辑分配给任何需要该功能的 Store。这极大地提升了代码的模块化和可重用性。

13.3.1　插件使用示例

我们可以通过一个简单的示例来体验插件的基本用法。前面我们定义过一个名为 userInfoStore 的 Store，假设业务中的 Store 是有版本号标记的，当项目升级时，需要对版本号进行统一升级和维护，就需要所有定义的 Store 都有统一的版本号属性。

首先修改 main.js 文件的代码，进行 Pinia 插件的定义和加载：

【源码见附件代码/第 13 章/1.pinia_demo/src/main.js】

```
// 导入部分
import { createApp } from 'vue'
import './style.css'
import App from './App.vue'
import { createPinia } from 'pinia'
// 创建应用实例
let app = createApp(App)
// 创建 Pinia
let pinia = createPinia()
// 挂载 Pinia
app.use(pinia)
// 定义插件
```

```
function PiniaVersionPlugin(context) {
    return {version: "1.0.0"}
}
// 加载插件
pinia.use(PiniaVersionPlugin)
// 挂载 Vue App
createApp(App).mount('#app')
```

在上述示例代码中，我们需要使用 createPinia 函数来创建 Pinia 的实例，并保存这个实例。接着，调用这个 Pinia 实例的 use 方法来安装插件。插件本质上是一个函数，其实现过程中可以返回一个对象。该对象中定义的数据将作为静态属性，自动加载到所有的 Store 中。

使用这些插件时，我们可以像操作普通状态一样使用这些静态属性。以下是如何使用插件中定义的静态属性的示例：

```
<script setup>
import {userInfoStore} from '../CounterState'
const userInfo = userInfoStore()
</script>
<template>
<h1>Store 版本号: {{ userInfo.version }}</h1>
</template>
```

注意，必须将 Pinia 实例挂载到 Vue 应用后再加载插件，否则插件将不会生效。另外，在定义插件时，插件函数中会被传入 context 上下文对象，此对象中包含的数据列举如表 13-3 所示。

表13-3　context对象中包含的数据

字　　段	值	意　　义
pinia	—	使用 createPinia 方法创建的 Pinia 实例
app	—	Vue 3 中的 App 实例
store	—	加载此插件的 Store 实例
options	—	加载此插件的 Store 中定义的选项

注意，当 Pinia 加载了插件后，每个 Store 的定义都会调用此插件函数，在 context 参数中可以获取到当前的 Store 实例。

13.3.2　使用插件扩展 Store

插件除可以为所有 Store 增加静态属性外，我们也可以单独为某个 Store 增加状态。例如：

【源码见附件代码/第 13 章/1.pinia_demo/src/main.js 】

```
// 定义插件
function PiniaVersionPlugin(context) {
    console.log(context)
    if (context.store.$id == "userInfo") {
        context.store.customState = "customState"
    }
    return {version: "1.0.0"}
}
```

然后，在使用名为 userInfo 的 Store 时，即可自动添加 customState 状态。

也可以在插件中进行 Store 的状态或行为订阅，这样方便我们将可复用的订阅逻辑进行封装，在多个 Store 中复用，例如：

【源码见附件代码/第 13 章/1.pinia_demo/src/main.js】

```
context.store.$subscribe(()=>{
    console.log("插件订阅状态")
})
context.store.$onAction(()=>{
    console.log("插件订阅行为")
})
```

Pinia 模块还有一些高级用法，如对已有的 Store 行为进行修改和替换等，这些功能都是基于直接操作 Store 实例来实现的，本书中就不再做过多介绍了。

13.4　动手练习：创建一个简单的图书管理系统

本节将通过创建一个简单的图书管理系统，来练习 Pinia 作为状态管理库在实际项目中的应用，该项目会结合 Vue Router 和 Vite 实现。该项目包括添加、编辑、删除和搜索图书的功能。

下面我们介绍具体的实现过程。首先，使用 Vite 创建 Vue 项目，然后引入依赖，做好准备工作后，依次完成下述各个步骤。

在 src 目录下创建一个名为 stores 的文件夹，用于存放 Pinia 的状态管理文件。然后，在 stores 文件夹中创建一个名为 bookStore.js 的文件，用于存放图书信息的状态管理逻辑。代码如下：

```
import { defineStore } from 'pinia';

// 定义一个名为 book 的 Pinia store，用于管理图书信息的状态
export const useBookStore = defineStore('book', ()=>{
    const books = ref([])         // 存储图书信息的数组
    // 添加图书的方法
    const addBook = (book) => {
        books.value.push(book);
    }
    // 编辑图书的方法
    const editBook = (index, updatedBook) => {
        books.value[index] = updatedBook;
    }
    // 删除图书的方法
    const deleteBook = (index) => {
        books.value.splice(index, 1);
    }
    return {books, addBook, editBook, deleteBook}
});
```

在 componests 目录下创建一个名为 BookList.vue 的文件，用于显示图书列表。代码如下：

```
<script setup>
import { useBookStore } from '../bookStore';
```

```
const bookStore = useBookStore(); // 使用 useBookStore 获取 bookStore 实例

</script>

<template>
    <div>
      <h1>图书列表</h1>
      <ul>
        <!-- 遍历图书数组，显示每本图书的信息 -->
        <li v-for="(book, index) in bookStore.books" :key="index">
          {{ book.title }} - {{ book.author }}
          <!-- 单击按钮调用 editBook 方法，传入当前图书的索引 -->
          <button @click="editBook(index)">编辑</button>
          <!-- 单击按钮调用 deleteBook 方法，传入当前图书的索引 -->
          <button @click="deleteBook(index)">删除</button>
        </li>
      </ul>
      <!-- 跳转到添加图书页面 -->
      <router-link to="/add">添加图书</router-link>
    </div>
</template>
```

在 components 文件夹中创建一个名为 AddBook.vue 的文件，用于添加图书信息。代码如下：

```
<script setup>
import { useBookStore } from '../bookStore';
import { ref } from 'vue'
import { useRouter } from 'vue-router'
let store = useBookStore()
let router = useRouter()
let book =  ref({
    title: '',              // 初始化书名为空字符串
    author: '',             // 初始化作者为空字符串
})

// 添加图书的方法
function addBook() {
    store.addBook(book.value); // 调用 bookStore 的 addBook 方法，传入当前图书对象
    // router.push('/');       // 跳转到图书列表页面
}

</script>
<template>
    <div>
      <h1>添加图书</h1>
      <!-- 表单提交时调用 addBook 方法 -->
      <form @submit.prevent="addBook">
        <label>书名：<input v-model="book.title" /></label>
        <label>作者：<input v-model="book.author" /></label>
        <button type="submit">提交</button>
```

```
    </form>
    <!-- 返回图书列表页面 -->
    <router-link to="/">返回图书列表</router-link>
  </div>
</template>
```

在 components 文件夹中创建一个名为 EditBook.vue 的文件，用于编辑图书信息。代码如下：

```
<script setup>
import { useBookStore } from '../bookStore';
import { ref, onMounted } from 'vue'
import { useRouter, useRoute } from 'vue-router'

const route = useRoute()
const router = useRouter()
const store = useBookStore()
const bookIndex = ref(""),       // 初始化图书索引为空
const book = ref({
    title: '',                   // 初始化书名为空字符串
    author: '',                  // 初始化作者为空字符串
})
onMounted(()=>{
    bookIndex.value = route.params.index;        // 从路由参数中获取图书索引
    book.value = store.books[bookIndex.value];   // 根据索引获取对应的图书对象
})

// 编辑图书的方法
function editBook() {
    store.editBook(bookIndex.value, book.value); // 调用 bookStore 的 editBook 方法，传入
图书索引和更新后的图书对象
    router.push('/');                            // 跳转到图书列表页面
}
</script>

<template>
    <div>
      <h1>编辑图书</h1>
      <!-- 表单提交时调用 editBook 方法 -->
      <form @submit.prevent="editBook">
        <label>书名：<input v-model="book.title" /></label>
        <label>作者：<input v-model="book.author" /></label>
        <button type="submit">提交</button>
      </form>
      <!-- 返回图书列表页面 -->
      <router-link to="/">返回图书列表</router-link>
    </div>
</template>
```

在 src 目录下创建一个名为 router 的文件夹，用于存放 Vue Router 的配置文件。在 router 文件夹中创建一个名为 index.js 的文件，用于配置路由。

```
import { createRouter, createWebHistory } from 'vue-router';
import BookList from '../components/BookList.vue';
import AddBook from '../components/AddBook.vue';
import EditBook from '../components/EditBook.vue';

const routes = [
  { path: '/', component: BookList },              // 根路径映射到 BookList 组件
  { path: '/add', component: AddBook },            // /add 路径映射到 AddBook 组件
  { path: '/edit/:index', component: EditBook }, // /edit/:index 路径映射到 EditBook 组件,
其中 index 是动态参数,表示图书的索引
];

const router = createRouter({
  history: createWebHistory(),                     // 使用 HTML5 历史模式创建路由实例
  routes,                                          // 设置路由配置数组
});

export default router;                             // 导出路由实例供 main.js 使用
```

在 src 目录下创建一个名为 main.js 的文件,用于引入 Pinia、Vue Router 和根组件。代码如下:

```
import { createApp } from 'vue';
import App from './App.vue';
import router from './router';                     // 导入路由实例
import { createPinia } from 'pinia';               // 导入 Pinia 库

const app = createApp(App);                        // 创建一个 Vue 应用实例
app.use(router); // 使用路由实例
app.use(createPinia());                            // 使用 Pinia 状态管理库
app.mount('#app');                                 // 挂载 Vue 应用到 DOM 元素上
```

通过本项目,我们学习了如何使用 Vue、Pinia、Vue Router 和 Vite 来创建一个简单的图书管理系统。在实际项目中,我们还需要考虑更多的细节和功能,读者可以通过进一步学习完成这个系统。

13.5　小结与上机演练

本章介绍了 Vue 项目开发中常用的状态管理框架 Pinia 及其应用。有效的状态管理对于开发大型应用至关重要,它可以帮助我们更加顺畅地进行开发工作。Pinia 的状态管理功能主要解决了 Vue 组件间的通信问题,使得跨层级共享数据或平级组件间共享数据变得非常容易。

到目前为止,你已经掌握了 Vue 项目开发所需的所有关键技能。接下来,我们将通过一些实战项目来帮助你更好地应用这些技能。现在,尝试通过回答以下问题来检验你对本章内容的掌握情况!

练习:在大多数情况下,Pinia 管理的状态被视为全局状态,而 Vue 组件内部维护的状态则属于局部状态。请简述它们之间的异同以及各自的适用场景。

提示　可以从数据的用途和作用域方面进行思考。

上机演练:在 Vue 组件中使用 Pinia 框架开发一个购物车应用。

任务要求：

（1）创建一个购物车应用，用户可以向其中添加商品。

（2）使用 Pinia 管理购物车的状态，包括商品列表和计算总价。

（3）实现添加商品、删除商品以及计算总价的功能。

参考练习步骤：

（1）安装 Vue 和 Pinia 的依赖包。

（2）创建一个新的 Vue 项目，并引入 Pinia。

（3）定义一个 Pinia Store 来管理购物车的状态。

（4）在 Vue 组件中使用该 Pinia Store 中的状态和方法，以实现购物车功能。

参考示例代码：

```html
<body>
    <div id="app">
        <h1>购物车</h1>
        <ul>
            <li v-for="item in cartItems">{{ item.name }} - {{ item.price }}</li>
        </ul>
        <p>总价：{{ totalPrice }}</p>
        <button @click="addItem">添加商品</button>
        <button @click="removeItem">删除商品</button>
    </div>
</body>
</html>
```

在上述代码中，我们创建了一个包含标题、商品列表、总价和两个按钮的购物车页面。

```js
// main.js
import { createApp } from 'vue'
import { createPinia } from 'pinia'
import App from './App.vue'
import cartStore from './stores/cart'

const app = createApp(App)
app.use(createPinia())
app.use(cartStore)
app.mount('#app')
```

在 main.js 中，引入了 Vue 和 Pinia 框架，并创建了一个 Vue 应用。然后，使用 createPinia()方法创建了一个 Pinia 实例，并将其添加到 Vue 应用中。最后，将购物车的 Store 添加到 Vue 应用中，并将应用挂载到#app 元素上。

```js
// stores/cart.js
import { defineStore } from 'pinia'
export const useCartStore = defineStore('cart',() => {
    const items = ref([])            // 购物车中的商品列表
    const addItem = (item) => {
        items.value.push(item)       // 添加商品到购物车
    }
```

```
    const removeItem = () => {
        items.value.pop()                // 从购物车中删除最后一个商品
    }
    const totalPrice = computed(() => {
        return this.items.reduce((total, item)=>total + item.price, 0)  // 计算购物车总价
    })
    return {items, addItem, removeItem, totalPrice}
})
```

在 stores/cart.js 中，我们定义了一个名为 cart 的 Pinia Store。该 Store 包含一个状态对象，其中有一个名为 items 的属性，用于存储购物车中的商品列表。我们还定义了两个动作方法：addItem()用于向购物车添加商品，removeItem()用于从购物车删除商品。此外，还定义了一个名为 totalPrice 的计算属性，用于计算购物车的总价。

请仿照前面介绍的书籍管理系统创建购物车页面组件，并为其增加商品增删和展示的能力。

通过本练习项目，读者可以学习如何使用 Pinia 框架来管理购物车的状态，并在 Vue 组件中使用这些状态和方法来实现购物车的基本功能。

第 14 章

商业项目：电商后台管理系统实战

本章将尝试开发一款大型商业项目，使用 Vue 来完成一款功能完整的电商管理后台系统。

本电商管理系统包含用户登录、订单管理、商品管理、店长管理、财务管理和基础设置管理六大模块，我们将详细介绍各个模块的开发过程。注意，本项目不涉及真实的商业数据，将采用测试数据进行页面展示的演示，用户的登录也采用本地模拟的方式进行，不进行有效性校验。

14.1 用户登录模块开发

后台管理系统需要管理员权限才能进行操作，因此用户登录是必不可少的一个模块。在未登录状态下，后台管理系统的所有功能都应该是不可用的，对于这种场景，我们可以通过路由前置守卫来处理。

14.1.1 项目搭建

首先，新建一个 Vue 工程，在终端执行如下示例命令：

```
npm create vite@latest
```

在创建工程的过程中，需要设置项目名称，我们取名为 shop-admin。

在创建的工程目录下，执行如下命令来安装路由与状态管理模块：

```
npm install vue-router@4 --save
npm install pinia --save
```

安装完成后，检查 package.json 文件中的依赖选项是否正确添加了 vue-router 和 pinia 模块。确认无误后，开始工程项目基础入口的处理。

默认生成的 Vue 项目中有一个 HelloWorld.vue 文件，可以直接将此文件删除。在 components

文件夹下新建两个子文件夹，分别命名为 home 和 login，在 home 文件夹下新建一个名为 Home.vue 的文件，在 login 文件夹下新建一个名为 Login.vue 的文件。Home 组件用来渲染管理系统的主页，Login 组件用来渲染用户登录页面。为了演示方便，我们先简单实现这个两个组件，代码如下：

Home.vue:

```
<template>
    主页
</template>
```

Login.vue:

```
<template>
    登录页面
</template>
```

下面对项目的入口进行管理，由于此后台系统的任何功能页面都需要登录后操作，因此需要使用路由来进行全局的页面管理，在每次页面跳转前，都检查一下当前的用户登录状态，如果是未登录状态，则将页面重定向到登录页面。在工程的 src 文件夹下新建一个名为 tools 的文件夹，在 tools 文件夹下新建一个名为 Storage.js 的文件，此文件用来进行全局状态配置，编写代码如下：

【代码片段 14-1　源码见附件代码/第 14 章/shop-admin/src/tools/Storage.js】

```
import { defineStore } from 'pinia'
import { ref, computed } from 'vue'
const Store = defineStore("UserStore", ()=>{
    // 全局存储用户名和密码
    const userName = ref("")
    const userPassword = ref("")
    // 进行是否登录的判断
    const isLogin = computed(()=>{
        return userName.value.length > 0
    })
    return {userName, userPassword, isLogin}
})
export default Store;
```

如以上代码所示，模拟登录后，我们会将用户输入的用户名和密码进行储存，只要有用户名存在，我们就认为当前用户已经登录。当然，这只是方便我们学习的一种模拟登录方式，在实际的业务开发中，当用户输入用户名和密码后，会请求后端服务接口，接口会返回用户的身份认证标识 Token，在真实的应用程序中，会通过 Token 来判定用户的登录状态。

在 tools 文件夹下新建一个名为 Router.js 的文件，用来进行路由配置。编写代码如下：

【代码片段 14-2　源码见附件代码/第 14 章/shop-admin/src/tools/Router.js】

```
import { createRouter, createWebHashHistory } from 'vue-router'
import Login from '../components/login/Login.vue'
import Home from '../components/home/Home.vue'
import Store from '../tools/Storage'
// 创建路由实例
const Router = createRouter({
```

```
        history:createWebHashHistory(),
        routes:[
            {
                path:'/login',
                component:Login,
                name:"login"
            },
            {
                path:'/home',
                component:Home,
                name:"home"
            }
        ]
    })
    // 路由守卫，当未登录时，非登录页面的任何页面都不允许跳转
    Router.beforeEach((from) => {
        const store = Store()
        let isLogin = store.isLogin;
        if (isLogin || from.name == 'login') {
            return true;
        } else {
            return {name: 'login'}
        }

    })
    export default Router;
```

在上述代码中，我们暂时只配置了两个路由，分别对应管理后台的主页和用户登录页，并且使用全局的前置守卫进行页面跳转前的登录状态校验。

修改 App.vue 文件，为其添加路由的渲染出口：

```
<template>
  <router-view></router-view>
</template>
```

最后，在 main.js 文件中完成基本的初始化工作，代码如下：

【源码见附件代码/第 14 章/shop-admin/src/main.js】

```
import { createApp } from 'vue'
import {createPinia} from 'pinia'
import Router from './tools/Router'
import App from './App.vue'
const app = createApp(App)
app.use(createPinia())
app.use(Router)
app.mount('#app')
```

至此，我们已经创建了后台管理系统项目的入口框架。运行代码，无论我们输入怎样的页面路径，页面都会被重定向到登录页面，如图 14-1 所示。后面我们再来完善登录页面的展示和功能。

图 14-1　后台管理系统入口框架

14.1.2　用户登录页面开发

涉及 Vue 项目的页面开发，离不开 Element Plus 组件库。先为当前 Vue 项目引入 Element Plus 模块：

```
npm install element-plus --save
npm install @element-plus/icons-vue --save
```

在 main.js 文件中添加 Element Plus 模块的相关初始化代码：

【源码见附件代码/第 14 章/shop-admin/src/main.js】

```
// 引入 Element Plus 模块
import ElementPlus from 'element-plus'
// 引入 CSS 样式
import 'element-plus/dist/index.css'
// 引入图标
import * as ElementPlusIconsVue from '@element-plus/icons-vue'
const app = createApp(App)
// 遍历 ElementPlusIconsVue 中的所有组件进行注册
for (const [key, component] of Object.entries(ElementPlusIconsVue)) {
    // 向应用实例中全局注册图标组件
    app.component(key, component)
}
app.use(ElementPlus)
```

注意，别忘记引入 Element Plus 对应的 CSS 样式文件。做完这些后，就可以正式开始用户登录页的开发了。

首先修改 Storage.js 文件，为其添加两个修改用户状态的方法，代码如下：

【源码见附件代码/第 14 章/shop-admin/src/tools/Storage.js】

```
const Store = defineStore("UserStore", ()=>{
    // 全局存储用户名和密码
    const userName = ref("")
    const userPassword = ref("")
    // 进行是否登录的判断
    const isLogin = computed(()=>{
        rturn userName.value.length > 0
    })
    // 清除缓存的用户信息，登出使用
```

```
    const clearUserInfo = () => {
        userName.value = ""
        userPassword.value = ""
    }
    // 注册用户信息，登录使用
    const registUserInfo = (name, password) => {
        userName.value = name
        userPassword.value = password
    }
    return {userName, userPassword, isLogin, clearUserInfo, registUserInfo}
})
```

后面，我们会通过 store 对象执行 clearUserInfo 和 registUserInfo 这两个动作来模拟用户的注销和登录动作。

在 Login.vue 组件中完善用户登录页面，完整代码如下：

【源码见附件代码/第 14 章/shop-admin/src/components/login/Login.vue】

```
<script setup>
import Storage from '../../tools/Storage'
import { ElMessage } from 'element-plus'
import { ref, computed } from 'vue'
import {useRouter} from 'vue-router'
const store = Storage()
const router = useRouter()
// 用户名和密码
const name = ref("")
const password = ref("")
const disabled = computed((()=>{
    return name.value.length == 0 || password.value.length == 0;
})
// 用户登录的方法
function login() {
    store.registUserInfo(name.value, password.value)
    ElMessage({
        message:'登录成功',
        type:'success',
        duration:3000
    })
    setTimeout(() => {
        router.push({name:"home"})
    }, 3000);
}
</script>
<template>
    <div id="container">
        <div id="title">
            <h1>电商后台管理系统</h1>
        </div>
        <div class="input">
            <el-input v-model="name" prefix-icon="User" placeholder="请输入用户名
"></el-input>
        </div>
        <div class="input">
```

```
                <el-input v-model="password" prefix-icon="Lock" placeholder="请输入密码"
auto-complete="new-password" show-password></el-input>
            </div>
            <div class="input">
                <el-button @click="login" style="width:500px"
type="primary" :disabled="disabled">登录</el-button>
            </div>
        </div>
    </template>
    <style scoped>
    #container {
        background: #595959;
        background-image: url("/public/login_bg.jpg");
        height: 100%;
        width: 100%;
        position: absolute;
    }
    #title {
        text-align: center;
        color: azure;
        margin-top: 200px;
    }
    .input {
        margin: 20px auto;
        width: 500px;
    }
    }
    </style>
```

此用户登录页面本身并不复杂，当登录成功后，我们让路由跳转到后台管理系统的主页。注意，上面代码中使用的背景图片素材放在 Vue 工程的 public 文件夹下，读者可以将其替换成任意喜欢的背景。运行工程，效果如图 14-2 所示。

图 14-2 开发完成的用户登录页面

可以尝试输入任意的用户名和密码，单击"登录"按钮后会执行登录操作，页面会跳转到后台管理系统的首页。当然，目前管理后台的首页还没有任何内容，下一节将进行首页的开发。

14.2　电商后台管理系统主页搭建

14.1 节完成了电商后台管理系统的登录页面，本节将搭建电商后台管理系统的主页框架。

14.2.1　主页框架搭建

总体来说，电商后台管理系统还是略显复杂的，其包含商品管理、订单管理、店铺管理等多个管理模块，我们可以通过嵌套路由的方式来管理主页中的管理模块。首先在 Router.js 文件中修改路由的定义，新增订单管理模块的路由如下：

【代码片段 14-3　源码见附件代码/第 14 章/shop-admin/src/tools/Router.js】

```
{
    path:'/home',
    component:Home,
    name:"home",
    children:[
        {
            path:'order/:type',// 0 是普通订单，1 是秒杀订单
            component:Order,
            name:"Order"
        }
    ],
    redirect:'/home/order/0'
}
```

对于订单模块，参数 type 用来区分类型，本电商后台管理系统支持普通订单和秒杀订单两种商品订单。当用户登录完成后，访问系统主页时，默认将其重定向到订单模块。

电商后台管理系统的主页中需要包含一个侧边栏菜单和一个主体功能模块。侧边栏用来进行主体功能模块的切换，修改 Home.vue 中的模板代码如下：

【源码见附件代码/第 14 章/shop-admin/src/components/home/Home.vue】

```
<script setup>
import { useRouter } from 'vue-router'
const router = useRouter()
// 根据选中的选项来跳转到对应组件
function selectItem(path) {
    router.push(path)
}
</script>
<template>
    <el-container id="container">
        <el-aside width="250px">
            <el-container id="top">
```

```html
        <img style="width:25px;height:25px;margin:auto;margin-right:0;"
src="/public/logo.png"/>
        <div style="margin:auto;margin-left:10px;color:#ffffff;font-size:17px">
            电商后台管理
        </div>
    </el-container>
    <el-menu
    :default-active="$route.path"
    style="height:100%"
    background-color="#545c64"
    text-color="#fff"
    active-text-color="#ffd04b"
    @select="selectItem">
    <el-sub-menu index="1">
        <template #title>
        <el-icon><List/></el-icon>
        <span>订单管理</span>
        </template>
        <el-menu-item index="/home/order/0">普通订单</el-menu-item>
        <el-menu-item index="/home/order/1">秒杀订单</el-menu-item>
    </el-sub-menu>
    <el-sub-menu index="2">
        <template #title>
        <el-icon><Shop/></el-icon>
        <span>商品管理</span>
        </template>
        <el-menu-item index="/home/goods/0">普通商品</el-menu-item>
        <el-menu-item index="/home/goods/1">秒杀商品</el-menu-item>
        <el-menu-item index="/home/goods/2">今日推荐</el-menu-item>
        <el-menu-item index="/home/category">商品分类</el-menu-item>
    </el-sub-menu>
    <el-sub-menu index="3">
        <template #title>
        <el-icon><Avatar/></el-icon>
        <span>店长管理</span>
        </template>
        <el-menu-item index="/home/ownerlist">店长列表</el-menu-item>
        <el-menu-item index="/home/ownerreq">店长申请审批列表</el-menu-item>
        <el-menu-item index="/home/ownerorder">店长订单</el-menu-item>
    </el-sub-menu>
    <el-sub-menu index="4">
        <template #title>
        <el-icon><Ticket/></el-icon>
        <span>财务管理</span>
        </template>
```

```
                <el-menu-item index="/home/tradeinfo">交易明细</el-menu-item>
                <el-menu-item index="/home/tradelist">财务对账单</el-menu-item>
            </el-sub-menu>
            <el-sub-menu index="5">
                <template #title>
                <el-icon><Tools/></el-icon>
                <span>基础管理</span>
                </template>
                <el-menu-item index="/home/data">数据统计</el-menu-item>
            </el-sub-menu>
            </el-menu>
        </el-aside>
        <el-main>
            <!-- 这里用来渲染具体的功能模块 -->
            <router-view></router-view>
        </el-main>
    </el-container>
</template>
<style scoped>
#container {
    height: 100%;
    width:100%;
    position: absolute;
}
#top {
    background-color:#545c64;
    margin-right:1px;
    text-align: center;
    height: 60px;
}
</style>
```

如以上代码所示，在侧边栏导航中，我们将所有包含的功能模块都添加进来了，不同的功能模块对应不同的组件，后面我们只需要逐个模块进行开发即可。注意，为了保证导航栏的选中栏目与当前页面路由相匹配，我们将导航 item 的 index 设置为路由的 path，并将 el-menu 组件的 default-active 属性绑定到当前路由的 path 属性上，这样就自动实现了联动效果，非常方便。

在 components 文件夹下新建一个名为 order 的子文件夹，并在其内新建一个名为 Order.vue 的文件，用来简单演示本节所编写代码的效果。在 Order.vue 文件中编写如下代码：

```
<template>
    <h1>{{$route.path}}:{{this.$route.params}}</h1>
</template>
```

在 Router.js 文件中引用此组件。运行工程代码，效果如图 14-3 所示。

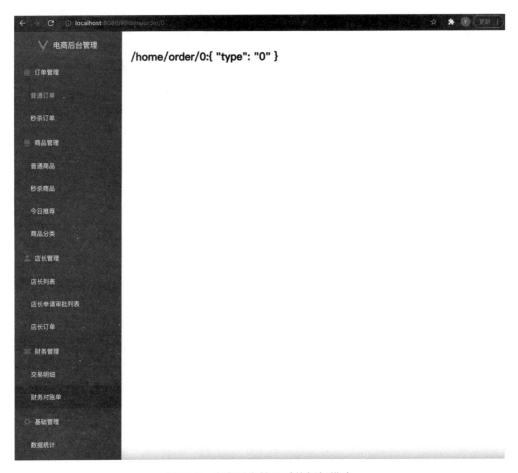

图 14-3　电商后台管理系统框架搭建

至此，我们已经完成了电商后台管理系统的框架搭建，后面在进行具体功能模块的开发时，只需要专注于各个模块组件内部的逻辑即可。

14.2.2　完善注销功能

14.2.1 节我们已经将后台管理系统的主页部分基本搭建完成了，但是还有一个细节尚未完善：缺少用户注销的功能。本小节来将此功能补充完善。关于模拟登录与注销操作的方法，之前在 Storage.js 文件中已经有了封装，我们只需要在主页添加一个公用的头视图，在其中布局一个"注销"按钮即可。

修改 Home.vue 文件中的 el-main 组件如下：

【源码见附件代码/第 14 章/shop-admin/src/components/home/Home.vue】

```
    <el-main style="padding:0">
      <!-- 添加一个通用的头部 -->
      <el-header style="margin:0;padding:0;" height="80px">
        <el-container
style="background-color:blanchedalmond;margin:0;padding:0;height:80px">
          <div style="margin: auto;margin-left:100px"><h1>欢迎您登录后台管理系统，管理员用
```

```
户！</h1></div>
            <div style="margin: auto;margin-right:50px"><el-button type="primary"
@click="logout">注销</el-button></div>
        </el-container>
    </el-header>
    <!-- 这里用来渲染具体的功能模块 -->
    <router-view></router-view>
</el-main>
```

logout 方法的实现如下：

```
import Storage from '../../tools/Storage.js'
const store = Storage()
function logout() {
    store.clearUserInfo()
    router.push({name:'login'})
}
```

运行工程，可以看到主体功能模块的上方已经添加了一个公用的头视图，单击其中的注销按钮会清空登录数据，返回登录页面，如图 14-4 所示。

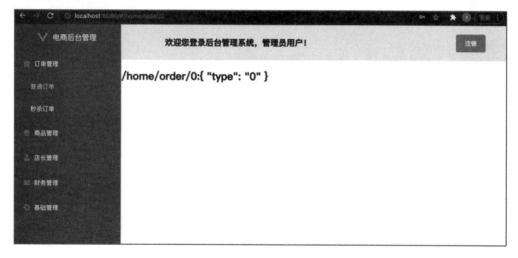

图 14-4 添加用户注销功能

14.3 订单管理模块的开发

本节将开发电商后台管理系统中的第一个功能模块：订单管理模块。由于此实战项目不包含后端和数据库相关功能，为了完整地完成前端功能，我们将采用模拟数据来进行逻辑演示。

14.3.1 使用 Mock.js 进行模拟数据的生成

Mock.js 是一款基于 JavaScript 的小巧的模拟数据生成器。在 Vue 项目中，我们可以使用 Mock.js 生成随机数据，方便在前端开发过程中调试页面功能。首先安装 Mock.js 模块：

```
npm install mockjs --save
```

安装完成后，在项目的 src 文件夹下新建一个名为 mock 的子文件夹，在其中新建一个名为 Mock.js 的文件，编写代码如下：

【代码片段 14-4　源码见附件代码/第 14 章/shop-admin/src/mock/Mock.js】

```
import mockjs from "mockjs";
const Mock = {
    // 模拟获取订单数据
    // type: 订单类型。0 为普通订单, 1 为秒杀订单
    getOrder(type) {
        let array = [];
        for (let i = 0; i < mockjs.Random.integer(5,10); i ++) {
            array.push(mockjs.mock({
                'name':type == 0 ? '普通商品 ' : "秒杀商品" + i,
                'price':mockjs.Random.integer(20,500) + '元',
                'buyer':mockjs.Random.cname(),
                'time':mockjs.Random.datetime('yyyy-MM-dd A HH:mm:ss'),
                'role':mockjs.Random.boolean(),
                'state':mockjs.Random.boolean(),
                'payType':mockjs.Random.boolean(),
                'source':mockjs.Random.url(),
                'phone':mockjs.mock(/\d{11}/)
            }))
        }
        return array;
    }
}
export default Mock;
```

如以上代码提供了一个获取订单列表的 getOrder 方法，该方法将返回生成的模拟数据，关于 Mock.js 模块的使用语法，本书中不做详细的介绍，读者只需了解通过上面的方法将返回一组模拟的订单数据即可。

现在，尝试运行该项目，在控制台打印 getOrder 方法返回的数据，可以体会到 Mock.js 模块的强大之处。

14.3.2　编写工具类与全局样式

在编写具体的功能模块前，我们先分析一下这些功能模块是否有通用的部分。有些样式是通用的，例如容器样式、输入框样式等，我们可以将这些通用的样式定义为全局样式，这样在之后编写其他功能模块时就会方便很多。另外，对于一些工具方法，我们也可以将其整合到一个单独的 JavaScript 模块中，方便复用。

首先在 App.vue 文件中编写如下样式代码，这些 CSS 样式都是全局生效的：

【源码见附件代码/第 14 章/shop-admin/src/App.vue】

```
<style>
body {
  height: 100%;
```

```
    width: 100%;
    position: absolute;
    margin: 0;
    padding: 0;
    background-color: #f1f1f1;
}
.content-container {
    background-color: white;
    padding: 20px;
    margin: 20px;
    border-radius: 10px;
    min-width:1200px;
    display:inline-block;
    width:90%;
}
.input-tip {
    margin: 0 10px;
    line-height: 40px;
}
.input-field {
    margin-right: 40px;
}
.content-row {
    margin-bottom: 20px;
}
</style>
```

后面在编写 HTML 模板时，对于这些通用的样式直接使用即可。

在工程的 tools 文件夹下新建一个名为 Tools.js 的文件，编写代码如下：

【代码片段 14-5　源码见附件代码/第 14 章/shop-admin/src/tools/Tools.js】

```
const Tools = {
    // 导出文件
    exportJson(name, data) {
        var blob = new Blob([data]); // 创建 blob 对象
        var link = document.createElement("a");
        link.href = URL.createObjectURL(blob); // 创建一个 URL 对象并传给 a 元素的 href
        link.download = name; // 设置下载的默认文件名
        link.click();
    }
}
export default Tools;
```

我们暂时只实现一个导出 JSON 文件的方法，在订单管理模块的订单导出相关
功能中会使用这个方法。

14.3.3　完善订单管理页面

在前面的步骤中，我们已经完成了所需的准备工作。接下来，要完成订单管理页面，我们的主
要任务包括搭建 HTML 模板结构、将数据绑定到相应的页面元素，并为可交互的元素绑定事件处理

函数。Order.vue 文件中完整的示例代码如下：

```
<script setup>
import Mock from '../../mock/Mock'
import Tools from '../../tools/Tools'
import { ref, onMounted } from 'vue'
import { useRoute, onBeforeRouteUpdate } from 'vue-router'
import { ElMessage } from 'element-plus'
// 路由对象
const route = useRoute()
// 订单列表数据
const orderList = ref([])
// 筛选订单的参数
const queryParam = ref({
    goods:"",
    consignee:"",
    phone:"",
    name:"",
    payTime:"",
    sendTime:""
})
// 当前选中的订单对象
const multipleSelection = ref([])
// 组件加载时获取数据
onMounted(()=>{
    orderList.value = Mock.getOrder(route.params.type);
})
// 路由更新时刷新数据
onBeforeRouteUpdate((to) => {
    orderList.value = Mock.getOrder(to.params.type);
})
// 模拟请求数据
function requestData() {
    ElMessage({
        type:'success',
        message:'筛选请求参数：' + JSON.stringify(queryParam.value)
    })
    orderList.value = Mock.getOrder(route.params.type);
}
// 切换 tab 刷新数据
function handleClick(tab) {
    ElMessage({
        type:'success',
        message:'切换 tab 刷新数据：' + tab.props.label
    })
    orderList.value = Mock.getOrder(route.params.type);
}
// 清空筛选项
function clear() {
    queryParam.value = {
```

```
            goods:"",
            consignee:"",
            phone:"",
            name:"",
            payTime:"",
            sendTime:""
        }
        orderList.value = Mock.getOrder(route.params.type);
    }
    // 导出订单
    function exportData() {
        Tools.exportJson('订单.json', JSON.stringify(orderList.value));
    }
    // 导出选中的发货单
    function exportDispatchGoods() {
        Tools.exportJson('发货单.json', JSON.stringify(multipleSelection.value));
    }
    // 处理多选
    function handleSelectionChange(val) {
        multipleSelection.value = val;
    }
    // 进行发货
    function dispatchGoods() {
        ElMessage({
            type:'success',
            message:'发货商品: ' + JSON.stringify(multipleSelection.value)
        })
    }
    // 删除订单
    function deleteItem(item) {
        orderList.value.splice(item, 1)
    }
    // 联系用户
    function callUser(item) {
        ElMessage({
            type:'success',
            message:'联系客户: ' + item.phone
        })
    }
</script>
<template>
    <div class="content-container" direction="vertical">
        <!-- input -->
        <div>
            <el-container class="content-row">
                <div class="input-tip">
                    商品名称:
                </div>
                <div class="input-field">
                    <el-input v-model="queryParam.goods"></el-input>
```

```
        </div>
        <div class="input-tip">
            收货人：
        </div>
        <div class="input-field">
            <el-input v-model="queryParam.consignee"></el-input>
        </div>
        <div class="input-tip">
            支付时间：
        </div>
        <div class="input-field">
            <el-date-picker
            type="daterange"
            range-separator="至"
            start-placeholder="开始日期"
            end-placeholder="结束日期"
            v-model="queryParam.payTime">
            </el-date-picker>
        </div>
    </el-container>
    <el-container class="content-row">
        <div class="input-tip">
            用户名称：
        </div>
        <div class="input-field">
            <el-input v-model="queryParam.name"></el-input>
        </div>
        <div class="input-tip">
            手机号：
        </div>
        <div class="input-field">
            <el-input v-model="queryParam.phone"></el-input>
        </div>
        <div class="input-tip">
            发货时间：
        </div>
        <div class="input-field">
            <el-date-picker
            type="daterange"
            range-separator="至"
            start-placeholder="开始日期"
            end-placeholder="结束日期"
            v-model="queryParam.sendTime">
            </el-date-picker>
        </div>
    </el-container>
</div>
<div class="content-row">
    <el-container>
        <el-button type="primary" @click="requestData">筛选</el-button>
```

```
                <el-button type="danger" @click="clear">清空筛选</el-button>
                <el-button type="primary" @click="exportData">导出</el-button>
                <el-button type="primary" @click="dispatchGoods">批量发货</el-button>
                <el-button type="primary" @click="exportDispatchGoods">下载批量发货样单
</el-button>
            </el-container>
        </div>
        <!-- list -->
        <div>
            <el-tabs type="card" @tab-click="handleClick">
                <el-tab-pane label="全部"></el-tab-pane>
                <el-tab-pane label="未支付"></el-tab-pane>
                <el-tab-pane label="已支付"></el-tab-pane>
                <el-tab-pane label="待发货"></el-tab-pane>
                <el-tab-pane label="已发货"></el-tab-pane>
                <el-tab-pane label="支付超时"></el-tab-pane>
            </el-tabs>
            <el-table
            ref="multipleTable"
            :data="orderList"
            tooltip-effect="dark"
            style="width: 100%"
            @selection-change="handleSelectionChange">
                <el-table-column
                type="selection"
                width="55">
                </el-table-column>
                <el-table-column
                label="商品"
                width="100"
                prop="name">
                </el-table-column>
                <el-table-column
                label="总价/数量"
                width="100"
                prop="price">
                </el-table-column>
                <el-table-column
                label="买家信息"
                width="100"
                prop="buyer">
                </el-table-column>
                <el-table-column
                label="交易时间"
                width="200"
                prop="time">
                </el-table-column>
                <el-table-column
                label="分销信息"
                width="100"
```

```
>
                    <template #default="scope">
                        <el-tag size="default" :type="scope.row.role ? 'primary' :
'info'">{{ scope.row.role ? '经理' : '分销员' }}</el-tag>
                    </template>
                </el-table-column>
                <el-table-column
                label="状态"
                width="100">
                    <template #default="scope">
                        <el-tag size="default" :type="scope.row.state ? 'success' :
'danger'">{{ scope.row.state ? '已完成' : '未完成' }}</el-tag>
                    </template>
                </el-table-column>
                <el-table-column
                label="操作"
                width="200">
                    <template #default="scope">
                        <el-button size="small" type="danger"
@click="deleteItem(scope.$index)">删除</el-button>
                        <el-button size="small" type="primary"
@click="callUser(scope.row)">联系客户</el-button>
                    </template>
                </el-table-column>
                <el-table-column
                label="支付方式"
                width="100">
                    <template #default="scope">
                        <el-tag size="default">{{ scope.row.payType ? '微信' : '支付宝
' }}</el-tag>
                    </template>
                </el-table-column>
                <el-table-column
                label="来源"
                width="200"
                prop="source">
                </el-table-column>
            </el-table>
        </div>

    </div>
  </template>
```

上述代码中并没有特别复杂的逻辑，并且每个方法的功能都有注释。运行工程，效果如图 14-5
所示。至此，我们已经完成了订单模块的前端开发，具备了完整的功能。你可以尝试操作体验一下
订单管理的各个功能，虽然所需的数据都是模拟的，但整个交互流程已经非常完善。

图 14-5　订单管理功能模块

14.4　商品管理模块的开发

有了订单管理模块的开发经验，相信你再来编写商品管理模块将会非常容易。商品管理模块与订单管理模块的开发过程基本类似，先布局页面，再将获取到的数据绑定到页面上，最后处理用户交互即可。相比订单管理模块，商品管理模块的新增商品功能略显复杂。

14.4.1　商品管理列表页的开发

首先，在工程的 components 文件夹下新建一个 goods 子文件夹，在其中创建两个 Vue 组件文件，分别命名为 Goods.vue 和 AddGood.vue。本节先只做商品列表页的开发，对于 AddGood.vue 文件可以先不做处理。

在 Router.js 文件中注册新创建的这两个组件，首先引入组件：

```
import Goods from '../components/goods/Goods.vue'
import AddGoods from '../components/goods/AddGoods.vue'
```

在 home 路由下的 children 中新增两个子路由：

【源码见附件代码/第 14 章/shop-admin/src/tools/Router.js】

```
{
    path:'goods/:type',      // 0是普通商品，1是秒杀商品，2是今日推荐
    component:Goods,
    name:"Goods"
},
{
    path:'addGoods/:type',   // 0是普通商品，1是秒杀商品，2是今日推荐
    component:AddGoods,
    name:"AddGoods"
```

```
    }
```

在开始编写商品管理模块的代码前，先在 Mock.js 文件中新增一个获取商品数据的方法，代码如下：

【源码见附件代码/第 14 章/shop-admin/src/mock/Mock.js 】

```
// 模拟获取商品数据
// type：商品类型。1 为普通订单，2 为秒杀订单，3 为今日推荐
getGoods(type) {
    let array = [];
    for (let i = 0; i < mockjs.Random.integer(5,10); i ++) {
        array.push(mockjs.mock({
            'name':(type == 0 ? '普通商品 ' : type == 1 ? "秒杀商品":"今日推荐") + i,
            'img':mockjs.Random.dataImage('60x100', '商品示例图'),
            'price':mockjs.Random.integer(20,500) + '元',
            'sellCount':mockjs.Random.integer(10,100),
            'count':mockjs.Random.integer(10,100),
            'back':mockjs.Random.integer(10,100),
            'backPrice':mockjs.Random.integer(0,5000) + '元',
            'owner':mockjs.Random.cname(),
            'time':mockjs.Random.datetime('yyyy-MM-dd A HH:mm:ss'),
            'state':mockjs.Random.boolean()
        }))
    }
    return array;
}
```

商品列表页的结构与订单列表页的结构有着诸多类似之处，下面给出完整的商品列表页面 Goods.vue 中的代码：

【源码见附件代码/第 14 章/shop-admin/src/components/goods/Goods.vue 】

```
    <script setup>
import Mock from '../../mock/Mock'
import { ref, computed, onMounted } from 'vue'
import { onBeforeRouteUpdate, useRoute, useRouter } from 'vue-router'
import { ElMessage } from 'element-plus'
const route = useRoute()
const router = useRouter()
const goodsData = ref([])
// 模拟分类数据
const categorys = ref([
    "全部",
    "男装",
    "女装"
])
const queryParams = ref({
    name:"",
    id:"",
    category:"",
```

```
        sellMode:2, //0 否, 1 是, 2 全部
        expMode:2,
    })
    const sellModeString = computed({
        get() {
            if (queryParams.value.sellMode == 2) {
                return '全部'
            }
            return queryParams.value.sellMode == 0 ? '否' : '是'
        },
        set(val) {
            queryParams.value.sellMode = val
        }
    })
    const expModeString = computed({
        get() {
            if (queryParams.value.expMode == 2) {
                return '全部'
            }
            return queryParams.value.expMode == 0 ? '否' : '是'
        },
        set(val) {
            queryParams.value.expMode = val
        }

    })
    // 组件挂载时获取数据
    onMounted(() => {
        goodsData.value = Mock.getGoods(route.params.type);
    })
    // 路由更新时刷新数据
    onBeforeRouteUpdate((to) => {
        goodsData.value = Mock.getGoods(to.params.type);
    })
    // 获取数据的方法
    function requestData() {
        ElMessage({
            type:'success',
            message:'筛选请求参数：' + JSON.stringify(queryParams.value)
        })
        goodsData.value = Mock.getGoods(route.params.type);
    }
    // 进行上架、下架操作
    function operate(item) {
        item.state = !item.state;
    }
    // 清空筛选项
    function clear() {
```

```
        queryParams.value = {
            name:"",
            id:"",
            category:"",
            sellMode:2,
            expMode:2,
        }
        goodsData.value = Mock.getGoods(route.params.type);
    }
    // 新增商品
    function addGood() {
        router.push({name:'AddGoods',params:{type:route.params.type}})
    }
</script>
<template>
    <div class="content-container" direction="vertical">
        <!-- input -->
        <div>
            <el-container class="content-row">
                <div class="input-tip">
                    商品名称:
                </div>
                <div class="input-field">
                    <el-input v-model="queryParams.name"></el-input>
                </div>
                <div class="input-tip">
                    商品编号:
                </div>
                <div class="input-field">
                    <el-input v-model="queryParams.id"></el-input>
                </div>
                <div class="input-tip">
                    商品分类:
                </div>
                <div class="input-field">
                    <el-select style="width: 150px;" v-model="queryParams.category"
placeholder="请选择分类">
                        <el-option v-for="item in
categorys" :key="item" :label="item" :value="item">
                        </el-option>
                    </el-select>
                </div>
            </el-container>
            <el-container class="content-row">
                <div class="input-tip">
                    是否上架:
                </div>
                <div class="input-field">
```

```
            <el-select v-model="sellModeString" style="width: 150px;">
                <el-option key="0" label='否' :value="0"></el-option>
                <el-option key="1" label='是' :value="1"></el-option>
                <el-option key="2" label='全部' :value="2"></el-option>
            </el-select>
        </div>
        <div class="input-tip">
            是否过期：
        </div>
        <div class="input-field">
            <el-select v-model="expModeString" style="width: 150px;">
                <el-option key="0" label="否" :value="0"></el-option>
                <el-option key="1" label="是" :value="1"></el-option>
                <el-option key="2" label="全部" :value="2"></el-option>
            </el-select>
        </div>
    </el-container>
</div>
<!-- button -->
<div class="content-row">
    <el-container>
        <el-button type="primary" @click="requestData">检索</el-button>
        <el-button type="primary" @click="clear">显示全部</el-button>
        <el-button type="success" @click="addGood">新增商品</el-button>
    </el-container>
</div>
<!-- list -->
<div>
    <el-table
    :data="goodsData"
    tooltip-effect="dark"
    style="width: 100%">
        <el-table-column
        label="商品"
        width="100">
            <template #default="scope">
                <div style="text-align:center"><el-image :src="scope.row.img"
style="width: 60px; height: 100px"/></div>
                <div style="text-align:center">{{scope.row.name}}</div>
            </template>
        </el-table-column>
        <el-table-column
        label="价格"
        width="100"
        prop="price">
        </el-table-column>
        <el-table-column
        label="销量"
```

```
                    width="100"
                    prop="sellCount">
                </el-table-column>
                <el-table-column
                label="库存"
                width="100"
                prop="count">
                </el-table-column>
                <el-table-column
                label="退款数量"
                width="100"
                prop="back">
                </el-table-column>
                <el-table-column
                label="退款金额"
                width="100"
                prop="backPrice">
                </el-table-column>
                <el-table-column
                label="操作"
                width="100"
                prop="name">
                    <template #default="scope">
                        <el-button @click="operate(scope.row)" :type="scope.row.state ?
'danger':'success'">{{scope.row.state ? '下架':'上架'}}</el-button>
                    </template>
                </el-table-column>
                <el-table-column
                label="管理员"
                width="100"
                prop="owner">
                </el-table-column>
                <el-table-column
                label="更新时间"
                width="200"
                prop="time">
                </el-table-column>
            </el-table>
        </div>
    </div>
</template>
```

此页面没有过多交互逻辑，需要注意的是，如果数据本身无法直接支持页面的渲染，则需要转换后才能使用。我们可以通过创建新的计算属性来实现。运行当前工程，商品列表页面如图 14-6 所示，你可以尝试单击页面中的交互元素检验对应方法的执行是否正确。

图 14-6　商品管理页面

14.4.2　新建商品之基础配置

在商品管理列表页有一个"新增商品"按钮，单击后会跳转到"新建商品"页面，在此页面，我们需要对商品的诸多属性进行设置，可以使用 el-tab 组件将商品设置分成几个模块，如基础设置、价格库存设置和商品详情设置等。每一个设置模块都可以封装成一个独立的组件。

首先，在工程的 goods 文件夹下新建一些文件，分别为 GoodsBaseSetting.vue、GoodsPriceSetting.vue 和 GoodsDetailSetting.vue。在 AddGoods.vue 中引入这 3 个子组件即可。在 AddGoods.vue 中编写如下代码：

【源码见附件代码/第 14 章/shop-admin/src/components/goods/AddGoods.vue】

```
<script setup>
import BaseSetting from './GoodsBaseSetting.vue'
import PriceSetting from './GoodsPriceSetting.vue'
import DetailtSetting from './GoodsDetailSetting.vue'
import { ref } from 'vue'
const activeTab = ref("1")
function handleClick(idx) {
}
</script>
<template>
    <div class="content-container" direction="vertical">
        <el-tabs v-model="activeTab" type="card" @tab-click="handleClick">
        <el-tab-pane label="基础设置" name="1">
            <BaseSetting></BaseSetting>
        </el-tab-pane>
        <el-tab-pane label="价格库存" name="2">
            <PriceSetting></PriceSetting>
        </el-tab-pane>
        <el-tab-pane label="商品详情" name="3">
```

```
            <DetailtSetting></DetailtSetting>
        </el-tab-pane>
        </el-tabs>
    </div>
</template>
```

下面我们逐一对每个独立的商品设置模块进行开发。首先编写 GoodsBaseSetting 组件的代码如下：

【源码见附件代码/第 14 章/shop-admin/src/components/goods/GoodsBaseSetting.vue】

```
<script setup>
import { ref } from 'vue'
import { useRouter } from 'vue-router'
import { ElMessage } from 'element-plus'
const router = useRouter()
const queryParams = ref({
    name:"",
    desc:"",
    timeRange:"",
    category:0
})

function cancel() {
    router.go(-1)
}
function submit() {
    ElMessage({
        type:'success',
        message:'设置商品基本属性：' + JSON.stringify(queryParams.value)
    })
}
</script>
<template>
    <div>
        <el-container class="content-row">
            <div class="input-tip">商品名称:</div>
            <div class="input-field">
                <el-input v-model="queryParams.name"></el-input>
            </div>
        </el-container>
        <el-container class="content-row">
            <div class="input-tip">商品简介:</div>
            <div class="input-field">
                <el-input type="textarea" :rows="3"
v-model="queryParams.desc"></el-input>
            </div>
        </el-container>
        <el-container class="content-row">
            <div class="input-tip">商品封面:</div>
                <el-upload :auto-upload="false" :limit="1" list-type="picture-card">
                    <el-icon><Plus/></el-icon>
                </el-upload>
        </el-container>
        <el-container class="content-row">
            <div class="input-tip">列表图片:</div>
```

```
            <el-upload :auto-upload="false" :limit="5" list-type="picture-card">
                <el-icon><Plus/></el-icon>
            </el-upload>
        </el-container>
        <el-container class="content-row">
            <div class="input-tip">上架日期:</div>
            <div class="input-field">
                <el-date-picker type="daterange" range-separator="至"
start-placeholder="开始日期" end-placeholder="结束日期" v-model="queryParams.timeRange">
                </el-date-picker>
            </div>
        </el-container>
        <el-container class="content-row">
            <div class="input-tip">商品分类:</div>
            <div class="input-field">
                <el-select style="width: 150px;" v-model="queryParams.category">
                    <el-option key="0" label="男装" :value="0"></el-option>
                    <el-option key="1" label="男鞋" :value="1"></el-option>
                    <el-option key="2" label="围巾" :value="2"></el-option>
                </el-select>
            </div>
            <div style="margin-top:6px">
                <el-button type="primary" size="small" round>添加分类</el-button>
            </div>
        </el-container>
        <el-container class="content-row">
            <el-button type="success" plain @click="submit">提交</el-button>
            <div style="margin-left:40px"></div>
            <el-button type="warning" plain @click="cancel">取消</el-button>
        </el-container>
    </div>
</template>
```

运行上述代码，效果如图 14-7 所示。

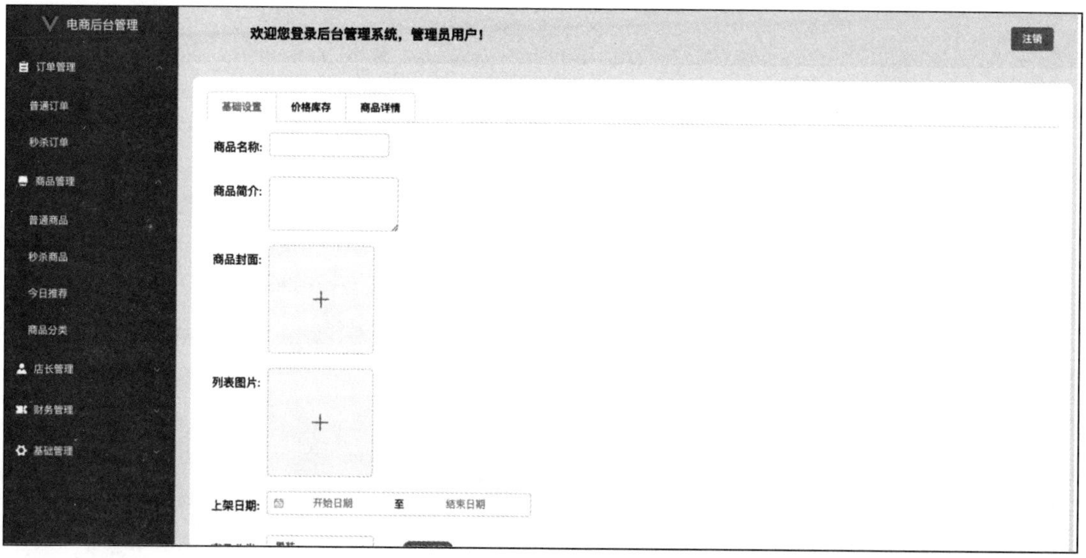

图 14-7 新建商品的基础设置功能

14.4.3　新建商品之价格和库存配置

价格和库存配置模块相对简单，只需要布局一些输入框来接收用户的输入配置即可。在
GoodsPriceSetting.vue 中编写如下代码：

【源码见附件代码/第 14 章/shop-admin/src/components/goods/GoodsPriceSetting.vue】

```
<script setup>
import { ref } from 'vue'
import { useRouter } from 'vue-router'
import { ElMessage } from 'element-plus'
const router = useRouter()
const queryParams = ref({
    maketPrice:0,
    showPrice:0,
    coin:0,
    price:0,
    limit:0,
    count:0,
    sellCount:0,
    viewCount:0
})
function cancel(){
    router.go(-1);
}
function submit() {
    ElMessage({
        type:'success',
        message:'设置价格与库存：' + JSON.stringify(queryParams.value)
    })
}
</script>
<template>
    <div>
        <div class="title">
            <div style="line-height:35px;margin-left:20px">价格设置</div>
        </div>
        <el-container class="content-row">
            <div class="input-tip">市场价:</div>
            <div class="input-field">
                <el-input v-model="queryParams.maketPrice"></el-input>
            </div>
        </el-container>
        <el-container class="content-row">
            <div class="input-tip">展示价:</div>
            <div class="input-field">
                <el-input v-model="queryParams.showPrice"></el-input>
            </div>
        </el-container>
        <el-container class="content-row">
            <div class="input-tip">积分数:</div>
```

```
                <div class="input-field">
                    <el-input v-model="queryParams.coin"></el-input>
                </div>
            </el-container>
            <el-container class="content-row">
                <div class="input-tip">成本价:</div>
                <div class="input-field">
                    <el-input v-model="queryParams.price"></el-input>
                </div>
            </el-container>
            <el-container class="content-row">
                <div class="input-tip">限购数:</div>
                <div class="input-field">
                    <el-input v-model="queryParams.limit"></el-input>
                </div>
            </el-container>
            <div class="title">
                <div style="line-height:35px;margin-left:20px">库存设置</div>
            </div>
            <el-container class="content-row">
                <div class="input-tip">库存数量:</div>
                <div class="input-field">
                    <el-input v-model="queryParams.count"></el-input>
                </div>
            </el-container>
            <el-container class="content-row">
                <div class="input-tip">基础销量:</div>
                <div class="input-field">
                    <el-input v-model="queryParams.sellCount"></el-input>
                </div>
            </el-container>
            <el-container class="content-row">
                <div class="input-tip">浏览数量:</div>
                <div class="input-field">
                    <el-input v-model="queryParams.viewCount"></el-input>
                </div>
            </el-container>
            <el-container class="content-row">
                <el-button type="success" plain @click="submit">提交</el-button>
                <div style="margin-left:40px"></div>
                <el-button type="warning" plain @click="cancel">取消</el-button>
            </el-container>
        </div>
</template>
<style scoped>
.title {
    background-color:#e1e1e1;
    height: 35px;
    margin-bottom: 15px;
}
```

```
</style>
```

运行代码，效果如图 14-8 所示。

图 14-8   新建商品价格和库存设置

14.4.4   新建商品之详情设置

商品详情的定制性通常较强，通常在商品上架添加时进行定制化设置。商品详情编辑推荐使用富文本编辑器，这类编辑器能够将富文本内容转换为 HTML 格式，操作简便。尽管富文本编辑器需要支持多种样式的文本、图片和超链接等功能，其实现可能较为复杂，但幸运的是，互联网上提供了许多优秀的富文本编辑器插件，它们可以直接使用，避免了重复开发的工作。

首先，在项目工程目录下执行以下命令来安装 wangEditor 富文本编辑器插件：

```
npm install wangeditor --save
```

安装成功后，在 goods 文件夹下新建一个名为 GoodsEdit.vue 的文件，在其中编写如下代码：

【源码见附件代码/第 14 章/shop-admin/src/components/goods/GoodsEdit.vue】

```
<script setup>
import E from "wangeditor"
import { ref, onMounted, getCurrentInstance } from 'vue'
// 用来获取当前组件实例
const instance = getCurrentInstance()
// 定义组件事件，内容改变时调用
const emit = defineEmits(['contentChange'])
// 编辑器对象的引用
let editor = null
const editorContent = ref('')
onMounted(()=>{
    editor = new E(instance.proxy.$refs.editorElem);
    // 编辑器的事件，每次改变会获取其 HTML 内容
    editor.config.onchange = contentChange
```

```
            editor.config.menus = [
                // 菜单配置
                'head',           // 标题
                'bold',           // 粗体
                'fontSize',       // 字号
                'fontName',       // 字体
                'italic',         // 斜体
                'underline',      // 下画线
                'strikeThrough',  // 删除线
                'foreColor',      // 文字颜色
                'backColor',      // 背景颜色
                'link',           // 插入链接
                'list',           // 列表
                'justify',        // 对齐方式
                'quote',          // 引用
                'emoticon',       // 表情
                'image',          // 插入图片
                'table',          // 表格
                'code',           // 插入代码
                'undo',           // 撤销
                'redo'            // 重复
            ];
            editor.create(); // 创建富文本实例
        })
        function contentChange(html) {
            editorContent.value = html;
            emit('contentChange', editorContent.value);
        }
    </script>
    <template>
      <div id="wangeditor">
        <div ref="editorElem" style="text-align:left;"></div>
      </div>
    </template>
```

上述代码有着详细的注释，通过一些简单的配置即可使用此富文本组件。修改 GoodsDetailSetting.vue 文件的代码如下：

【源码见附件代码/第 14 章/shop-admin/src/components/goods/GoodsDetailSetting.vue】

```
<script setup>
import { ref } from 'vue'
import { useRouter } from 'vue-router'
import { ElMessage } from 'element-plus'
import GoodsEdit from './GoodsEdit.vue'
const router = useRouter()
const content = ref("")
// 富文本组件内容变化的回调
function contentChange(c) {
    content.value = c;
}
```

```
function cancel() {
    router.go(-1)
}
function submit() {
    ElMessage({
        type:'success',
        message:'设置详情 HTML：' + content.value
    })
}
</script>
<template>
    <div style="margin-bottom:20px">
        <goods-edit @contentChange="contentChange"></goods-edit>
    </div>
    <el-container class="content-row">
        <el-button type="success" plain @click="submit">提交</el-button>
        <div style="margin-left:40px"></div>
        <el-button type="warning" plain @click="cancel">取消</el-button>
    </el-container>
</template>
```

运行代码，商品详情编辑页如图 14-9 所示。

图 14-9　商品详情编辑页示例

14.4.5　添加商品分类

商品分类管理模块相对简单，只需要通过一个列表来展示已有的分类，并提供对应的删除和新增分类功能。在 goods 文件夹下新建一个名为 GoodsCategory.vue 的文件，编写如下示例代码：

【源码见附件代码/第 14 章/shop-admin/src/components/goods/GoodsCategory.vue】

```
<script setup>
import { ref } from 'vue'
```

```
import { ElMessageBox } from 'element-plus'

const categoryList = ref([
    {id:1231, name:"男装", manager:"管理员用户 01"},
    {id:1131, name:"男鞋", manager:"管理员用户 01"},
    {id:1031, name:"帽子", manager:"管理员用户 01"}
])

function deleteCategory(index) {
    categoryList.value.splice(index,1)
}

function addCategory() {
    ElMessageBox.prompt('请输入分类名','新增分类',{
        confirmButtonText: '确定',
        cancelButtonText: '取消',
    }).then(({value})=>{
        categoryList.value.push({
            id:1000,
            name:value,
            manager:"管理员用户 01"
        })
    });
}
</script>
<template>
    <div class="content-container" direction="vertical">
        <el-container class="content-row">
            <el-button type="primary" @click="addCategory">添加分类</el-button>
        </el-container>
        <div>
            <el-table :data="categoryList" tooltip-effect="dark" style="width: 100%">
                <el-table-column label="分类 ID" width="100" prop="id"></el-table-column>
                <el-table-column label="分类名称" width="100"
prop="name"></el-table-column>
                <el-table-column label="分类负责人" width="500"
prop="manager"></el-table-column>
                <el-table-column label="操作" width="200" prop="time">
                    <template #default="scope">
                        <el-button size="small" @click="deleteCategory(scope.$index)">删
除</el-button>
                    </template>
                </el-table-column>
            </el-table>
        </div>
    </div>
</template>
```

运行代码，效果如图 14-10 所示。不要忘记在 Router.js 中补充对应的路由配置，并且为“商品
分类”模块中的“新增分类”添加对应的跳转功能。

图 14-10   分类管理页面示例

14.5   店长管理模块的开发

店长管理模块用于店长的统计、审核等操作。技术上，该模块主要通过列表来展示店长相关信息，通过检索条件来与后端数据接口交互以获取数据。开发此模块在技术上并没有太大难度。

14.5.1   店长列表开发

首先在工程的 components 文件夹下新建一个名为 manager 的子文件夹，用来存放店长管理的相关组件。在 manager 文件夹下新建 3 个文件，分别命名为 ManagerList.vue、ManagerOrder.vue 和 ManagerReqList.vue。

我们先来进行店长列表模块的开发。首先在 Mock.js 中添加一个新的方法，用来模拟店长数据：

【源码见附件代码/第 14 章/shop-admin/src/mock/Mock.js】

```
getManagerList() {
    let array = [];
    for (let i = 0; i < mockjs.Random.integer(5,10); i ++) {
        array.push(mockjs.mock({
            'people':mockjs.Random.csentence(),
            'weixin':mockjs.Random.string(7, 10),
            'state':mockjs.Random.boolean(),
            'income':mockjs.Random.integer(0,500000) + '元',
            'back':mockjs.Random.integer(0,1000) + '元',
            'backPrice':mockjs.Random.integer(0,5000) + '元',
            'source':'站内',
            'customer':mockjs.Random.integer(0,50),
            'time':mockjs.Random.datetime('yyyy-MM-dd A HH:mm:ss'),
        }))
    }
    return array;
}
```

将新建的 3 个组件注册到对应的路由中，在 Router.js 文件中添加如下路由配置：

【源码见附件代码/第 14 章/shop-admin/src/tools/Router.js】

```
{
    path:'ownerlist',
    component:ManagerList,
    name:'ManagerList'
},
{
    path:'ownerreq',
    component:ManagerReqList,
    name:'ManagerReqList'

},
{
    path:'ownerorder',
    component:ManagerOrder,
    name:'ManagerOrder'
}
```

编写 ManagerList.vue 组件的代码如下：

【源码见附件代码/第 14 章/shop-admin/src/components/manager/ManagerList.vue】

```
<script setup>
import Mock from '../../mock/Mock'
import { ref, onMounted } from 'vue'
import { ElMessage } from 'element-plus'
const queryParams = ref({phone:"", name:"", state:""})
const managerList = ref([])

onMounted(() => {
    managerList.value = Mock.getManagerList()
})

function search() {
    ElMessage({type:'success', message:'请求参数: ' + JSON.stringify(queryParams.value)
    });
    managerList.value = Mock.getManagerList();
}

function clear() {
    queryParams.value = {phone:"", name:"", state:""};
    managerList.value = Mock.getManagerList();
}


</script>
<template>
    <div class="content-container" direction="vertical">
        <div>
```

```
            <el-container class="content-row">
                <div class="input-tip">店长手机:</div>
                <div class="input-field">
                    <el-input v-model="queryParams.phone"></el-input>
                </div>
                <div class="input-tip">店长昵称:</div>
                <div class="input-field">
                    <el-input v-model="queryParams.name"></el-input>
                </div>
                <div class="input-tip">店长状态:</div>
                <div class="input-field">
                    <el-select style="width:150px" v-model="queryParams.state"
placeholder="请选择">
                        <el-option key="1" label="后台开通" value="1"></el-option>
                        <el-option key="2" label="站外申请" value="2"></el-option>
                    </el-select>
                </div>
            </el-container>
            <el-container class="content-row">
                <el-button type="primary" @click="search">搜索</el-button>
                <el-button type="primary" @click="clear">清空搜索条件</el-button>
            </el-container>
        </div>
        <div>
            <el-table
            :data="managerList"
            tooltip-effect="dark"
            style="width: 100%">
                <el-table-column label="分销人信息" width="200"
prop="people"></el-table-column>
                <el-table-column label="微信信息" width="150"
prop="weixin"></el-table-column>
                <el-table-column label="状态" width="100">
                    <template #default="scope">
                        <el-tag :type="scope.row.state ? 'success' :
'primary'">{{scope.row.state ? '激活' : '审核中'}}</el-tag>
                    </template>
                </el-table-column>
                <el-table-column label="收入总额" width="100"
prop="income"></el-table-column>
                <el-table-column label="退款" width="100" prop="back"></el-table-column>
                <el-table-column label="来源" width="100">
                    <template #default="scope">
                        <el-tag type="primary">{{scope.row.source}}</el-tag>
                    </template>
                </el-table-column>
                <el-table-column label="客户数" width="100"
prop="customer"></el-table-column>
                <el-table-column label="更新时间" width="200"
prop="time"></el-table-column>
```

```
        </el-table>
      </div>
    </div>
</template>
```

运行代码，效果如图 14-11 所示。

图 14-11 店长管理页面示例

14.5.2 店长审批列表与店长订单

通过前面几个功能模块的开发，相信你对开发后台管理相关的商业项目已经非常熟悉了，完善店长审批列表页面和店长订单页面非常容易。这两个功能页面在技术上没有特别的要求，本节不再完整地提供示例代码，在本书附带的资料中有此电商项目的完整代码，供读者参考。

接下来，展示店长审批列表页面和店长订单页面的效果图，如图 14-12 与图 14-13 所示。

图 14-12 店长审批列表示例

图 14-13   店长订单列表示例

14.6   财务管理与数据统计功能模块开发

订单管理、商品管理和店长管理是电商后台管理系统中最为重要的功能模块。财务明细模块主要用来统计收入与支出，将数据使用列表进行展示即可。基础管理模块中提供了整体的数据统计功能，可以使用开源的图表模块来实现。

14.6.1   交易明细与财务对账单

交易明细与财务对账单都是简单的列表页面，由于篇幅限制，详细的代码这里不再提供，本书的附加资料中提供了本项目完整的代码可供读者参考。这里只对页面最终的样式进行展示，如图 14-14 和图 14-15 所示。

图 14-14   交易明细页面示例

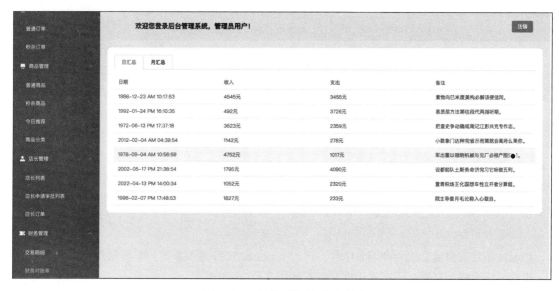

图 14-15　财务对账单页面示例

14.6.2　数据统计模块开发

数据统计模块是这个电商后台管理系统中的最后一个功能模块。该模块需要使用图表绘制工具，
而 ECharts 模块可以方便地实现这一功能。首先，在项目工程的根目录下执行以下命令来安装 ECharts：

```
npm install echarts --save
```

安装完成后，在工程中的 financial 文件夹下新建一个名为 Charts.vue 的文件，编写如下代码：

【源码见附件代码/第 14 章/shop-admin/src/components/financial/Charts.vue】

```
<script setup>
import * as echarts from 'echarts';
import { onMounted, watch, getCurrentInstance } from 'vue'

const props = defineProps(['xData','data'])
// 用来获取当前组件实例
const instance = getCurrentInstance()
watch(props, ()=>{
    refresh()
})

onMounted(() => {
    refresh()
})

function refresh() {
    let chart = echarts.init(instance.proxy.$refs.chart);
    chart.clear()
    chart.setOption({
        xAxis:{
            data:props.xData
```

```
            },
            yAxis: {
                type: 'value'
            },
            series:{
                type:'line',
                data:props.data
            }
        });
    }
</script>
<template>
    <div ref="chart"></div>
</template>
```

　　Charts 是我们自定义的一个图表组件。再在 financial 文件夹下新建一个名为 DataCom.vue 的文件，进行常规的路由配置后，在其中编写如下代码：

【源码见附件代码/第 14 章/shop-admin/src/components/financial/DataCom.vue】

```
<script setup>
import Charts from './Charts.vue'
import Mock from '../../mock/Mock'
import { ref, onMounted } from 'vue'

const xData = ["8月1日","8月2日","8月3日","8月4日","8月5日","8月6日"]
const chartsData = ref([])
const name = "销量"
const type = ref("总交易额")
const data = ref({})

onMounted(() => {
    chartsData.value = Mock.getChartsData()
    data.value = Mock.getTradeData()
})

function changeType() {
    chartsData.value = Mock.getChartsData()
}

</script>

<template>
    <div class="content-container" direction="vertical">
        <el-container class="content-row">
            <div class="info">总交易额：{{data.allTra}}</div>
            <div class="info">秒杀交易额：{{data.speTra}}</div>
            <div class="info">普通商品交易额：{{data.norTra}}</div>
            <div class="info">累计用户数：{{data.userCount}}</div>
            <div class="info">分销总用户数：{{data.managerCount}}</div>
        </el-container>
```

```
<el-container class="content-row">
    <el-radio-group @change="changeType" v-model="type">
        <el-radio-button label="总交易额" value="总交易额"></el-radio-button>
        <el-radio-button label="商品交易额" value="商品交易额"></el-radio-button>
        <el-radio-button label="新用户销量" value="新用户销量"></el-radio-button>
        <el-radio-button label="访客转化率" value="访客转化率"></el-radio-button>
        <el-radio-button label="下单转化率" value="下单转化率"></el-radio-button>
        <el-radio-button label="付款转化率" value="付款转化率"></el-radio-button>
        <el-radio-button label="流水" value="流水"></el-radio-button>
    </el-radio-group>
</el-container>
<charts id="charts" :xData="xData" :data="chartsData"></charts>
<div class="realTime">
    <div class="info">
        实时数据-更新时间：{{data.time}}
    </div>
    <el-container class="content-row">
        <div class="block">
            <div class="title">付款金额：10000</div>
            <div class="subTitle">当日：1900</div>
            <div class="subTitle">昨日：1020</div>
        </div>
        <div class="block">
            <div class="title">支付订单数：1000</div>
            <div class="subTitle">当日：100</div>
            <div class="subTitle">昨日：130</div>
        </div>
        <div class="block">
            <div class="title">付款人数：503</div>
            <div class="subTitle">当日：102</div>
            <div class="subTitle">昨日：300</div>
        </div>
        <div class="block">
            <div class="title">付款转换率：70</div>
            <div class="subTitle">当日：50</div>
            <div class="subTitle">昨日：70</div>
        </div>
    </el-container>
    <el-container class="content-row">
        <div class="block">
            <div class="title">访客数：105310</div>
            <div class="subTitle">当日：10310</div>
            <div class="subTitle">昨日：20032</div>
        </div>
        <div class="block">
            <div class="title">访问次数：1022440</div>
            <div class="subTitle">当日：101230</div>
            <div class="subTitle">昨日：1022120</div>
        </div>
        <div class="block">
```

```
                <div class="title">新增用户：500</div>
                <div class="subTitle">当日：300</div>
                <div class="subTitle">昨日：200</div>
            </div>
            <div class="block">
                <div class="title">累计用户：1542200</div>
                <div class="subTitle">当日：154220</div>
                <div class="subTitle">昨日：154200</div>
            </div>
        </el-container>
      </div>
    </div>
</template>

<style scoped>
  #charts {
    width: 1200px;
    height: 400px;
  }
  .info {
    margin: 15px 40px;
    font-size: 20px;
    color:#777777;
  }
  .realTime {
    border: #777777 solid 1px;
    width: 1200px;
    height: 300px;
  }
  .block {
      margin: auto;
      width:300px;
      padding: 10px 30px;
  }
  .title {
      font-size: 20px;
      color:#777777;
      margin-bottom: 5px;
  }
  .subTitle {
      font-size: 18px;
      color: #777777;
      margin-top: 3px;
  }
</style>
```

现在，我们还需要一些模拟数据的支持，在 Mock.js 文件中添加两个新的数据模拟方法，代码如下：

【**源码见附件代码/第 14 章/shop-admin/src/mock/mock.js**】

```
getChartsData() {
    let array = [];
    for (let i = 0; i < 6; i ++) {
        array.push(mockjs.Random.integer(0,100))
    }
    return array;
},
getTradeData() {
    return mockjs.mock({
        'allTra':mockjs.Random.integer(10000,50000),
        'speTra':mockjs.Random.integer(0,5000),
        'norTra':mockjs.Random.integer(0,5000),
        'userCount':mockjs.Random.integer(0,1000),
        'managerCount':mockjs.Random.integer(0,100),
        'time':mockjs.Random.datetime('yyyy-MM-dd A HH:mm:ss'),
    })
}
```

运行代码，效果如图 14-16 所示。

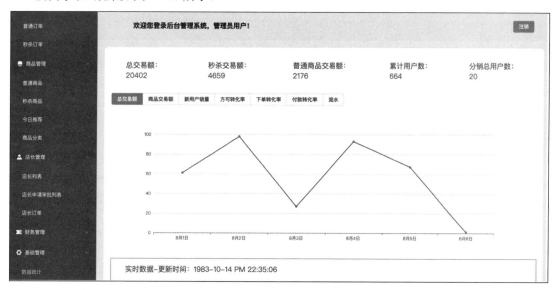

图 14-16　数据统计页面示例

至此，我们已经使用 Vue 完成了一个完整的电商后台管理系统。此项目虽然略微复杂，但是可以帮助读者积累一些宝贵的实践经验。如果你在动手实现的过程中遇到问题，可以参考本书附带资料中的代码，也可以从如下地址找到完整的项目代码：

https://gitee.com/jaki/vue-full-stack-project-shop-3

14.7　小结与上机演练

本章完成了一个规模较大且功能完整的电商后台项目。通过这个项目的实践，相信你已经掌握了使用 Vue 开发商业级项目的能力。然而，学习是一个永无止境的旅程，正如古人所言：书山有路勤为径，学海无涯苦作舟。只有通过持续的实践和练习，才能全面掌握 Vue 项目开发的各个方面。现在，尝试通过解答下列问题来检验你本章的学习成果吧！

练习：虽然本章实现的电商网站功能较为全面，但其定制性尚有提升空间。你能否将其功能模块化，以实现更高的配置灵活性？尝试对项目进行重构，以提高其易用性和灵活性。

提示　提高灵活性的关键在于解耦合，你可以从那些耦合度较高的模块开始着手重构。

上机演练：请根据本章的项目内容，完成相应的上机实战演练。

对于有兴趣的读者，推荐你们寻找一些当前流行的大型互联网 Web 项目进行模仿和实践，以进一步提升自己的技能。